土木建筑职业技能岗位培训教材

抹 灰 工

建设部人事教育司组织编写

中国建筑工业出版社

图书在版编目（CIP）数据

抹灰工/建设部人事教育司组织编写．—北京：中国
建筑工业出版社，2002
土木建筑职业技能岗位培训教材
ISBN 978-7-112-05449-7

Ⅰ．抹…　Ⅱ．建…　Ⅲ．抹灰 - 技术培训 - 教材
Ⅳ．TU754.2

中国版本图书馆 CIP 数据核字（2002）第 079110 号

土木建筑职业技能岗位培训教材

抹　灰　工

建设部人事教育司组织编写

*

中国建筑工业出版社出版、发行（北京西郊百万庄）

各地新华书店、建筑书店经销

北京市密东印刷有限公司印刷

*

开本：850×1168 毫米　1/32　印张：11⅛　字数：297 千字
2002 年 11 月第一版　　2013 年 5 月第二十二次印刷
定价：**22.00** 元
ISBN 978-7-112-05449-7
（20804）

本书是建设部人事教育司指定的职业技能岗位培训教材，是根据建设部颁布的建筑行业职业技能标准和建设职业技能岗位鉴定规范及建设部新颁布的有关施工规范的要求编写的。其内容包括：技术理论知识、操作工艺与要点、质量标准与检验方法、质量通病与防治、抹灰工程的施工组织、班组管理及安全技术等。

　　本书可供建筑工人学习用，也可供大、中专学生学习、参考。

出 版 说 明

　　为深入贯彻全国职业教育工作会议精神，落实建设部、劳动和社会保障部《关于建设行业生产操作人员实行职业资格证书制度的有关问题的通知》（建人教[2002] 73号）精神，全面提高建设职工队伍整体素质，我司在总结全国建设职业技能岗位培训与鉴定工作经验的基础上，根据建设部颁发的《职业技能标准》、《职业技能岗位鉴定规范》和建设部与劳动和社会保障部共同审定的手工木工、精细木工、砌筑工、钢筋工、混凝土工、架子工、防水工和管工等8个《国家职业标准》，组织编写了这套"土木建筑职业技能岗位培训教材"。

　　本套教材包括砌筑工、抹灰工、混凝土工、钢筋工、木工、油漆工、架子工、防水工、试验工、测量放线工、水暖工和建筑电工等12个职业（岗位），并附有相应的培训计划大纲与之配套。各职业（岗位）培训教材将原教材初、中、高级单行本合并为一本，其初、中、高级职业（岗位）培训要求在培训计划大纲中具体体现，使教材更具统一性，避免了技术等级间的内容重复和衔接上普遍存在的问题。全套教材共计12本。

　　本套教材注重结合建设行业实际，体现建筑业企业用工特点，学习了德国"双元制"职业培训教材的编写经验，并借鉴香港建造业训练局各职业（工种）《授艺课程》和各职业（工种）知识测验和技能测验的有益作

4

法和经验，理论以够用为度，重点突出操作技能的训练要求，注重实用与实效，力求文字深入浅出，通俗易懂，图文并茂，问题引导留有余地，附有习题，难易适度。本套教材符合现行规范、标准、工艺和新技术推广要求，并附《职业技能岗位鉴定习题集》，是土木建筑生产操作人员进行职业技能岗位培训的必备教材。

本套教材经土木建筑职业技能岗位培训教材编审委员会审定，由中国建筑工业出版社出版。

本套教材作为全国建设职业技能岗位培训教学用书，也可供高、中等职业院校实践教学使用。在使用过程中如有问题和建议，请及时函告我们。

建设部人事教育司
二〇〇二年十月二十八日

土木建筑职业技能岗位培训教材
编审委员会

顾　　　问：傅雯娟

主 任 委 员：李秉仁

副主任委员：张其光　　陈　付

委　　　员：王立秋　　杨其淮　　朱金贵　　张业海

　　　　　　钱久军　　徐晓燕　　王俊河　　孟宪帜

　　　　　　王志坚　　郭中林　　张希舜　　李俊庭

　　　　　　吴兴国　　李阳兴　　赵广和　　娄大炜

　　　　　　李玉林　　方世康　　丁　卿　　孙爱东

前　　言

　　本书是建设部人事教育司指定的"土木建筑职业技能岗位培训教材"之一,是根据建设部颁布的"建设行业职业技能标准"和"建设职业技能岗位鉴定规范"以及建设部新颁布的有关施工规范的要求编写的。其内容有技术理论知识,操作工艺与要点,质量标准与检验方法,质量通病与防治,抹灰工程的施工组织、班组管理及安全技术等。

　　本书根据建设行业的特点,具有很强的针对性,实用性和先进性。内容通俗易懂,是当前职工技能鉴定和考核的培训教材,适合建筑工人自学使用,也可供大中专学生参考使用。

　　本书由天津市建筑工程学校组织编写。第 1～3 章由刘东燕编写,第 4～8 章由王志坚编写,第 9～12 章由倪万芳编写。全书由王志坚统稿主编,由高级讲师杨树学主审。

　　因时间仓促,不妥之处,望各位同行予以指正,在此表示感谢。

目　　录

一、建筑识图与房屋构造

从古至今建筑的目的总不外是取得一种人为的环境，供人们居住生活、工作、生产和进行社会活动的场所。所谓人为，是说建造房屋要工要料，而房屋一经建成，这种人为环境就产生了。它不仅提供人们一个有遮掩的内部空间，同时也带来了一个不同于原来的外部空间。而所有的建筑工程必须经专业工程技术人员设计，绘制出整套建筑工程施工图纸，再由施工单位组织各工种按施工图纸进行施工至建成。一套完整的建筑工程施工图应包括总平面图、建筑施工图、结构施工图、给排水施工图、电气施工图和采暖通风施工图等。抹灰工程施工的主要依据是建筑施工图（有些工业建筑还要用到部分结构施工图），建筑施工图主要表示建筑物的总体布置、外部造型、内部布置、细部构造、装修和施工要求等。其中，基本图包括总平面图、建筑平面图、立面图、剖面图等；详图包括墙身、楼梯、门窗、厕所、屋檐及各种装修、构造的详细作法。为正确理解设计图纸，严格按图施工，必须掌握各种图示方法和建筑制图标准的有关规定，熟记建筑图中常用图例、符号，了解房屋组成和构造。只有会看图纸，才能把握自己的操作对象。

（一）建筑图是怎样画出来的

1. 投影原理和正投影

日常生活中，我们常看到影子，如阳光照射下的人影、房屋阴影等，如果我们在地上画出这个影子的图形，这个图就叫做投影图，地面就叫做投影面。

但是这样的投影图会随着太阳方位的变化而随时改变其形状与大小，从而不能正确反映物体的真实形状与大小，而能够做到这一点的，就是正投影。

所谓正投影，是假设采用平行光线，且光线垂直于投影面，将物体照射到投影面上所得到的投影轮廓。建筑图就是按照正投影原理绘制的。我们只要学会看懂这种图形，就可以想像出物体的立体形象。如图 1-1 所示。

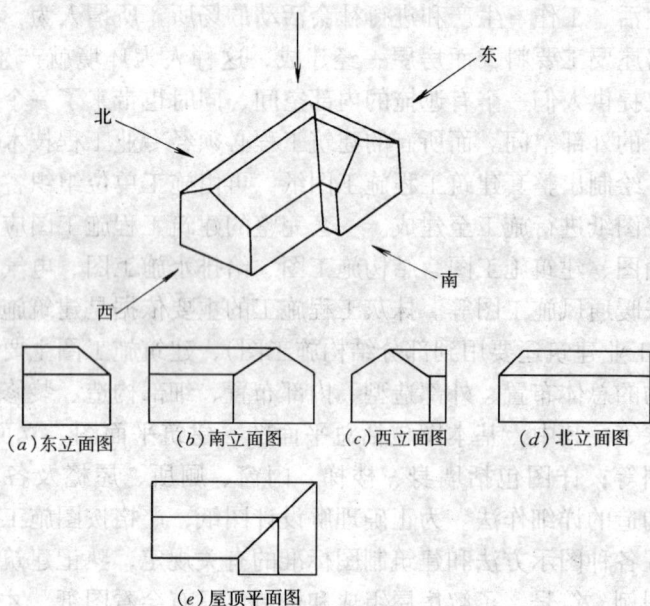

(a)东立面图　　(b)南立面图　　(c)西立面图　　(d)北立面图

(e)屋顶平面图

图 1-1　房屋正投影图

2．视图与平面图、立面图和剖面图

视图就是人们从不同位置看到的某物体在投影面上的正投影图。

俯视图是从房屋的上部向下看，在水平投影面上所得到的房屋正投影图，如图 1-1 (e)。

立面图是在平行于房屋立面的投影面上所作的房屋正投影

2

图。如图 1-1 中，按该立面的朝向，分别标注为东立面图，如图 1-1（a）、西立面图，如图 1-1（c）、南立面图，如图 1-1（b）、北立面图，如图 1-1（d）。

剖面图就是假想利用剖切平面把物体剖开，移走其中一部分，人在未移走部分物体的剖切面前，所看到的物体在剖切平面上的投影图形。这种图可清晰表达出物体内部的构造和尺寸。

如图 1-2 所示的房屋，为了表示其内部布置，假想用一个水平剖切面，通过门、窗洞将整栋房屋剖开，如图 1-2（a），然后画出其整体的剖面图，这就是全剖面图，如图 1-2（b）。这种水

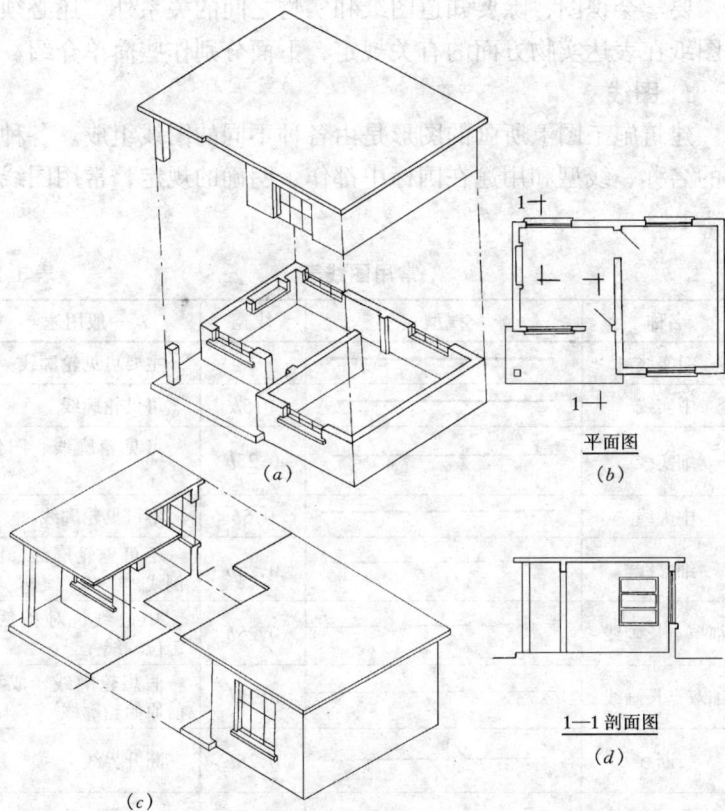

（a）

平面图
（b）

（c）

1—1 剖面图
（d）

图 1-2　剖面图

3

平剖切的剖面图，在房屋建筑图中称作平面图。

如图 1-2 所示房屋，如果只用一个平行侧面投影面的剖切面，就不能同时剖开前墙门和后墙的窗。为解决这个问题可将剖切平面转折一次，形成两个平行的剖切面，如图 1-2（c），使一个剖切面剖切前墙的门，另一剖面剖切后墙的窗，将内部构造表示出来，这就是阶梯剖面图。如图 1-2（d）。

（二）建筑识图的基本知识

要学会识图，除要知道图纸和实物之间的关系外，还必须了解图纸在表达实物方面的有关规定，下面分别作些简单介绍。

1. 图线

建筑施工图上所画的图形是由各种不同的图线组成。各种图线的名称、线型和用途在国标中都作了明确的规定，常用图线见表 1-1。

常用图线表　　　　　　　　　表 1-1

名称	线型	线宽	一般用途
粗实线	————	b	主要可见轮廓线
中实线	————	$0.5b$	可见轮廓线
细实线	————	$0.25b$	可见轮廓线、图例线
中虚线	– – – –	$0.5b$	不可见轮廓线
细虚线	– – – –	$0.25b$	不可见轮廓线，图例线
细单点长画线	—·—·—	$0.25b$	中心线、对称线、定位轴线
细双点长画线	—··—··	$0.25b$	假想轮廓线、成型前原始轮廓线
折断线	⌇	$0.25b$	断开界线
波浪线	∿∿∿	$0.25b$	断开界线

4

2．字体

图纸上所需书写的文字、数字或符号，均应笔画清晰、字体端正、排列整齐；标点符号应清楚正确。图样及说明中的汉字，宜采用长仿宋体，数字应用阿拉伯数字，不够整数的小数数字，必须在小数点前加"0"，例如 0.045 等。

3．比例

图样的比例，应为图形与实物相对应的线性尺寸之比。比例的大小，是指其比值的大小，如 1：50 大于 1：100。1：100 表示100m 在图形中按比例缩小 100 倍，只画成 1m。比例宜注写在图名的右侧，字的基准线应取平。

4．符号

（1）剖切符号

剖切符号包括有剖视剖切符号和断面剖切符号。

剖视的剖切符号应由剖切位置线及投射方向线组成，均以粗实线绘制。剖切位置线长度宜为 6～10mm，投射方向线应垂直于剖切位置线，宜为 4～6mm。如图 1-3。

1）剖切位置线表示的悬剖切平面的剖切位置。

2）剖视方向线表示的是剖切形体后向哪个方向作投影。

3）剖视剖切符号的编号宜采用阿拉伯数字，按顺序由左至右、由下至上连续编排，并应注写在方向线的端部。

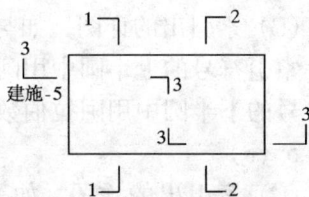

图 1-3　剖视的剖切符号

4）需要转折的剖切位置线，应在转角的外侧加注与该符号相同的编号。

5）建（构）筑物剖面图的剖切符号宜注在 ±0.00 标高的平面图上。

断面的剖切符号；应只用剖切位置线表示，并应以粗实线绘制。如图 1-4。

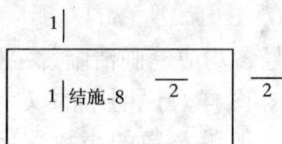

图 1-4　断面剖切符号

断面剖切符号的编号宜采用阿拉伯数字，按顺序连接续写，并应注写在剖切位置线的一侧；编号所在的一侧应为该断面的剖视方向。

如剖面图或断面图与被剖切图样不在同一张图纸内，可在剖切位置线的另一侧注明其所在图纸的编号，也可在图上集中说明。

（2）索引符号与详图符号

1）索引符号

图样中的某一局部或构件，如需另见详图，应以索引符号索引，如图 1-5（*a*）。索引符号是由直径为 10mm 的圆和水平直径组成，圆及水平直径均应以细实线绘制。索引符号按下列规定编写：

（A）索引出的详图，如与被索引的图样同在一张图纸内，应在索引符号的上半圆中用阿拉伯数字注明该详图的编号，并在下半圆中间画一段水平细实线，如图 1-5（*b*）。

（B）索引出的详图，如与被索引的图样不在同一张图纸内，应在索引符号的上半圆中用阿拉伯数字注明该详图的编号，在索引符号的下半圆中用阿拉伯数字注明该详图所在图纸的编号，如图 1-5（*c*）。

（C）索引出的详图，如采用标准图，应在索引符号水平直径的延长线上加注该标准图册的编号，如图 1-5（*d*）。

（D）索引符号如用于索引剖视详图，应在被剖切的部位绘

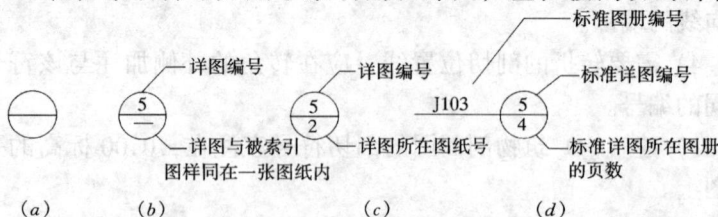

图 1-5　索引符号

制剖切位置线，并以引出线引出索引符号，引出线所在的一侧应为投射方向。如图 1-6。其编写规定同索引符号。

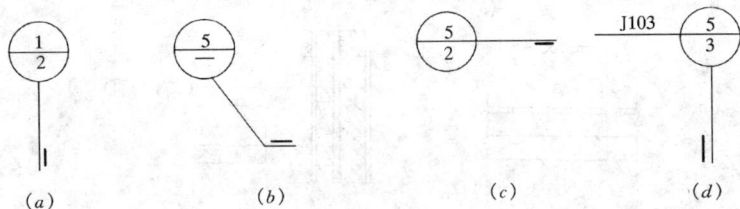

图 1-6　用于索引剖面详图的索引符号

2）详图符号

详图的位置和编号，应以详图符号表示。详图符号的圆应以直径 14mm 粗实线绘制。详图符号按下列规定编写：

（A）详图与被索引的图样同在一张图纸内时，应在详图符号内用阿拉伯数字注明详图的编号。如图 1-7（a）。

（B）详图与被索引的图样不在同一张图纸内，应用细实线在详图符号内画

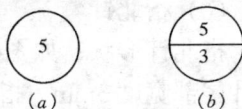

图 1-7　详图符号

一水平直径，在上半圆中注明详图编号，在下半圆中注明被索引的图纸的编号。如图 1-7（b）。

（3）引出线

引出线应以细实线绘制，宜采用水平方向的直线、与水平方向成 30°、45°、90°的直线，或经以上角度再折成水平线，文字说明宜注写在水平线上方，如图 1-8（a）。也可注写在水平线端部，如图 1-8（b）。共用引出线，如图 1-8（c）。多层构造引出线应通过被引出的各层，如图 1-8（d）。

（4）对称符号

对称符号由对称线和两端的两对平行线组成。如图 1-9。为了简化和节约图面篇幅，绘制一个对称图形时，在对称中心线上绘上对称符号，可只画图形的一半。

（5）连接符号

7

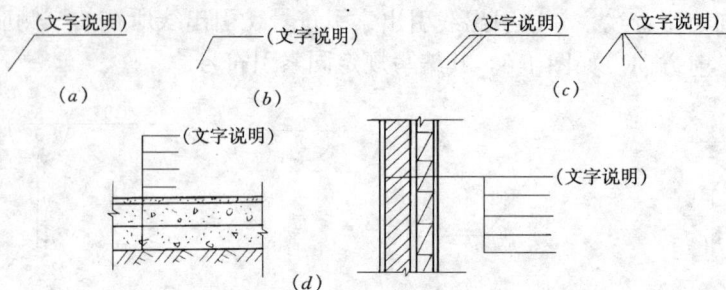

图1-8 引出线

连接符号是用折断线表示需连接的部位。折断线两端靠图样一侧应标注大写拉丁字母表示连接编号。两个被连接的图样必须用相同的字母编号。如图1-10。

（6）指北针

指北针形状，如图1-11。圆的直径24mm，用细实线绘制，指针尾部宽度3mm，指针头部应注"北"或"N"字。一般标注在建筑总平面图和首层建筑平面图上。

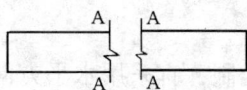

图1-9 对称符号　　图1-10 连接符号　　图1-11 指北针

5．定位轴线

定位轴线是用来确定房屋主要结构或构件的位置及其尺寸的。因此，施工图中的墙、柱、梁、屋架等主要承重构件，均应画出定位轴线。

定位轴线应用细单点长画线绘制，编号应注写在轴线端部的圆内。圆应用细实线绘制，圆的直径为8～10mm。平面图上定位轴线编号，宜标注在图样的下方与左侧。横向编号应用阿拉伯数字，从左至右顺序编写，竖向编号应用大写拉丁字母，从下至上顺序编写，拉丁字母中的 I、O、Z 不得用做轴线编号。对于一些与主要承重构件相联系的局部构件，它的定位用附加定位轴线，其编号应分数形式表示，按下列规定编写：

（1）分母表示前一轴线的编号，分子表示附加轴线的编号，编号宜用阿拉伯数字顺序编写，如：

⑴/₂ 表示 2 号轴线后附加的第一根轴线

（2）B 号轴线前附加轴线的分母应以 OB 表示，如：

⑶/OB 表示 B 号轴线前附加的第三根轴线

定位轴线表示法，如图 1-12。

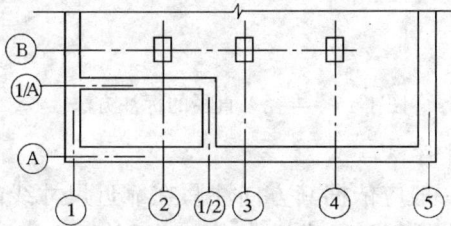

图 1-12　定位轴线编号顺序

6. 尺寸标注

尺寸是图样的重要组成部分，尺寸是指导施工人员正确按图施工的依据。因此，标注尺寸必须注写清楚、完整、正确。尺寸标注一般有如下规定：

（1）尺寸界线、尺寸线及尺寸起止符号

1）图样上的尺寸，包括尺寸界线、尺寸线、尺寸起止符号和尺寸数字（如图 1-13）。

2）尺寸界线一般应与被标注长度垂直，必要时，图样轮廓线也可用作尺寸界线（如图 1-14）。

3）尺寸起止符号一般用中粗斜短线绘制，半径、直径、角度与弧长的尺寸起止符号宜用箭头表示（如图 1-15）

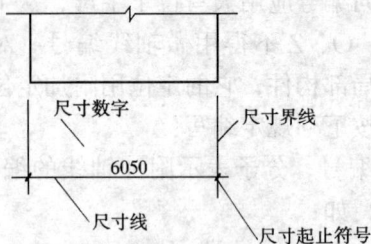

图 1-13 尺寸的组成   1-14 尺寸界线

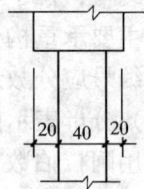

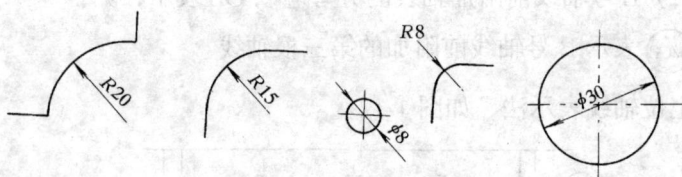

图 1-15 半径、直径的标注方法

（2）尺寸数字

尺寸数字一般应依据其方向注写在靠近尺寸线的上方中部。图样上的尺寸，应以尺寸数字为准，不得从图上直接量取。图样上的尺寸单位，除标高及总平面图以米为单位外，其他必须以毫米为单位。

（3）尺寸的排列与布置：

尺寸宜标注在图样轮廓线外，不宜与图线、文字及符号相交（如图 1-16）。互相平行的尺寸线，应从被注写的图样轮廓线由近向远整齐排列，较小尺寸应离轮廓线较近，较大尺寸应离轮廓线较远（如图1-17）。

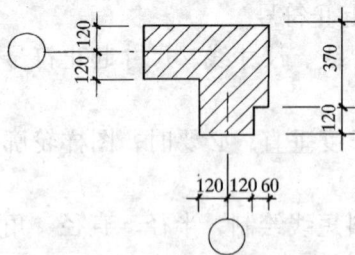

（4）尺寸的简化标注

杆件或管线的长度，在单线图（桁架简图、钢筋简图、管线简图）上，可直接将尺寸

图 1-16 尺寸数字标注

10

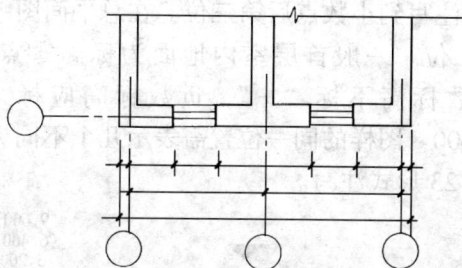

图 1-17　尺寸的排列

数字沿杆件或管线的一侧注写（图 1-18）。连续排列的等长尺寸，可用"个数×等长尺寸＝总长"的形式标注（如图 1-19）。

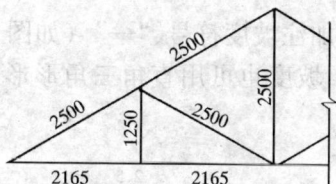

图 1-18　单线图尺寸标注方法

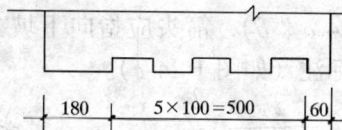

图 1-19　等长尺寸简化标注方法

　　对称构配件采用对称省略画法时，该对称构配件尺寸应略超过对称符号，仅在尺寸线一端画尺寸起止符号，尺寸数字应按整体全尺寸注写，位置宜与对称符号对齐（如图 1-20）。

7．标高

　　标高是用以表明房屋各部分，如室内外地面、各层楼板面、窗台、顶棚、屋面等处高度的标注方法。施工图上标注的标高有绝对标高和相对标高，后者又分为建筑标高和结构标高。标高符号，如图 1-21。总平面图上的标高符号，宜用涂黑三角形表示，如图 1-22。标高符号的尖端应指至被注的高度位置。尖端可向上或向下。标高数字

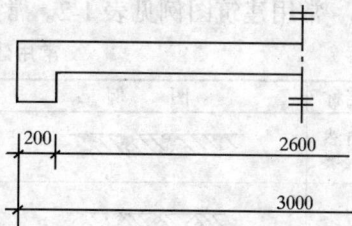

图 1-20　对称构件尺寸标注方法

11

以米为单位，注写到小数点后第三位。在总平面图中，可注写到小数点后第二位。一般首层室内地面为标高零点，应注写为±0.000，正数标高不标"＋"，负数标高应标"－"，例如3.000、－0.600。图样的同一位置需表示几个不同标高时，标高数字可按图1-23形式注写。

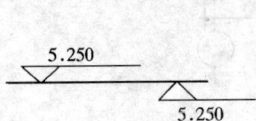

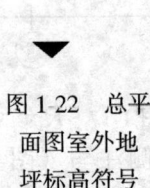

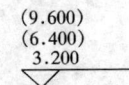

图 1-21　标高符号

图 1-22　总平面图室外地坪标高符号

图 1-23　同一位置注写多个标高数字

8．坡度

标注坡度时，在坡度数字下应加注坡度符号"←"（如图1-24-*a*、*b*），箭头应指向下坡方向。坡度也可用直角三角形形式标注（如图1-24-*c*）。

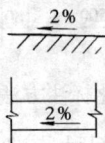

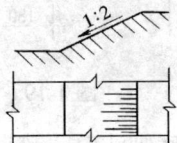

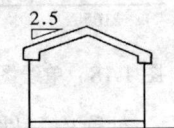

（*a*）　　　　　　　　　（*b*）　　　　　　　　（*c*）

图 1-24　坡度标注方法

9．常用图例与构、配件代号

为了简化绘图及减少文字标注，常采用示意性图例和代号。它们表示的是局部的作法、使用的材料及位置等。

常用建筑图例见表1-2。常用构、配件代号见表1-3。

常用建筑图例 表 1-2

名称	图　例	名称	图　例
自然土壤		砂、灰土	
夯实土壤		砂砾石，碎砖三合土	

12

名称	图 例	名称	图 例
石材		纤维材料	
毛石		泡沫塑料材料	
普通砖		木材	
耐火砖		胶合板	
非承重空心砖		石膏板	
饰面砖			
混凝土		金属	
钢筋混凝土		网状材料	
墙		玻璃	
隔断		粉刷	
多孔材料		塑料	

名称	图　例	名称	图　例
防水材料		检查孔	
转门		孔洞	
自动门		坑槽	
栏杆		墙预留洞	宽×高或 ϕ 底(顶或中心)标高×××××
楼梯		墙预留槽	宽×高×深或 ϕ 底(顶或中心)标高×××××
		烟道	
		通风道	
		空门洞	
		单扇门	
坡道		双扇门	

14

名称	图 例	名称	图 例
对开折叠门		单层外开上悬窗	
推拉门		单层中悬窗	
单扇双面弹簧门		单层内开下悬窗	
双扇双面弹簧门			
单扇内外开双层门		立转窗	
双扇内外开双层门		单层外开平开窗	
单层固定窗		高窗	

15

序 号	名 称	代 号	序 号	名 称	代 号
1	板	B	21	檩条	LT
2	屋面板	WB	22	屋架	WJ
3	空心板	KB	23	托架	TJ
4	槽形板	CB	24	天窗架	CJ
5	折板	ZB	25	刚架	GJ
6	密肋板	MB	26	框架	KJ
7	楼梯板	TB	27	支架	ZJ
8	盖板或沟盖板	GB	28	柱	Z
9	檐口板或挡雨板	YB	29	基础	J
10	吊车安全走道板	DB	30	设备基础	SJ
11	墙板	QB	31	桩	ZH
12	天沟板	TGB	32	柱间支撑	ZC
13	梁	L	33	垂直支撑	CC
14	屋面梁	WL	34	水平支撑	SC
15	吊车梁	DL	35	梯	T
16	圈梁	QL	36	雨篷	YP
17	过梁	GL	37	阳台	YT
18	连系梁	LL	38	梁垫	LD
19	基础梁	JL	39	预埋件	M
20	楼梯梁	TL			

（三）建筑施工图的识读

1. 总平面图的识读

（1）基本内容

总平面图包括已有建筑物、新建建筑物、拟建建筑物以及道路、绿化等。

（2）识读方法

（A）了解总平面图比例、图例、文字说明。总平面图尺寸均以米为单位。

（B）了解新建房屋的位置关系及外围尺寸，注意首层室内地面标高相当于绝对标高多少。通过图中指北针了解建筑物朝向。

以图 1-25 总平面图为例。

该学校总平面图比例为 1:500，图中显示该教学楼的位置为粗实线范围，中实线是原有教学办公楼等。新建教学楼平面内的小黑点表明房屋为四层。其首层地面相对标高 ±0.00＝12.50m（绝对标高），室外地坪标高为 11.02m，室内、外地面高差为 0.48m。另外，通过新建教学楼平面图长、宽尺寸，可计算出房屋的占地面积。从房屋之间的定位尺寸，可知房屋之间的相对位置。

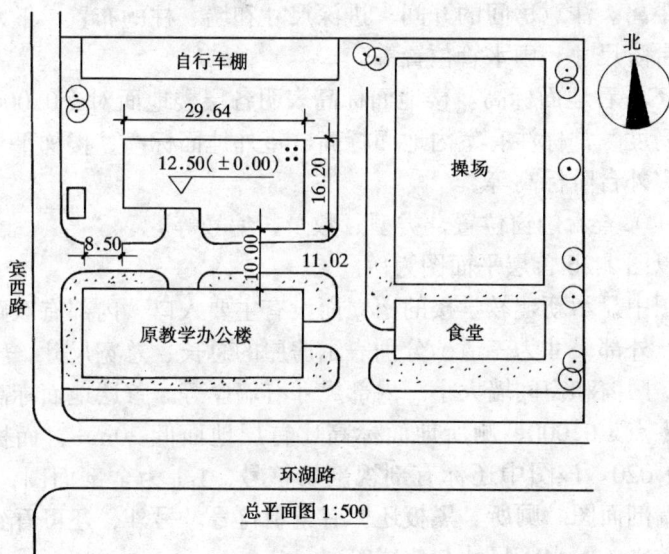

图 1-25　总平面图示例

2. 建筑平面图的识读

（1）基本内容

（A）建筑物形状、内部布置、房间安排、朝向、定位轴线和墙厚。

（B）建筑物的尺寸：总长度、总宽度及建筑面积，房间开间及进深、门窗洞口尺寸。另外平面图还有台阶、散水、阳台、雨篷等尺寸。

（C）室内地面标高、门窗位置、尺寸及编号、过梁及其他构配件编号等。

（D）剖面图的剖切位置、索引符号等。

（2）识读方法

（A）识读平面图习惯方法是：由外向内、由大到小、由粗到细、先看说明附注、再看图形。

（B）先看房屋朝向、平面图的总长、总宽尺寸、轴线间的尺寸距离。注意房间的开间、进深尺寸和墙、柱的布置，散水宽度、台阶尺寸、雨水管位置等。

（C）看地面标高。楼地面标高表明各层楼地面对 ± 0.000 的相对高度，常标注有室内地面标高、室外地面标高、楼梯平台标高、室外台阶标高等。

（D）查看门窗位置、类型、数量、编号等。

以图 1-26 首层平面图为例。

图中显示新建教学楼的南立面设有主要入口，内部有双跑式楼梯。外部尺寸为三道，分别表示房屋的总长、总宽尺寸，轴线间距、门窗和窗间墙大小。内部尺寸有墙厚等。首层地面标高为标高零点 ± 0.000，厕所地面标高比首层地面低 20mm，而标注为 -0.020。该图中还标有剖视剖切符号，1-1 为全剖面图，2-2 为外墙剖面图。厕所、黑板还标有索引符号。另外，还可看到台阶、散水、雨水管尺寸与位置等。

3.建筑立面图的识读

（1）基本内容

（A）看图名与比例，了解是房屋的哪一个立面的投影。

（B）立面图反映建筑物的外貌；如门窗外形、屋檐、阳台、雨篷、附墙柱、勒脚、台阶的形状和位置。

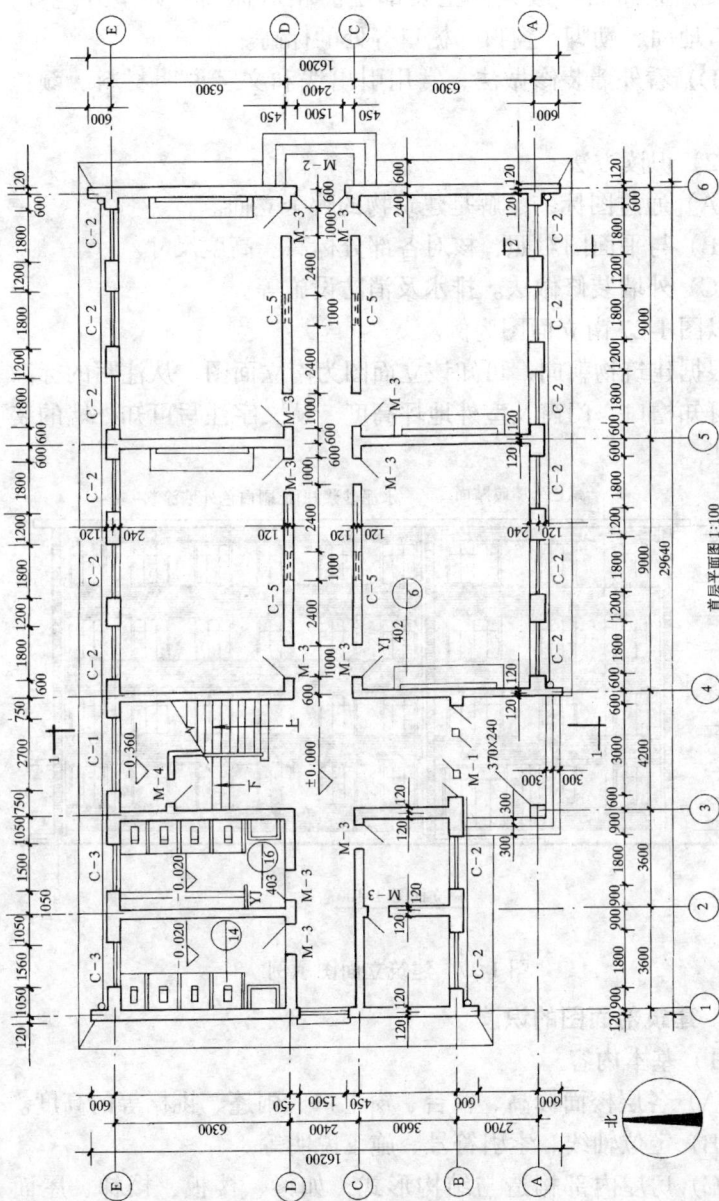

图 1-26 首层平面图示例

首层平面图1:100

19

（C）立面图一般只注主要部位的相对标高，如室外地坪、出入口地面、勒脚、窗口、檐口等处的标高。

（D）看外墙装修做法，常用引出线和文字说明材料、颜色等。

（2）识读方法

（A）通过图标，了解是建筑物的哪个立面。

（B）与平面图对照，核对各部分标高、高度尺寸。

（C）外墙装修做法。排水及消防设施等。

以图 1-27 南立面图为例。

根据建筑物朝向，可知该立面图为南立面图，从注写的标高尺寸可知檐口、门窗及室外地坪高度。从文字注写可知外墙的装修作法。

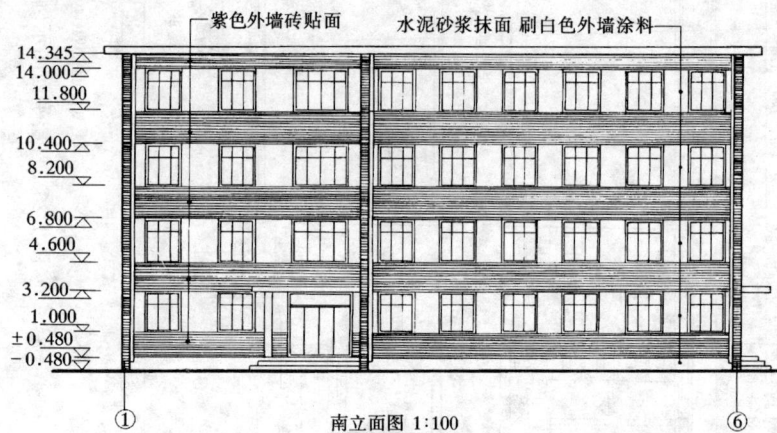

图 1-27　建筑立面图示例

4. 建筑剖面图的识读

（1）基本内容

（A）各层楼面标高、窗台、窗上口、雨篷、挑檐等的高度。

（B）定位轴线、索引符号、施工说明等。

（C）房屋内部构造与结构形式，如梁、楼板、楼梯、屋面的结构形式等。

（2）识读方法

（A）看清剖切面的位置，将剖面图编号与平面图上的剖切编号对应来看。

（B）了解屋面、顶棚、楼面、地面的构造。

（C）看清标高及各种竖向尺寸。

以图 1-28 剖面图为例。

从图名 1-1 剖面图和轴线编号，对照首层平面图可知，是一个通过主要入口和楼梯间的全剖面图。从图中可了解到层高为3.6m，各层建筑标高等尺寸。

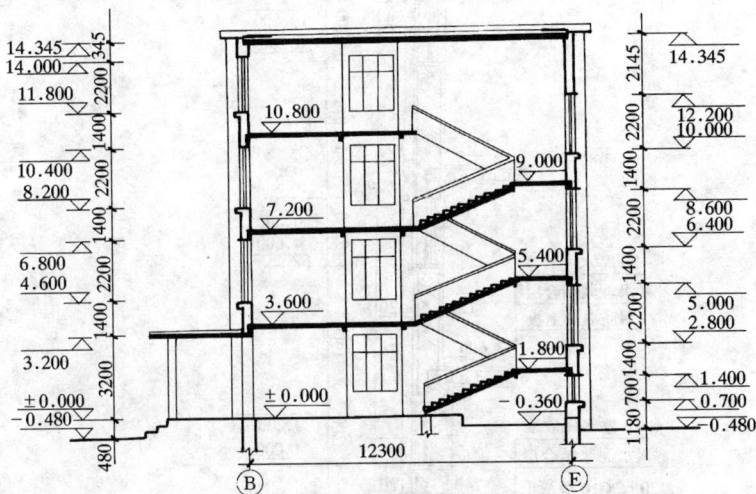

1—1 剖面图 1:100

图 1-28　建筑剖面图示例

5．建筑详图的识读

（1）基本内容

建筑详图是建筑平、立、剖面图的补充，是将平、立、剖面图中不能表示清楚的细部构造用较大比例绘制的详细图样。一般包括有外墙详图、楼梯详图、阳台详图、卫生间详图等。

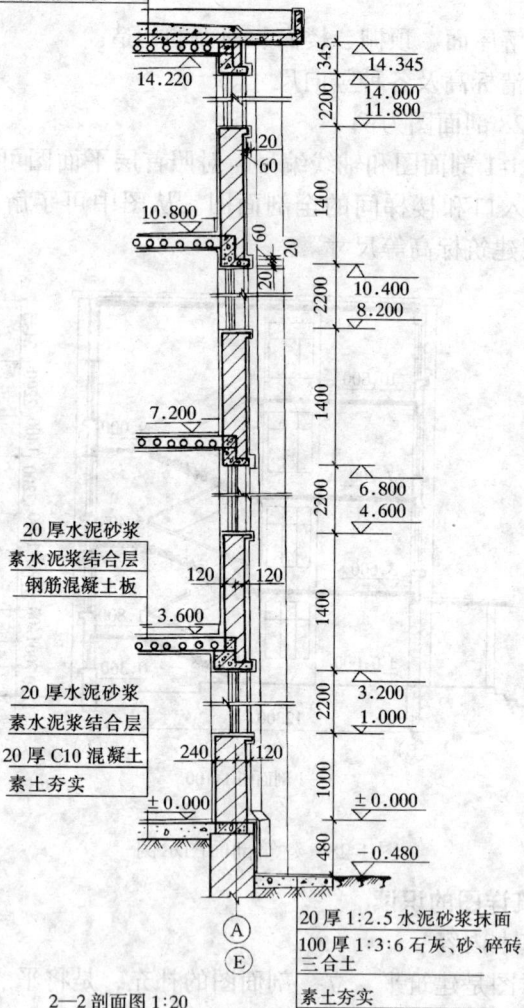

二毡三油撒绿豆砂
冷底油一道
15厚水泥砂浆找平
40厚水泥炉渣
60厚干铺炉渣
钢筋混凝土板

20厚水泥砂浆
素水泥浆结合层
钢筋混凝土板

20厚水泥砂浆
素水泥浆结合层
20厚C10混凝土
素土夯实

20厚1:2.5水泥砂浆抹面
100厚1:3:6石灰、砂、碎砖
三合土
素土夯实

2—2 剖面图 1:20

图1-29 外墙剖面详图示例

22

（2）识读方法

（A）与平面图、立面图、剖面图对照，以确定图中所表示的建筑部位。

（B）了解各部位的详细作法、构造尺寸等。

以图 1-29 外墙剖面详图、图 1-30 楼梯剖面详图为例。

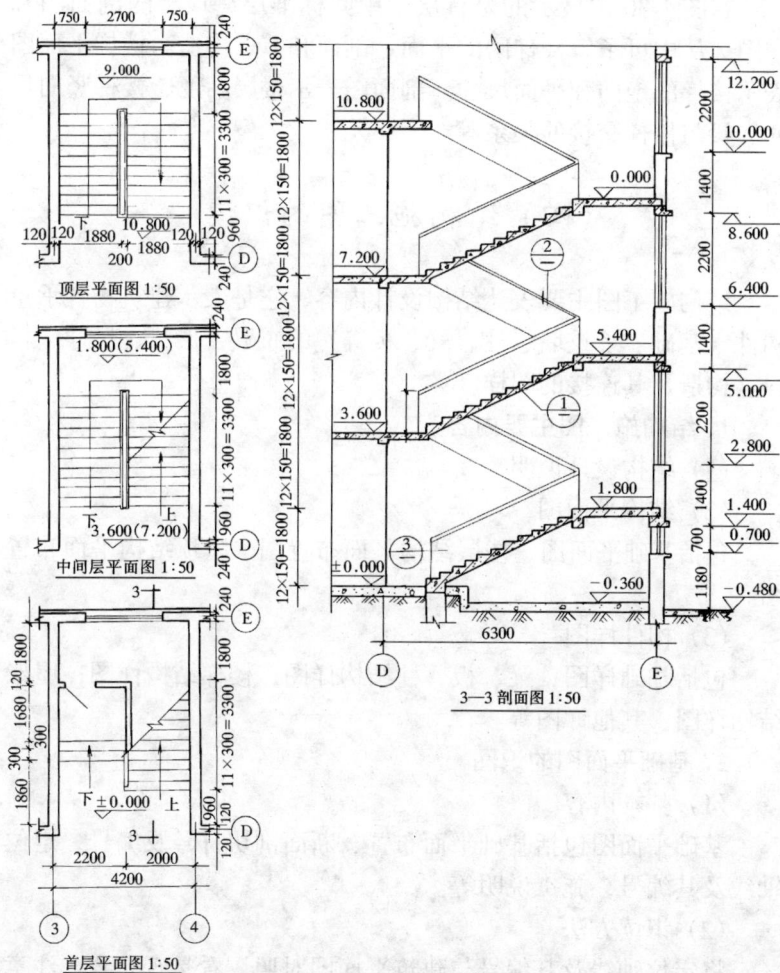

图 1-30　楼梯剖面详图示例

在图 1-29 中显示各层楼面的标高和挑檐下皮标高,窗过梁
为 L 形钢筋混凝土过梁,楼板搁置在梁与横墙上,在外墙内侧
与楼板同高处,设有钢筋混凝土圈梁。檐口外侧设有檐沟,利于
雨水集中,从雨水管中排走。另外,从文字说明中,还可了解有
关部位的具体做法。

在图 1-30 中显示的是首层、中间标准层、顶层的剖面图和
详图。从中可了解楼梯间的平面、剖面和节点构造。楼梯平面图
表示楼梯的走向和平面尺寸。剖面图表示楼层高度、楼梯竖向尺
寸、梁与楼梯交接的关系等。

(四) 结构施工图的识读

结构施工图主要表达结构设计内容,它是表示建筑物各承重
构件(基础、承重墙、柱、梁、板等)的布置、形状、尺寸、材
料、构造及其连接的图样。

1. 结构施工图主要内容

(1) 结构设计说明

(2) 结构平面图

包括基础平面图、楼层结构平面布置图、屋顶结构平面布置
图。

(3) 构件详图

包括基础详图;梁、板、柱结构详图;楼梯结构详图;屋架
结构详图;其他详图等。

2. 基础平面图的识图

(1) 基本内容

基础平面图包括基础平面布置、断面剖切符号及编号,定位
轴线及其编号,施工说明等。

(2) 识读方法

将定位轴线及其编号与建筑平面图对照,看是否一致,注意
基础墙、柱以及基础形状、了解其与轴线的关系。看清基础梁的

位置、尺寸。通过剖切符号及编号，了解基础详图的种类及位置。另外，从施工说明中了解基础材料及强度等级等。

以图 1-31 基础平面图为例。

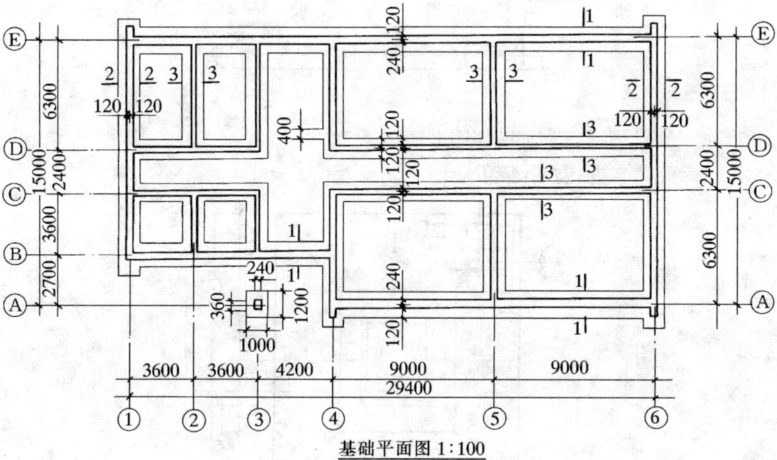

基础平面图 1:100

图 1-31　基础平面图示例

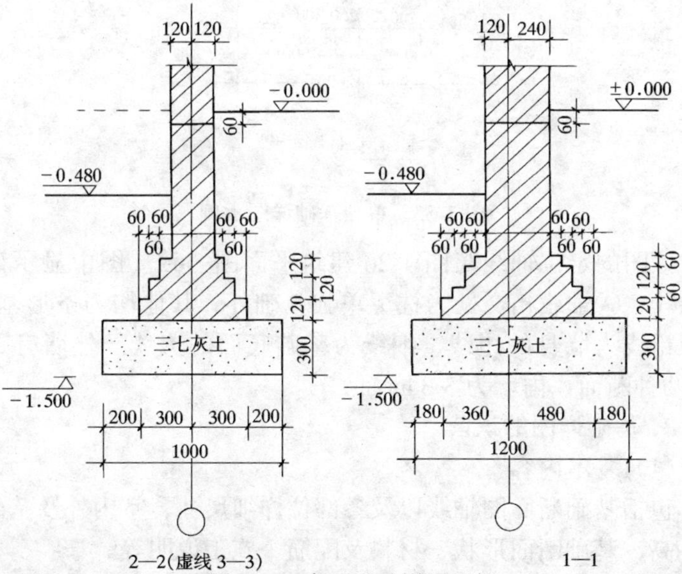

2—2(虚线 3—3)　　　　　　　　1—1

图 1-32　条形基础详图示例

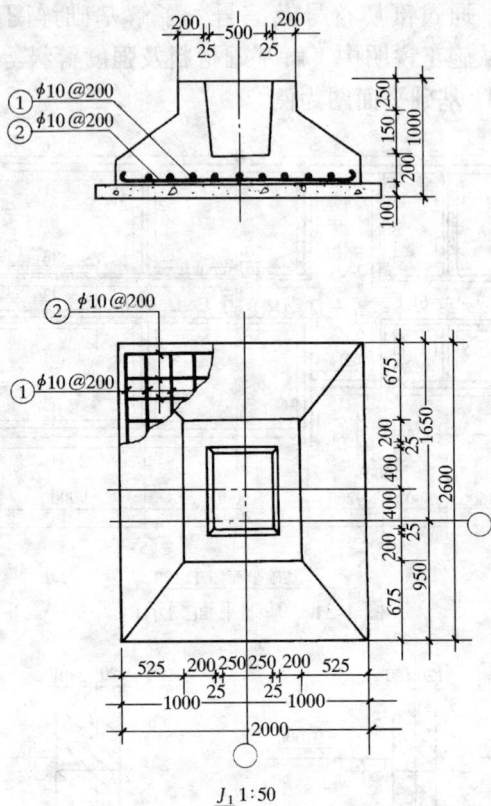

图 1-33　单独基础详图示例

　　该图的定位轴线与图 1-26 建筑平面图一致。图中显示该基础除③、Ⓐ轴线相交处为柱下单独基础外，其他均为条形基础。图中粗线为墙身的边线，细线为基础底面的边线。外墙有 1-1、2-2 两种断面，内墙为 3-3 断面。

　　3．基础详图的识读

　　（1）基本内容

　　包括基础断面图轴线以及各部位详细尺寸，室内外及基础底面标高，基础断面形状、材料及配筋、施工说明等。

　　（2）识读方法

先看基础详图的图名去与基础平面图对照，确定其位置。断面图中一般标有材料图例，可了解基础使用的材料。了解基础墙厚、大放脚尺寸、基础底宽尺寸以及它们与轴线的相对位置关系，了解基础埋深。

以图 1-32 条形基础详图、图 1-33 单独基础详图为例。

在图 1-32 中，看出基础垫层为三七灰土，垫层上部为大放脚，其中 1-1 为不等高式，2-2 为等高式。另外图中可看出室内标高 ±0.000、室外标高 -0.480 以及基础底面标高 -1.500。

从图 1-33 中，看出为钢筋混凝土单独基础上图为基础剖面图，可显示基础杯口形状、尺寸。下图为基础平面，局部显示底板配筋。

（五）综合识图与审核图纸

一套完整的建筑工程施工图由总平面图、建筑施工图、结构施工图、给排水施工图、电气施工图和采暖通风施工图。

1. 综合识图

（1）先了解工程名称、地点、总建筑面积等。

（2）先看设计说明，以了解工程概况、有关具体的要求等。

（3）看总平面图，了解施工地点地形、地貌，包括朝向、道路、与原有建筑物的关系等。

（4）看建筑施工图。从建筑平面图、立面图、剖面图、详图等，了解轴线尺寸、室内外布局、建筑物平面形式、各部位的标高等。

（5）看结构施工图和设备施工图。按照由基础到上部结构，由建筑到水电、空调、设备安装顺序来看。一般土建专业施工人员主要看建筑施工图和结构施工图，而且要联系对照看，看它们在图形、尺寸等是否一致，构造要求是否有矛盾。

（6）各工种图纸看完后，应对图中发现的问题记下来，以便请设计单位解决。

2. 审核图纸

审核施工图是一项重要的技术管理工作，它对减少图纸中的错误、疏漏、提高工程质量、保证正常施工具有重要作用。

（1）审核图纸的要求

（A）看建筑施工图时，注意与结构图对照看，以检查有无矛盾之处。

（B）看各专业施工图时，应结合总平面图看，了解工程施工区域内的具体位置、环境、绝对高程，同时了解室外管网布置情况，以及对本工程施工中可能造成的影响等。

（C）看建筑施工图和结构施工图时，要结合设备施工图看。了解预留洞、预留槽的位置、大小、数量，对预埋件、预埋管等规格数量认真核对。另外，要注意管、沟位置等大小、标高，以避免今后施工中出现不必要的问题。

（D）在了解全套施工图基础上，结合国家现行规范、质量标准等，看设计是否符合要求，有无错误之处。

（E）设计假定和处理方法与实际情况是否吻合，对安全施工以及今后的正常使用有无影响。

（F）了解新技术、新工艺、新材料等的具体要求，是否有必要的措施。

（2）审核与本工种有关的施工图要点

抹灰工程没有单独的设计施工图，而将要求以文字说明形式注写在建筑总说明、建筑平面图、立面图、剖面图、详图等施工图上。因此，需要掌握以下要点：

（A）注意有关说明和各图上所注写的文字说明。

（B）了解设计所采用的材料，结合施工部位和使用功能要求，对材料的品种、性能、施工工艺等方面给予全面考虑，以确保工期和工程质量。

（C）对采用的新技术、新工艺、新材料，应考虑结合实践经验，通过做小样板或样板间，及时发现问题，提出相应建议，以最终确定满足设计要求，使用要求和施工的可操作性等方面的施工方案。

（六）房屋构造基本知识

1．民用建筑的分类

（1）按建筑物的用途分类

民用建筑是供人们居住、生活、工作以及从事文化、商业活动的房屋。

按建筑物的使用功能，民用建筑分为两大类。

1）居住建筑：是供人们居住、生活用的房屋，如住宅等。

2）公共建筑：是供人们工作、学习、文化娱乐和生活服务用的房屋。如办公楼、学校、商场、宾馆、医院等。

（2）按主要承重结构材料分类

1）砖木结构：房屋的墙、柱用砖砌，楼板、屋架用木料制作。

2）混合结构：房屋的墙、柱用砖砌，楼板、楼梯为钢筋混凝土结构，屋顶为钢筋混凝土或钢木结构。

3）钢筋混凝土结构：房屋的梁、柱、楼板、屋面板均采用钢筋混凝土制作，墙用砖或其他材料做成。

4）钢结构：房屋的梁、柱、屋架等承重构件均采用钢材制作，楼梯为钢筋混凝土材料，墙用砖或其他材料。

（3）按建筑结构承重方式分类

1）墙承重结构：用墙体结构承受楼板及屋顶结构传来的全部荷载。

2）框架结构：用梁、柱组成框架结构承受房屋的全部荷载。

3）半框架结构：建筑物的外部用墙承重、内部采用梁、柱承重；或底层采用框架、上部用墙承重。

4）空间结构：由空间构架承重。如网架、壳体、悬索等用于大跨度的大型公共建筑。

2. 民用建筑的构造组成

民用建筑一般由基础、墙或柱、楼板、地面、楼梯、屋顶、门窗等主要部分组成。如图 1-34。

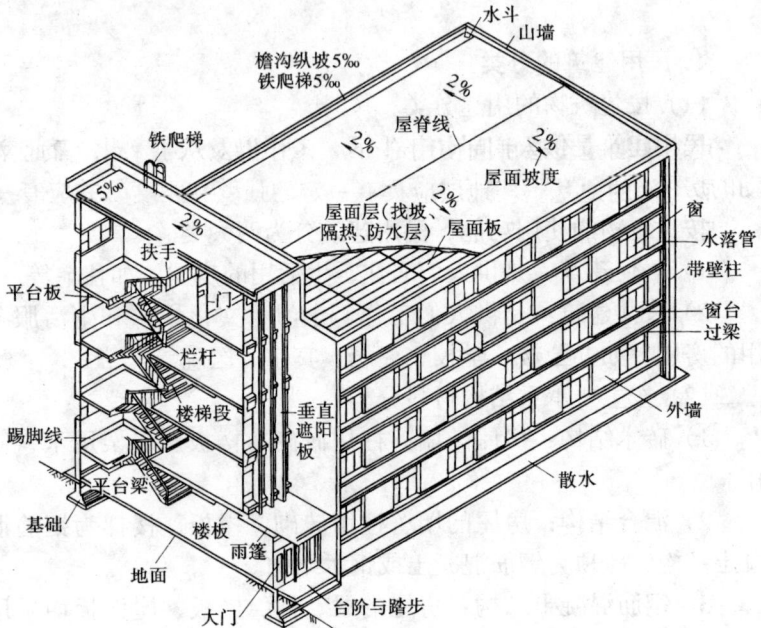

图 1-34　民用建筑构造组成

（1）基础

基础是位于建筑物最下部的承重构件，它承受建筑物的全部荷载，并将这些荷载传给地基。基础是房屋的重要组成部分，要求必须坚固、稳定、能经受冰冻和地下水及其所含化学物质的侵蚀。

（2）墙或柱

墙或柱是建筑物的承重和围护构件，它承受着由建筑物屋顶及各楼层传来的荷载，并将这些荷载传给基础。作为围护构件，外墙起着抵御自然界各种危害因素对室内侵袭的作用；内墙把室内空间分隔为不同的房间，避免相互干扰。当用柱作为房屋的承重构件时，填充在柱间的墙仅起围护作用。墙与柱应该坚固，稳定，墙还应能够保温、隔热、隔声和防水。

（3）楼地层

楼地层是房屋中水平方向的承重构件，包括楼板和地面两部分。楼板将建筑空间划分为若干层，楼板承受设备、家具、人的荷载，并将荷载传给墙或柱。楼板支承在墙上，对墙也有水平支撑作用。地面是首层房间使用部分，承受首层房间荷载，并将其传给它下面的地基。楼地层应具有一定的强度和刚度，并应有一定的隔声能力和耐磨性。

（4）楼梯

楼梯是楼房建筑中联系上下各层的垂直交通设施。是供人们上下楼层和紧急疏散用的。要求楼梯坚固、安全和有足够的通行能力。

（5）屋顶

屋顶是建筑物顶部的承重和围护构件。由屋面、承重结构和保温（隔热）层三部分组成。屋面的作用是抵御自然界风、雨、雪及太阳辐射对顶层房间的影响，并将雨水排除。承重结构则承受屋顶全部荷载（包括自重、风荷载、雪荷载），并将这些荷载传给墙或柱。保温（隔热）层的作用是防止冬季室内热量散失（夏季太阳辐射热进入室内）。要求屋顶保温（隔热）、防水、排水，其承重结构应有足够的强度和刚度。

（6）门和窗

门的主要功能是交通和分隔房间，有的门兼有采光和通风作用，对建筑物也可起到装饰作用。要求门有足够的宽度和高度。窗的作用是采光、通风和眺望，同时也有分隔和围护作用。因门与窗所在位置不同，分别要求有防水、防风沙、保温和隔声等。

房屋除上述基本组成部分外，还有一些其他配件与设施，如雨篷、散水、坡道、勒脚、防潮层、通风道等。

3．工业建筑的构造组成

由于工业部门不同，生产工艺各异，所以工业建筑类型较多。从层数上分为单层工业建筑和多层工业建筑，其中骨架承重结构的单层工业厂房最为多见，其结构组成主要有屋盖结构、吊车梁、柱、基础、支撑、围护结构等。如图1-35。

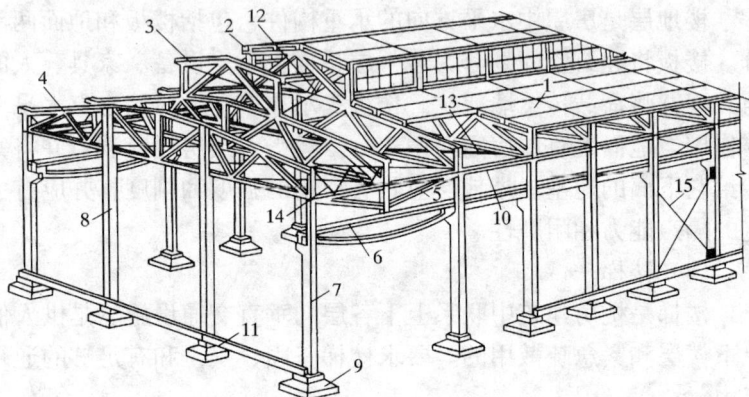

图 1-35　单层厂房结构组成

1—屋面板；2—天沟板；3—天窗架；4—屋架；5—托架；
6—吊车梁；7—排架柱；8—抗风柱；9—基础；10—连系梁；
11—基础梁；12—天窗架垂直支撑；13—屋架下弦纵向水平支撑；
14—屋架端部垂直支撑；15—柱间支撑

（1）屋盖结构

1）屋面板：它直接承受屋面荷载（如雪荷载、施工或检查、修理时屋面上人活动的荷载），并将其传给屋架。

2）屋架：它承受屋盖结构的全部荷载（包括屋面板、风荷载），并将其传给柱。

3）天窗架：它支承在屋架上，承受天窗架以上屋面板及屋面上的荷载，将其传给屋架。

4）托架：当柱子间距比屋架间距大时，则用它支承屋架，并将其上面的荷载传给柱子。

（2）吊车梁

吊车梁支承在柱子的牛腿上，承受吊车荷载，并将其传给柱。

（3）柱

柱承受屋架（包括托架）、吊车梁、外墙和支撑传来的荷载，并将其传给基础。

（4）基础

基础承受柱和基础梁传来的荷载，并将其荷载传给地基。

（5）支撑

包括屋盖支撑和柱间支撑等。它的作用是加强厂房结构的空间刚度和稳定性，同时起传递风荷载和吊车水平荷载的作用。

（6）围护结构

1）外墙和山墙：一般为砖砌自承重墙。砖墙下部支承在基础梁或带形基础上。墙承受风荷载并传给柱子。有的大型厂房采用预制墙板代替砖墙。

2）墙梁：凡支承在柱子上的预制连系梁和浇成连续的圈梁都称墙梁。主要作用是加强厂房的纵向刚度。作为连系梁，可承受外墙重量，并把它传给柱子和基础。作为圈梁，外墙重量则通过基础梁传给基础。

3）基础梁：承受外墙重量并把它传给基础。

4）抗风柱：承受山墙传来的风荷载，并把它传给屋盖和基础。

复 习 题

1. 什么是投影？投影必须具备的条件是什么？
2. 建筑施工图是根据什么投影原理画出来的？
3. 建筑施工图中常用哪些图线？它们各自的用途是什么？
4. 建筑施工图中的剖视剖切符号和断面剖切符号有哪些相同点和不同点？
5. 建筑施工图上的标高有几种？单位是什么？
6. 梁、柱、板、阳台等构件的代号是什么？
7. 一般民用建筑房屋由哪几部分组成？
8. 民用建筑按主要承重结构材料分为几大类？
9. 建筑平面图包括哪些内容？
10. 建筑平面图识读方法是什么？

二、建筑学基本知识

建筑学是综合介绍房屋设计基本知识的一门学科。它重点研究的是建筑构造和建筑设计原理，与施工技术也有着密切的联系。

（一）建筑物的等级

建筑物质量等级是建筑设计中最先考虑的因素之一。根据不同的建筑等级，采用不同的标准，选用相应的材料及结构类型，使其符合有关的要求。

1. 按建筑物的使用性质和耐久年限分级（见表 2-1）

按耐久性规定的建筑物等级 表 2-1

建筑等级	建筑物性质	耐久年限
一	具有历史性、纪念性、代表性的重要建筑物，如纪念馆、博物馆、国家会堂等	100 年以上
二	重要的公共建筑，如一级行政机关办公楼、大城市火车站、国际宾馆、大体育馆、大剧院等	50 年以上
三	比较重要的公共建筑和居住建筑，如医院、高等院校以及主要工业厂房等	40～50 年
四	普通的建筑物，如文教、交通、居住建筑以及工业厂房等	15～40 年
五	简易建筑和使用年限在五年以下的临时建筑	15 年以下

2．按建筑物的耐火程度分级

根据我国现行有关规定，建筑物的耐火等级分为四级。耐火等级标准主要根据房屋主要构件（如墙、柱、梁、楼板、屋顶等）的燃烧性能和它的耐火极限来确定。见表 2-2。

耐火极限是指按规定的火灾升温曲线，对建筑构件进行耐火试验，从受到火的作用起，到失掉支持能力或发生穿透裂缝或背火一面温度升高到 220℃ 时止，这段时间称为耐火极限，用小时（h）表示。

构件名称	耐火等级			
	一级	二级	三级	四级
	建筑构造及耐火极限			
承重墙与楼梯间墙	3.00h	2.50h	2.50h	0.50h
支承多层的柱	3.00h	2.50h	2.50h	0.50h
支承单层的柱	2.50h	2.00h	2.00h	—
梁	2.00h	1.50h	1.00h	0.50h
楼板	1.50h	1.00h	0.50h	0.25h
吊顶	0.25h	0.25h	0.15h	—
屋顶承重构件	1.50h	0.50h	—	—
楼梯	1.50h	1.00h	1.00h	—
框架填充墙	1.00h	0.50h	0.50h	0.25h
隔墙	1.00h	0.50h	0.50h	0.25h
防火墙	4.00h	4.00h	4.00h	4.00h

建筑物耐火等级　　　　　　表 2-2

（二）影响建筑物的因素

建筑物受外界因素的影响，包括有：荷载与外力的影响，除自重和使用荷载（包括人、物、设备等），以及附加荷载（如雪荷载、风荷载等）；气象影响，如风雪冰冻、日晒雨淋等，随地区气候的不同而不同；地质和水文地质，如地震、地下水、冰冻等自然条件；虫兽损害与偶然发生的水灾、火灾等影响。另外，工业厂房在生产过程中出现的机械振动和撞击、热作用、水蒸气、化学侵蚀、易燃及易爆物质、烟雾和尘埃、噪声等等。对建筑物的整体结构、建筑构件及人体健康，有着不同程度的影响，因此必须在设计施工中采取合理的防护措施。

（三）色彩的基本知识

建筑物需采用多种材料建成，而每种材料又都带有各自的色彩。所选用材料如何协调色彩关系是影响建筑物艺术效果的重要问题。

自然界中的色彩千变万化，但归根结底是由红、黄、蓝三种颜色调配而成的。

1. 色彩的混合分类

（1）原色：指红、黄、蓝三种颜色，如图2-1。由这三种颜色能够调配出其他任何颜色，而任何其他颜色调不出这三种颜色。

（2）间色：由两种原色混合而成的另一种颜色。如黄加蓝成为绿，红加蓝成为紫，红加黄成为橙。橙、绿、紫统称为间色，如图2-1。

（3）复色：由两种间色（或一种间色与一种原色）混合所产生的色。如橙加绿成为橙绿，橙加紫成为橙紫，紫加绿成为紫绿，红加黄加蓝成为黑灰，如图2-2。

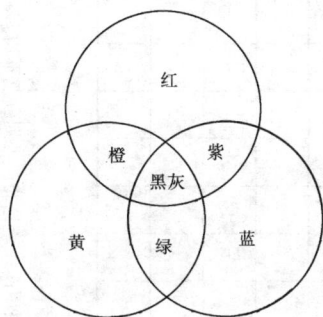

图 2-1　原色与间色　　　　　　图 2-2　间色与复色

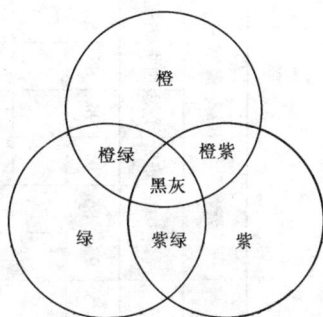

2．色彩三要素

无论色彩如何变化，总的说来，是色彩的色相、明度和纯度所构成的这种变化。而明度、色相和纯度称为色彩三要素。

（1）色相：指色彩的相貌。如红、绿、黄、蓝等名称。

（2）明度：指色彩深浅明亮的程度。如浅红色明度高，深红色明度低。越趋向于白色的颜色明度就越高。不同色相的各种颜色也有明度差异，如黄色比蓝色明度高。

（3）纯度：指色彩的饱和程度。即每种颜色含色的多少。当一种颜色没有和其他颜色相混合时，这种颜色纯度高，而当一种颜色和另一种颜色相混合时，这种颜色纯度就低，如红色比红橙的纯度高。

（四）常用颜料的种类及掺量

1．颜料

装饰用颜料，主要用矿物颜料及无机颜料，常用的颜色有红、黄、蓝、绿、棕、紫、黑、白等。彩色砂浆以水泥砂浆、混合砂浆及白灰砂浆中加入颜料配制而成，或以彩色水泥与砂配制而成，见表 2-3。

各种彩色砂浆掺量表

表 2-3

用料（重量比）	红色			黄色			青色			绿色			棕色			紫色			褐色		
	浅红	中红	暗红	浅黄	中黄	暗黄	浅青	中青	暗青	浅绿	中绿	暗绿	浅棕	中棕	暗棕	浅紫	中紫	暗紫	浅褐	咖啡	暗褐
325号硅酸盐水泥	98	86	79	95	90	85	93	86	79	95	90	85	95	90	85	93	86	97	94	88	82
红色系颜料	7	14	21																		
黄色系颜料				5	10	15															
蓝色系颜料							3	7	12												
绿色系颜料										5	10	15									
棕色系颜料													5	10	15						
紫色系颜料																7	14	21			
黑色系颜料																			2	5	9
白色系颜料							4	7	9												

注：1. 各色系颜料可用单一颜料，也可用两种或数种颜料配制。

2. 如用混合砂浆或白灰砂浆时，表列颜料用量酌减60%～70%，但青色颜料不须另加白色颜料。

3. 如用彩色水泥时，则不须加任何颜料，直接按体积比。彩色水泥：砂＝1:2.5～3。砂子须用同一产地的，否则颜色不均。

2. 装饰砂浆常用颜料及说明（见表 2-4）

装饰砂浆常用颜料及说明   表 2-4

色彩	颜料名称	说明
黄色	氧化铁黄	遮盖力比其他黄色颜料都强。着色力几乎与铬黄相等。耐光性、耐大气影响、耐污浊气体以及耐碱性等都比较强，是装饰中既好又经济的黄色颜料之一
	铬黄（铝铬黄）	铬黄系含有铬酸铝的黄色颜料，着色力高，遮盖力强，较氧化铁黄鲜艳，但不耐碱
红色	氧化铁红	有天然和人造两种，遮盖力和着色力较强，有优越的耐光、耐高温、耐大气影响，耐污浊气体及耐碱性能，是较好与较经济的红色颜料
	甲苯胺红	是鲜艳红色粉末，遮盖力较高、耐光、耐热、耐酸碱，在大气中无敏感性，一般用于高级装饰工程
蓝色	群青	为半透明鲜艳的蓝色颜料，耐光、耐风雨、耐碱，但不耐酸，是较好与较经济的蓝色颜料
	钴蓝	为带绿色的蓝色颜料，耐热、耐光、耐酸碱性能较好
绿色	铬绿	是铅铬黄和普鲁士蓝的混合物，颜色决定了两种成分比例的组合，变化较大，遮盖力强，耐气候变化、耐光、耐热性均好，但不耐酸碱
棕色	氧化铁棕	是氧化铁红和氧化铁黑的机械混合物，有的产品还掺有少量的氧化铁黄
紫色	氧化铁紫	可用氧化铁红和群青配用代替
黑色	氧化铁黑	遮盖力、着色力很强，耐光、耐一切碱类，对大气作用也很稳定，是一种较好与经济的黑色颜料
	碳黑	根据制造方法不同分为槽黑（俗称硬质碳黑）和炉黑（俗称软质碳黑）两种，装饰工程上常用炉黑，性能与氧化铁黑基本相同，比重稍轻，不易操作
	锰黑	遮盖力颇强
	松烟	采用松材、松根、松枝等在窑内进行不完全燃烧而熏得的黑色烟炱。遮盖力与着色力均好

复 习 题

1. 建筑物按使用性质和耐久年限分为几级?
2. 建筑物按耐火程度分为几级?
3. 建筑物受外界因素的影响有哪些?
4. 颜料配色有几种原色?
5. 装饰砂浆常用的颜料有哪些?

三、抹灰材料及常用机具

（一）抹灰工程对建筑物的影响与作用

无论是民用建筑，还是工业建筑，在建筑施工过程中，常将其分为基础施工（指首层地面以下结构）、主体结构施工（首层地面以上的墙、柱、楼板、屋顶等）和装饰装修三个阶段。而抹灰工程是装饰装修阶段中工程量最大，也是最重要的部分。主要表现在以下几方面：

（1）造价：装饰装修工程从整个建筑物的总造价所占比重来分析，一般民用建筑约占 30％左右（有些高级装饰装修工程占总造价 50％以上），而其中抹灰工程造价约占一半左右。

（2）劳动力：由于抹灰工程量大，机械化程度又不高，因此，劳动力所占比重较大。一般民用建筑中抹灰工劳动量占装饰装修工程的 50％左右，占整个建筑物施工总劳动量的 25％左右。

（3）工程量：一般民用建筑平均每平方米建筑面积有 $3\sim 5m^2$ 的室内抹灰和 $0.15\sim 0.75m^2$ 的室外抹灰（高级装饰装修工程室外抹灰可达 $0.75\sim 1.30m^2$）。

（4）施工工期：一般民用建筑抹灰工程占总工期的 30％～40％（高级装饰装修工程约占总工期 50％以上）。

综上所述，抹灰工程在建筑施工中的影响很大。因此，要求抹灰工在保证质量的前提下改进操作工艺和提高效率，在讲究艺术效果的同时，降低成本。

抹灰分为内装饰抹灰和外装饰抹灰。

（1）外装饰抹灰的作用

保护主体结构，阻挡自然界中风、雨、雪、霜等的侵蚀。提高建筑物墙面防潮、防风化和保温、隔热、防潮、隔声等能力，改善建筑物艺术形象、美化城市，是建筑艺术的组成部分。

外装饰包括：檐口、屋顶、窗台、腰线、雨篷、阳台、勒脚和墙面等部位。

（2）内装饰抹灰的作用

保护墙体，使房屋内部平整明亮、改善室内采光条件。提高保温、隔热、抗渗、隔声等能力，保护主体结构免受侵蚀，创造良好的居住、工作条件，是建筑艺术的重要组成部分。

内装饰包括：顶棚、墙面、踢脚、楼地面、楼梯等部位。

（二）抹灰的分类及组成

装饰装修工程中与抹灰工种有关的有抹灰工程、饰面板（砖）工程、地面工程等。

1. 抹灰工程

抹灰工程分为一般抹灰、装饰抹灰、清水砌体勾缝。

（1）一般抹灰

按房屋标准、操作的工序和质量要求，一般抹灰可分为普通抹灰和高级抹灰。

1）普通抹灰：适用于一般居住、公共和工业房屋（如居民住宅、教学楼、办公楼）以及高级建筑物中的附属用房。

其一般作法要求是：一层底层、一层中层和一层面层（或一层底层和一层面层）。要求设置标筋，分层抹平，表面洁净，线角顺直，接槎平整。

2）高级抹灰：适用于大型公共建筑物、纪念性建筑物（如展览馆、影剧院、高级公寓和高级办公楼）以及有特殊要求的高级建筑等。

其一般作法是：一层底层、数层中层和一层面层。在抹灰时要求找方，设置标筋，分层抹平，表面光滑洁净，颜色均匀一致，线角平直，清晰美观无接纹。

一般抹灰包括：石灰砂浆、水泥砂浆、水泥混合砂浆、聚合物水泥砂浆、麻刀石灰、纸筋石灰、石膏灰等。

（2）装饰抹灰

装饰抹灰与一般抹灰工程相比在材料、工艺、外观上具有特殊性，大多属于高级装饰装修的内容，比一般抹灰工程具有更高的要求。

装饰抹灰是利用水泥、砂子、石灰、石粒、石屑等材料，根据设计要求，通过各种操作直接作成的饰面层。

装饰抹灰包括：水刷石、斩假石、干粘石、假面砖等项目（但水刷石浪费水资源，并对环境有污染，应尽量减少使用）。

3）清水砌体勾缝：

清水墙表面不作粉刷，只在砌体作勾缝处理。清水墙可以是粘土砖，也可以是石材，勾缝抹灰可起到防水、保温和装饰墙面的作用。

清水砌体勾缝包括：清水砌体砂浆勾缝和原浆勾缝等项目。

2. 饰面板（砖）工程

饰面板（砖）工程指把块料面层根据设计图纸要求，通过各种操作直接粘贴、安装在基层上。

饰面板（砖）工程常用的石材有花岗石、大理石、青石板和人造石材；采用的瓷板有抛光板和磨边板两种，面积不大于 $1.2m^2$，不小于 $0.5m^2$；金属饰面板有钢板、铝板等品种；陶瓷面砖主要包括釉面瓷砖、外墙面砖、陶瓷锦砖、陶瓷壁画、劈裂砖等；玻璃面砖主要包括玻璃锦砖、彩色玻璃面砖、釉面玻璃等（花岗石、大理石等天然石材因具有放射性，因此对室内用花岗石、大理石等，必须进行放射性检测）。

3. 地面工程

建筑装饰装修工程中的地面工程，分为整体面层、板块面层和木、竹面层。其中整体面层包括有水泥混凝土面层、水泥砂浆面层、水磨石面层、水泥钢（铁）屑面层、防油渗面层、不发火

（防爆）面层。板块面层包括有砖面层（陶瓷锦砖、缸砖、陶瓷地砖、水泥花砖面层）、大理石面层和花岗石面层、预制板块面层（水泥混凝土板块、水磨石板块面层）、料石面层（条石、块石面层）、塑料板面层、活动地板面层、地毯面层。木、竹面层包括有实木地板面层、实木复合地板面层、中密度复合地板面层、竹地板面层。

（三）常用抹灰装饰材料

1. 水泥

水泥是一种水硬性无机胶凝材料，当它加水拌和后形成塑性浆体，经过一系列的物理化学作用后凝结硬化，它既能在水中硬化，又能在空气中硬化，并持续增长其强度。它是当代最重要的建筑材料之一。

（1）建筑工程中常用的水泥

在建筑工程中应用最广泛的是硅酸盐类水泥，有硅酸盐水泥、普通硅酸盐水泥（简称普通水泥）、矿渣硅酸盐水泥（简称矿渣水泥）、火山灰质硅酸盐水泥（简称火山灰水泥）和粉煤灰硅酸盐水泥（简称粉煤灰水泥）五种。

（2）常用水泥的特性和适用范围见表3-1。

抹灰用的水泥宜为硅酸盐水泥、普通硅酸盐水泥，其强度等级不应小于32.5。

（3）水泥的凝结时间

水泥加水拌和，会逐渐失水，由半流动状态逐渐转变为固体状态，这个过程称为水泥的凝结。

水泥的凝结时间分为初凝和终凝。初凝是水泥加水拌和后，最初形成具有可塑性的浆体，然后逐渐变稠失去塑性的时间。终凝是水泥加水拌和后至水泥完全失去塑性，并开始产生强度的时间。

水泥凝结时间是准确掌握施工进度和工程质量的重要依据之

一。为保证砂浆有充分的时间搅拌、运输、浇筑或抹砌等，水泥的初凝时间不宜过短。当施工操作完毕后，希望能尽快硬化，产生强度。因此，终凝时间不宜过长。

常用水泥的特性和适用范围   表 3-1

项目	硅酸盐水泥	普通水泥	矿渣水泥	火山灰水泥	粉煤灰水泥
强度等级	42.5 52.5 62.5	32.5 42.5 52.5	32.5 42.5 52.5	32.5 42.5 52.5	32.5 42.5 52.5
特性	1. 快硬早强 2. 抗冻性好 3. 水化热较高 4. 耐热性较差 5. 耐酸碱和抗硫酸盐的化学侵蚀性差	1. 快硬早强 2. 抗冻性好 3. 水化热较高 4. 耐热性较差 5. 耐酸碱和抗硫酸盐的化学侵蚀性差 6. 耐水性较差	1. 水化热较低 2. 耐热性好 3. 耐硫酸盐类侵蚀性较好 4. 耐水性较好 5. 早期强度低、后期强度增长较快 6. 抗冻性差 7. 易泌水 8. 干缩性大	1. 抗渗性好 2. 不易泌水 3. 耐热性较差 其他同矿渣水泥	1. 干缩性较小 2. 抗裂性较好 3. 抗碳化能力差 其他同火山灰水泥
适用范围	1. 快硬早强工程 2. 高强度等级混凝土	1. 地上、地下、水下混凝土 2. 早期强度要求高的工程 3. 建筑砂浆	1. 大体积混凝土工程 2. 耐热混凝土 3. 地上、地下、水下混凝土 4. 建筑砂浆 5. 有抗硫酸盐侵蚀要求的一般工程	1. 大体积混凝土 2. 抗渗混凝土 3. 一般混凝土结构 4. 建筑砂浆 5. 有抗硫酸盐侵蚀要求的一般工程	1. 大体积混凝土 2. 地上、地下、水下混凝土 3. 一般混凝土结构 4. 建筑砂浆 5. 有抗硫酸盐侵蚀要求的一般工程

按照国家标准规定要求，硅酸盐水泥初凝不得早于 45min，终凝不得迟于 6.5h。对于普通水泥、矿渣水泥、火山灰水泥和粉煤灰水泥初凝不得早于 45min，终凝不得迟于 10h。

（4）水泥的安定性

水泥终凝后强度逐渐提高，并变成坚固的石状物——水泥石，这一过程称为硬化。水泥在硬化过程中，体积会发生变化，而体积变化的均匀程度称为安定性。若水泥中含有较多的游离石灰、游离氧化镁或石膏，水泥试件在凝结硬化过程中会出现弯曲、龟裂、松脆和崩溃等不安定现象。若使用这样的安定性不良的水泥进行混凝土工程施工，就会使混凝土构件发生变化并会引发工程事故。因此，国家标准规定安定性不良的水泥，应作为废品处理，严禁在工程中使用。

（5）水泥的保管与贮运

1）防水防潮：水泥是吸湿性强的粉状材料，遇水或受潮后，会凝结成块，强度降低，严重的甚至不能使用。所以存放水泥的仓库要求干燥、不漏雨，库内保持干燥通风，码放水泥要垫高垛底，垛底距地面应在 30cm 以上，垛边离墙 20cm 以上。

2）防止水泥过期：水泥即使在良好条件下存放，也会因吸湿而逐渐失效。因此，水泥的贮存期不能过长。一般品种的水泥，贮存期不得超过三个月。若超过三个月，应重新检验，确定后，才可使用。

3）分别贮运：贮运中还应按生产厂、品种、强度等级、出厂日期分别贮运，不得混杂、以免错用、混用水泥发生工程事故。

4）加强水泥应用中的管理：合理选用水泥品种，了解水泥的特性和适用范围，做到物尽其用，最大限度地提高技术经济效益。要有强度等级的概念，选用水泥标号要与设计要求的强度等级相适应，用高标号水泥配制低等级混凝土或砂浆，是水泥应用中的最大浪费。此外，国家标准规定水泥进场应进行凝结时间与安定性的复验，检验合格后才可使用。

2. 石灰

石灰的原料多用石灰岩。其主要成分是碳酸钙，石灰岩经过煅烧分解，就得到了生石灰。施工现场配制砂浆用的石灰膏是由生石灰加水熟化一段时间制得的。

（1）淋灰

石灰在使用前，要用水加以熟化，这个过程称为淋灰。国家标准规定抹灰用石灰膏熟化期不应少于15d。罩面用磨细石灰粉的熟化期不应少于3d。另外，在陈伏过程中，石灰浆表面应保持有一层水分，以使其与空气隔绝，以免碳化、冻结、风化和干硬。

（2）熟石灰的硬化

熟石灰的硬化是氢氧化钙的碳化与结晶作用。碳化，是熟石灰与空气中的二氧化碳反应生成碳酸钙，析出的水分被蒸发。结晶，是氢氧化钙因水分蒸发，逐渐析出晶体并与碳酸钙结晶互相交织，使硬化的石灰浆具有强度。

由于空气中二氧化碳稀薄，石灰浆已碳化的表层，妨碍二氧化碳透入内部和水分的向外析出，因此碳化过程缓慢。而氢氧化钙的结晶过程比碳化过程快得多。因此，在拌制灰浆时，加入少量水泥、石膏、可使其快硬。

硬化后的石灰浆体会产生较大的收缩，为此，浆料中须掺入骨料、纤维料，以防止硬化后收缩干裂。

3. 石膏

石膏的原料是天然二水石膏，也称石膏石。将其加热，可得到石膏。

（1）石膏的种类

按结晶水的多少，石膏分为二水石膏（生石膏）、半水石膏（熟石膏）和无水石膏（硬石膏）。建筑石膏的主要成分就是半水石膏。

（2）石膏的性能

建筑石膏与水混合可成为可塑浆体，但很快失去可塑性，且强度迅速提高，硬化后还原为二水石膏。国家标准规定，其初凝时间不小于 6min，终凝时间不超过 30min。

石膏硬化时，体积略有膨胀，其膨胀量约为 1%，硬化后不产生裂缝，表面光滑，可塑成精致的花饰。

石膏具有良好的隔热性能，石膏硬化后体积膨胀，内部形成大量孔隙，使其具有良好的隔热性能。

石膏还具有抗火性，遇火灾时，二水石膏中的结晶水蒸发，吸收热量，表面的无水物为良好的热绝缘体。

石膏硬化后，具有较强的吸湿性，吸水后会因冬季温度低使水分冻结；造成孔隙崩裂。因此，石膏制品不宜用于室外。

因为建筑石膏的凝结硬化速度很快，为便于操作，一般可掺入石灰浆、水胶、硼砂等。

（3）建筑石膏的保管

建筑石膏多采用袋装，在运输及贮存中应注意防潮，不同等级的石膏应分别贮运，不得混杂。建筑石膏自生产之日起，贮存期为三个月，三个月后应重新检验，以确定其等级。

4. 砂子、石渣、膨胀珍珠岩、膨胀蛭石、纸筋、胶料、天然石材和陶瓷制品

（1）砂子

砂子是岩石风化后的产物，由不同粒径的矿物颗粒混合而成。分为山砂、河砂、海砂等。砂子常用做骨料，按平均粒径大小分为粗砂（平均粒径大于 0.5mm）、中砂（平均粒径为 0.35～0.5mm）、细砂（平均粒径为 0.25～0.35mm）和特细砂（平均粒径为 0.25mm）。抹灰工程中常用中砂。

在天然砂中含有一定数量的粘土、泥块、灰尘和杂物，要求砂子在使用前过筛，不得含有杂物，含泥量较高的砂子在使用前必须用清水冲洗干净后再使用。

（2）石渣

在抹灰工程中，除常用砂子作骨料外，还经常用石渣作骨料进行装饰抹灰。

色石渣是由天然大理石及其他石材破碎筛分得到的。它具有各种不同的颜色（包括白色），经常用于制作水磨石、水刷石、干粘石、斩假石及其他饰面抹灰骨料。其品种、规格及质量要求见表3-2。

色石渣品种、规格及质量要求 表3-2

规格 （俗称）	粒径 （mm）	常用品种	质量要求
大二分 一分半 大八厘 中八厘 小八厘 米粒石	约20 约15 约8 约6 约4 0.3~1.2	东北红、东北绿、丹东绿、盖平红、粉黄绿、玉泉灰、旺青、晚霞、白云石、云彩绿、红王花、奶油白、竹根霞、苏州黑、黄花玉、南京红、雪浪、松香石、墨玉等	颗粒坚韧、有棱角、洁净、不得含有风化的石粒 使用时应冲洗干净

（3）膨胀珍珠岩

膨胀珍珠岩是一种酸性火山玻璃质岩石。因具有珍珠裂隙结构而得名。膨胀珍珠岩是珍珠岩矿石经过破碎、筛分、预热、高温，体积骤然膨胀而成的一种白或灰白色的中性无机砂状材料。其颗粒结构呈蜂窝泡沫状，重量特轻，风吹可扬，有保温、吸音、无毒、不燃、无臭等特性。主要用于保温、隔热、吸声墙面的抹灰。

（4）膨胀蛭石

蛭石是一种复杂的铁、镁含水硅酸盐矿物，由云母矿物风化而成。膨胀蛭石是由蛭石经晾干、破碎、筛选、煅烧、膨胀而成，其颗粒单片体积能膨胀20倍以上，膨胀后的蛭石形成许多薄片组成的层状碎片。在碎片内部具有无数细小的薄层空隙，其中充满空气，因此密度很低，导热系数很小，具有耐火防腐、不变质、不易被虫蛀等特点，是一种很好的无机保温隔热吸声材料。

（5）纸筋

纸筋（又叫粗草纸）有干纸筋和湿纸筋（纸筋）之分，干纸筋的用法是：在淋灰时，先将纸撕碎，除去尘土后泡在清水桶内浸透，然后按每 100kg 石灰膏内掺入 2.75kg 的比例倒入淋灰池内。在使用时再用 3mm 孔径筛过筛或用小钢磨搅磨成纸筋灰使用。

（6）胶料

1）聚醋酸乙烯乳液：它是一种乳白色水溶性胶粘剂，是抹灰工程中常用的胶料。

在水泥砂浆中掺入适量的乳液，不仅便于涂抹、颜色均匀，还能提高面层的强度，加强面层与基层之间的粘结性能。

聚醋酸乙烯乳液的掺量不宜超过水泥重量的 40%。

在水泥砂浆中加入适量的乳液及少量附加剂、颜料可配制成彩色聚合物水泥砂浆，可涂刷于墙面上，然后在其上喷罩（或涂刷）甲基硅醇钠防水剂，形成外墙饰面层。

2）甲基硅醇钠：甲基硅醇钠是常用的建筑防水剂，为无色透明液体，使用时，喷刷在外墙面上，有提高饰面耐久性、防水、防污染、防风化等作用。

甲基硅醇钠使用时要用清水稀释，重量比一般为 1:9，体积比一般为 1:11。

喷刷时，3% 浓度溶液用量以 400g/m² 为宜，若用量过多，会使表面产生白色粉末，影响色泽均匀。

喷刷后 24h 内不能雨淋，否则应重新喷刷。

（7）天然石材

由天然岩石通过开采所获得的毛料，或经加工制成的块状、板状石料，统称天然石材。利用天然石材的色泽、质地、纹理作装饰材料，具有不可替代的自然美，其中装饰效果最为突出的是大理石和花岗岩。

1）大理石：大理石是由石灰岩或白云岩变质而成的岩石，多呈层状结构，有明显的结晶，纹理清晰，花纹丰富多彩，而且抗压强度高、硬度不大、易加工，这些都是作为装饰材料的优越条件。

大理石主要加工成饰面板和各种花饰雕刻。大理石碎屑，是制作水磨石、水刷石、干粘石等的主要原料。

大理石因其含碳酸盐在大气中易受二氧化碳、硫化物和水气侵蚀而风化。因此，大理石多用于室内的墙、柱及地面等装饰。

常用大理石饰面板的定型产品规格见表3-3。

大理石饰面板定型产品规格（mm）   表3-3

长	宽	厚	长	宽	厚
300	150	20	1200	900	20
300	300	20	305	152	20
400	200	20	305	305	20
400	400	20	610	305	20
600	300	20	610	610	20
600	600	20	915	610	20
900	600	20	1067	762	20
1070	750	20	1220	915	20
1200	600	20			

大理石饰面板在运输中应防湿，严禁滚摔、碰撞。板材应在室内贮存，室外贮存时应加遮盖。板材应按品种、规格、等级或工程部位分别存放。板材直立码放时，应光面相对，倾斜度不大于15°，层间加垫，垛高不得超过1.5m；板材平放时，应光面相对，地面必须平整，垛高不得超过1.2m。包装箱码放高度不得超过2m。

2）花岗岩：花岗岩是含硅量较多的一种酸性深层岩。属硬石材，由长石、石英及少量云母组成。

花岗岩的色调，由所含的有色矿物的颜色而定，有灰色、深灰色、淡红色、粉红色等等。

花岗岩结构致密，质地坚硬、耐久性好、强度高、外观美丽，主要用来加工成装饰板材。按表面加工程度分为：剁斧板材、机刨板材、粗磨板材和磨光板材。

花岗石不易风化变质、硬度高，多用于外墙饰面和室内、外地面。室内用花岗石，其放射性应满足《民用建筑工程室内环境污染控制规范》。

贮运要求，与前述大理石板材相同。

（8）陶瓷制品

1）陶瓷锦砖：陶瓷锦砖旧称"马赛克"。原指以彩色石子或玻璃等小块材料镶嵌呈一定图案的细工艺品，较早多见于古罗马时代教堂的窗玻璃、地面装饰。

陶瓷锦砖是以优质瓷土烧制而成的小块瓷砖，具有耐磨、不吸水、易清洗又不太滑等优点。它是由边长 50mm 以下，具有各种几何形状和色彩的小单砖，拼出整体图案，贴在纸上，供镶嵌用的饰面砖。图 3-1。可用于外墙、内墙饰面、铺地砖等。

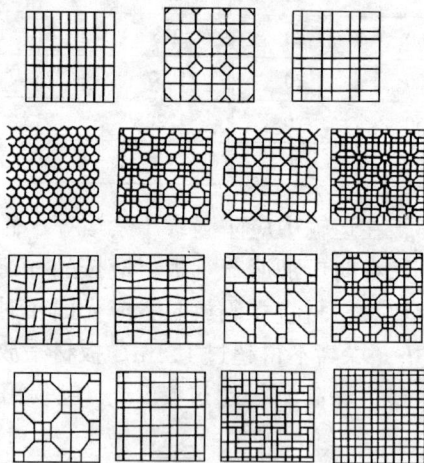

图 3-1　陶瓷锦砖的几种基本拼花图案

陶瓷锦砖在纸上拼接后的成品称为"联"。有 305×305、325×325、327×327、328×328（单位 mm）。

陶瓷锦砖基本形状和规格见表 3-4。

表 3-4

陶瓷锦砖基本形状和规格

基本形状	正方				长方（长条）	对角		斜长条（斜条）	六角	半八角	长条对角
名称	大方	中大方	中方	小方		大对角	小对角				
规格(mm) a	39.0	23.6	18.5	15.2	39.0	39.0	32.1	36.4	25	15	7.5
b	39.0	23.6	18.5	15.2	18.5	19.2	15.9	11.9	—	15	15
c	—	—	—	—	—	27.9	22.8	37.0	—	18	18
d	—	—	—	—	—	—	—	22.7	—	40	20
厚度	5.0	5.0	5.0	4.5	5.0	5.0	5.0	5.0	5.0	5.0	5.0

53

2）缸砖：也称地砖，一般不上釉，是用作建筑物铺筑地面、阳台、露台、走廊等的板状陶瓷建筑材料，耐磨且易于清洗。

缸砖一般比外墙饰面砖厚 10mm 以上，强度较高，耐磨性能好，吸水率较低。

缸砖一般呈暗红色，也有黄色、白色等，色彩丰富，常用规格有正方形（150mm × 150mm × 13mm、100mm × 100mm × 10mm）、长方形（150mm×100mm×20mm）和六角形等。

3）釉面砖：也称瓷砖。釉面砖是用瓷土或优质陶土煅烧而成。主要用于建筑物内墙饰面，又称为内墙面砖。这是因为釉面砖是多孔的坯体，在长期与空气接触过程中，特别是在潮湿的环境中使用，会吸收大量水分而产生吸湿膨胀现象。由于釉的吸湿膨胀非常小，当坯体湿膨胀程度超过釉的抗张强度时，釉面发生开裂。如果用于室外，经长期冻融，更易出现剥落掉皮现象，所以釉面砖只能用于室内，不能用于室外。

釉面砖的种类和特点见表 3-5。

釉面砖的种类、特点和代号　　　　　　　　　　表 3-5

种　类		特　点	代　号
白色釉面砖		色纯白，釉面光亮，镶于墙面，清洁大方	FJ
彩色釉面砖	有光彩色釉面砖	釉面光亮晶莹，色彩丰富雅致	YG
	石光彩色釉面砖	釉面半无光，不显眼，色泽一致，色调柔和	SHG
装饰釉面砖	花釉砖	系在同一砖上，施以多种色釉，经高温烧成。色釉互相渗透，花纹千姿百态，有良好的装饰效果	HY
	线晶釉砖	晶花晖映，纹理多姿	JJ
	斑纹釉砖	斑纹釉面，丰富多彩	BW
	理石釉砖	具有天然大理石花纹，颜色丰富，美观大方	LSH

种　　类		特　　点	代　　号
图案砖	白地图案砖	系在白色釉面砖上装饰各种彩色图案，经高温烧成，纹样清晰，色彩明朗，清洁优美	BT
	色地图案砖	系在有光（YG）或石光（SHG）彩色釉面砖上，装饰各种图案，经高温烧成，生产浮雕、煅光、绒毛、彩漆等效果。做内墙饰面，别具风格	YGTD-YGT SHGT
瓷砖画及色釉陶瓷字	瓷砖画	以各种釉面砖拼成各种瓷砖画，或根据已有画稿烧制成釉面砖，再拼装成各种瓷砖画，清洁优美，永不退色	—
	色釉陶瓷字	以各种色釉、瓷土烧制而成，色彩丰富，光亮美观，永不褪色	—

4）外墙陶瓷面砖

外墙陶瓷面砖，分有釉和无釉两种，是用作建筑物外墙装饰的板状陶瓷建筑材料。一般为长方形，外墙陶瓷面砖具有坚固耐用、色彩鲜艳、易清洗、防火、防水、耐磨和耐腐蚀等特点，但不足之处是造价偏高、工效低、自重大。

外墙陶瓷面砖的规格与性能见表 3-6。

外墙陶瓷面砖的规格与性能　　　　表 3-6

种　　类		规格（mm）	性　　能
名　称	说　明		
表面无釉墙面砖	有白、浅黄、深黄、红、绿等色	200×100×12 150×75×12	质地坚固，吸水率不大于8%
表面有釉墙面砖	有粉红、蓝、绿、金砂釉、黄、白等色	75×75×8 108×108×8	色调柔和、耐水、抗冻、经久耐用
线砖	表面有突起线纹、有釉、有黄、绿等色		
外墙主体贴面砖 立体彩釉砖	表面有突起立体图案、有釉		

为保证工程质量，外墙陶瓷面砖的吸水率、抗冻性（寒冷地区）需进行复验。

5）贮运与保管

各种陶瓷饰面制品，出厂时应按规定包装牢固，包装箱上应有厂名、产品名称、商标、规格、尺寸、级别、色号、数量、易碎标志。搬运时应轻拿轻放，严禁摔扔。运输时，应防雨、防潮、防冲击。存放时，应在室内按品种、规格、等级分别码放整齐，室外存放应有防雨、防潮设施。

（四）抹灰砂浆

1．一般抹灰砂浆

一般抹灰砂浆按照其组成材料不同，可分为以下几种：

水泥砂浆：由水泥和砂按一定配合比例，再加少许水混合而成。根据需要也可掺少量外加剂，如微沫剂、减水剂等。

水泥混合砂浆：由水泥、石灰膏和砂按一定配合比例混合而成。有时也掺少量外加剂，如减水剂、早强剂等。

石灰砂浆：由石灰和砂按一定配合比例混合而成。

石膏灰：以石灰膏为主，再加少量石膏混合而成。用于高级抹灰，如顶棚抹灰等。

纸筋灰：在石灰膏中加入一定量纸筋混合而成。纸筋可以提高石灰膏的抗裂性。

聚合物水泥砂浆：在水泥砂浆中掺入水泥用量 10%～20% 的 107 胶，以提高砂浆的粘结性。

一般抹灰砂浆可按表 3-7 参考选用。

表 3-7

一般抹灰砂浆的选用

工程对象及基层种类	砂浆名称
外墙、门窗洞口的外侧壁、屋檐、勒脚、压檐墙	水泥砂浆或混合砂浆
温度较大的车间和房间、地下室等	水泥砂浆或混合砂浆
混凝土板和墙的底层	混合砂浆或水泥砂浆

工程对象及基层种类	砂浆名称
硅酸盐砌块的底层	混合砂浆
板条、金属网顶棚和墙的底层和中层	麻刀石灰砂浆或纸筋石灰浆
加气混凝土块和板的底层	混合砂浆或聚合物水泥砂浆

2．装饰抹灰砂浆

装饰抹灰砂浆是用于室内外装饰，以增加建筑物美感为主要目的的砂浆，应具有特殊的表面形式和不同的色彩与质感。

装饰抹灰砂浆以普通水泥、白水泥、石灰、石膏等为胶凝材料，以白色、浅色或彩色的天然砂、大理石及花岗岩的石屑或特殊塑料色粒为骨料。还可用矿物颜料调制成多种颜色。

装饰抹灰表面可进行各种艺术处理，创造多种样式，达到不同的建筑艺术效果，如制成水刷石、干粘石、斩假石及假面砖等。

（1）水刷石

水刷石是一种传统的装饰抹灰，它是以较小的大理石渣、水泥和水拌和，抹在事先做好并硬化的底层上，压实赶平，在水泥接近凝结前，用毛刷沾水或用喷雾器喷水，使表面石渣外露而形成的饰面。石渣可用单色或花色普通石渣，也可用美术石渣。水泥可用普通颜色，也可用白水泥加入矿物颜料。当采用小八厘石渣时，水泥∶石渣＝1∶1.5；用中八厘石渣时，水泥∶石渣＝1∶1.25。

大墙面使用水刷石，往往以分格分色来取得艺术效果，也可用于檐口、腰线、门窗套、柱面等部位。水刷石应用较广，但操作技术难度较高。

（2）干粘石

它是对水刷石作法的改进，一般采用小八厘石渣略掺石屑，在刚抹好的水泥砂浆面层上，用手工甩抛并及时拍入而得到的石渣类饰面。为提高效率，用喷涂机代替手工作业，每小时可喷出石渣 $12\sim15m^3$，即所谓喷粘石。

干粘石可使用于不易碰撞的墙面。这种抹灰方法操作简单、饰面效果好、造价不高，是一种应用广泛的装饰抹灰。

(3) 斩假石

又称剁斧石。多采用细石渣内掺3%的石屑，加水拌和后抹在已作好的底层上，压实赶平，养护硬化后用石斧斩琢，而得到的人造石材状的表面。

斩假石按表面形状可分为平面斩假石、线条斩假石、花饰斩假石等三种，它常使用于公共建筑的外墙、园林建筑等处，是一种装饰效果极佳的装饰抹灰。

(4) 假面砖

假面砖抹灰是使用彩色砂浆仿釉面砖效果的一种装饰抹灰。这种抹灰造价低，操作简便，效果好，在抹灰施工中被广泛应用。

3．特种砂浆

特种砂浆是为适用于某种特殊功能要求而配制的砂浆。

(1) 保温砂浆

保温砂浆是以水泥、石灰膏等为胶结材料，用膨胀珍珠岩、膨胀蛭石作为骨料加水按一定比例配合调制而成。它不但具有保温、隔热和吸声性能，还具有无毒、无臭、不燃烧等特性。

保温砂浆宜用普通硅酸盐水泥。膨胀珍珠岩砂浆的体积配合比为：石灰膏∶珍珠岩＝1∶(4～5)；水泥∶珍珠岩＝1∶3。膨胀蛭石砂浆的体积配合比为：石灰膏∶蛭石＝1∶(2.5～4)；水泥∶蛭石＝1∶(4～8)。

砂浆稠度应以外观疏松、手握成团不散，挤不出或仅能挤出少量灰浆为度，虚铺厚度，约为设计厚度的130%，然后轻压至要求高度。作好的保温层平面，应以1∶3水泥砂浆找平。

(2) 防水砂浆

防水砂浆是在水泥砂浆中掺入防水剂配制成的特种砂浆。防水剂是由化学原料配制而成的一种速凝和提高水泥砂浆不透水性的外加剂。按化学成分归纳为三类：氯化物金属盐类、硅酸钠类及金属皂类。

常用的防水剂品种、性能、用途如下：

1）防水浆：是混凝土的掺和料，有速凝、密实、防水、抗渗、抗冻等性能。所配制的防水砂浆，可用于地下室、水池、水塔等工程的防水。

2）避水浆：是几种金属皂配制而成的乳白色浆状液体。掺入水泥后能与水泥生成不溶性物质，可填充堵塞微孔，提高水泥砂浆或混凝土不透水性。适用于屋面、地下室、水池、水塔等防水、防潮抹面。

3）防水粉：是由氢氧化钙、硫酸钙、硬酯酸铝等组成。掺入水泥后能与水其混合凝结，坚韧而有弹性，可起到填充微小空隙和堵塞封闭混凝土毛细孔的作用。适用于屋面、地下室、水塔、水池等防水工程。

4）氯化铁防水剂：是以氯化铁为主要成分的防水剂，其中还含有少量的氯化钙、氯化铝等。掺入到水泥砂浆或混凝土中能提高防水抗渗能力，增加密实度。适用于地下室、水池、水塔、设备基础等防水抹面。

（3）耐酸胶泥与耐酸砂浆

常用的耐酸胶泥和耐酸砂浆是以水玻璃为胶粘剂，氟硅酸钠为固化剂，以耐酸料（石英料、辉绿岩粉、瓷粉等）为填充料，耐酸砂（石英砂）为细骨料，根据设计要求并经试验确定的配合比配制而成。其特点是耐酸性能好，常温下对稀硫酸、稀盐酸、稀硝酸、醋酸、蚁酸等有耐腐蚀能力。适用于工业厂房中耐酸、防腐车间和化学实验室地面和墙裙等。

耐酸胶泥和配合比一般为：耐酸粉：氟硅酸钠：水玻璃＝100：（5.5～6）：（37～40）（重量比）。耐酸砂浆的配合比一般为：耐酸粉：耐酸砂：氟硅酸钠：水玻璃＝100：250：11：74（重量比）。

（4）聚合物砂浆

水泥砂浆的拌和物中加入聚合物乳液后，均称为聚合物水泥砂浆。目前常采用的聚合物有：聚醋酸乙烯乳液、不饱和合聚酯（双酚 A 型）、环氧树脂等。

聚合物水泥砂浆在硬化过程中，聚合物与水泥之间不发生化学反应，水泥水化物被乳液微粒包裹，成为互相填充的结构。聚合物水泥砂浆的粘结力较强，同时耐蚀、耐磨、抗渗等性能，均高于一般的水泥砂浆。

目前，聚合物砂浆主要用来提高装饰砂浆的粘结力，填补钢筋混凝土构件的裂缝、抹耐磨及耐侵蚀的面层等。

（五）抹灰工常用工机具

1. 常用手工工具

（1）抹子

抹灰工常用的抹子有：铁抹子、钢皮抹子、塑料抹子、木抹子、压板、阴角抹子、圆阴角抹子、塑料阴角抹子、阳角抹子、圆阳角抹子和捋角器。如图 3-2。

1）铁抹子（也称铁板）：一般用于抹底子灰或抹水刷石、水磨石等面层。

2）钢皮抹子：外形如同铁抹子，只是较薄，弹性较大，多用于抹水泥砂浆面层和地面压光等。

3）塑料抹子：它是用聚乙烯硬质塑料制成，适用于纸筋灰面层的压光。

4）木抹子：它是用红白松木制作而成，适用于砂浆的搓平压光。

5）压板：适用于压光水泥砂浆面层及纸筋灰等罩面。

6）阴角抹子：适用于阴角压光，分为尖角和小圆角两种。

7）圆阴角抹子：适用于水池阴角和明沟的压光。

8）塑料阴角抹子：适用于纸筋灰等罩面层的阴角压光。

9）阳角抹子：适用于压光阳角和做护角线。分为尖角和小

铁抹子

塑料抹子

木抹子

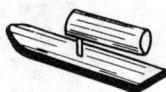

压板

阴角抹子

阳角抹子

圆阴角抹子

圆阳角抹子

塑料阴角抹子

拼角器

图 3-2 抹子

圆角两种。

10) 圆阳角抹子: 适用于楼梯踏步防滑条的抹光压实。

11) 拼角器: 适用于拼水泥抱角, 作护角。

（2）木制工具（如图 3-3）

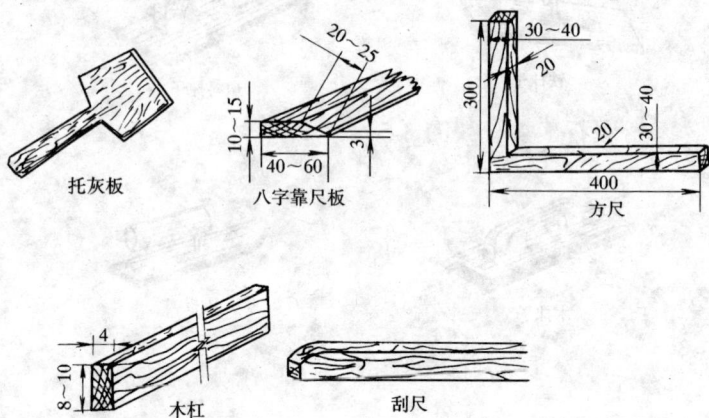

图 3-3　木制工具

1）托灰板：适用于抹灰时承托砂浆用。

2）八字靠尺：适用于作棱角的依据。

3）方尺：适用于测量阴阳角方正。

4）木杠与刮尺：木杠分长、中、短三种。长木杠为 2500～3500mm，多用于冲筋；中木杠为 2000～2500mm，短木杠为 1500mm，适用于刮平地面或墙面的抹灰层。木杠断面为矩形。

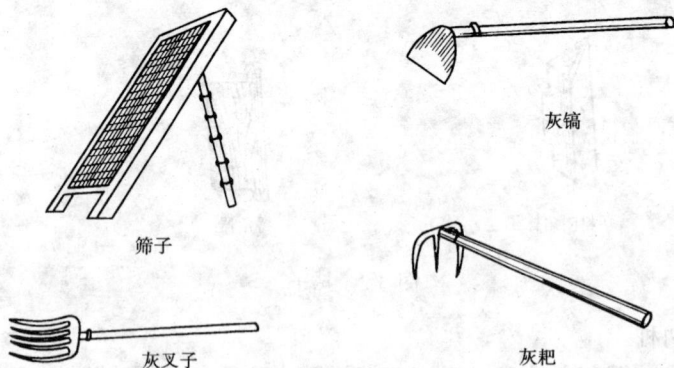

图 3-4　搅拌工具

刮尺断面一面为平面，另一面为弧形。

（3）搅拌工具

人工搅拌常用工具有：铁锨、灰镐、灰耙、灰叉子、筛子等。（如图3-4）

（4）斩假石工具（如图3-5）

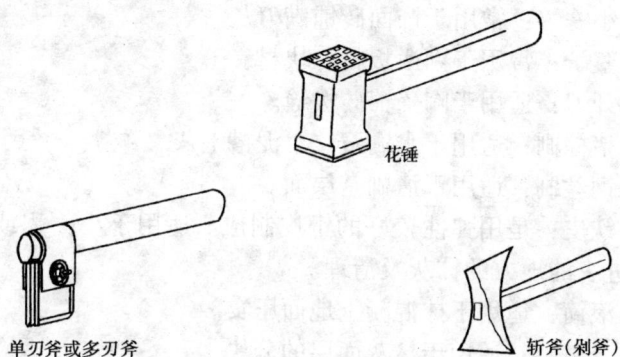

花锤

单刃斧或多刃斧

斩斧（剁斧）

图3-5　斩假石工具

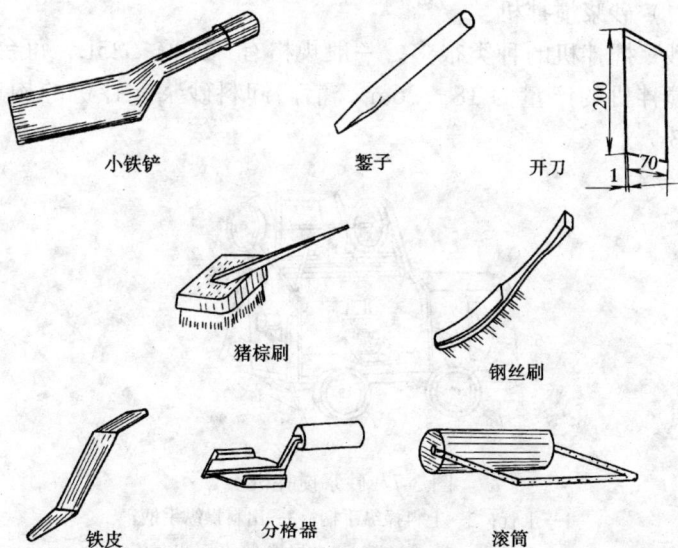

小铁铲

錾子

开刀

猪棕刷

钢丝刷

铁皮

分格器

滚筒

图3-6　各种操作工具

1）斩斧（剁斧）：适用于剁斩假石或清理混凝土基层。

2）多刃斧或单刃斧：多刃是由多个单刃组成，用于剁斩假石。

3）花锤：多用于剁斩假石。

（5）其他工具（如图3-6）

1）小铁铲：常用于饰面砖铺满刀灰。

2）錾子：常用于剔凿板材、块材。

3）开刀：适用于陶瓷锦砖拨缝。

4）猪棕刷：适用于水刷石、水泥搭毛灰。

5）钢丝刷：适用于清刷基层面。

6）铁皮：是用弹性较好的钢皮制成。适用于小面积或铁抹子伸不进去的地方的抹灰及清理。

7）滚筒：适用于抹混凝土地面压实。

8）分格器：适用于抹灰面层的分块。

2．常用小型机具

（1）砂浆搅拌机

砂浆搅拌机的种类很多，一般规格有：200～325L，每台班砂浆搅拌机的产量为 18～26m³，活门卸料砂浆搅拌机的构造，如图3-7。

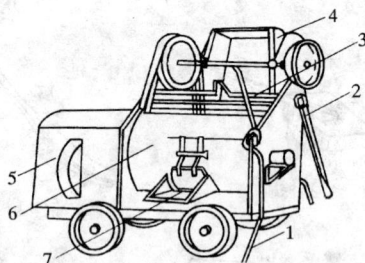

图 3-7 砂浆搅拌机

1—水管；2—上料操纵手柄；3—出料操纵手柄；

4—上料斗；5—变速箱；6—搅拌斗；7—出灰门

1）砂浆搅拌机的技术性能，见表3-8。

性能指标 ＼ 型式	固定式 200L	移动式				
		200L	250L	300L	200～ 325L	325L
容量（L）	200	200	250	300	200～ 325	325
搅拌轴转速（r/min）	30	30	21	32	30	25.8/32（30）
每次拌和时间（min）	1.5～2	1.5～2				1.5～2.5
电动机：功率（kW）	2.8	2.2/3	4.5	4.5	2.8	4.5/3（2.8）
转速（r/min）	1450	1440	1450	1440	1440	960/1430
外形尺寸（mm）						
长	2280	2160	4000	2173	1700	3120/2700
宽	1095	1060	1875	1090	1820	1660/1700
高	1000	1420	2000	1302	1920	1720/1350
重量（kg）	约 500	1090	1180		1200	约 1400/760
生产率（m³/班）		26	3～4m³/h	3m³/h	26	50

注：1. 200L 砂浆拌和机有 HJ₁-200、HJ₁-200A，HJ₁-200B 等型；

　　2. 325L 砂浆拌和机主要有 HJ₁-325 型。

2）砂浆搅拌机的使用方法

（A）使用前应检查搅拌叶片是否松动、检查电器线路连接是否良好、电动机的接零是否良好、三角皮带松紧是否合适。

（B）使用时应注意电动机和轴承的温度，电动机温度不得超过规定值，轴承温度一般不能高于 60℃。

（C）注意进出料装置的灵活程度，以保证安全操作。注意加料量不能超过规定容量，并应在正常转速下加料。如果中途停机，应在重新启动前，将拌筒中的材料倒出来，以免增加起动负荷。

3）砂浆搅拌机的安全操作

（A）了解砂浆搅拌机的性能，经培训合格后，方可允许单

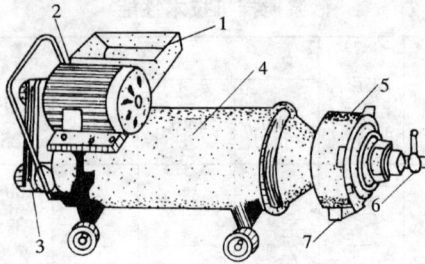

图 3-8　纸筋灰搅拌机

1—进料口；2—电动机；3—皮带；4—搅拌筒；

5—小钢磨；6—调节螺栓；7—出料口

独操作。

（B）传动皮带轮和齿轮必须设有防护罩。

（C）操作前应检查搅拌叶片是否松动、电器设备的绝缘和接地是否良好，机械是否转动正常。

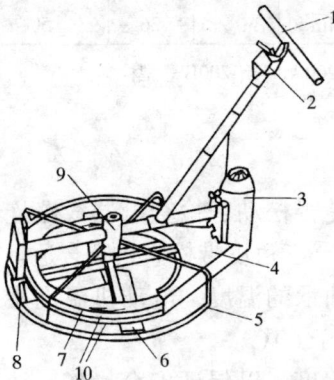

图 3-9　地面压光机

1—操纵手柄；2—电气开关；

3—电动机；4—防护罩；5—保护圈；

6—抹刀；7—抹刀转子；8—配重；

9—轴承架；10—三角皮带

（D）搅拌叶片达到正常转数后，方可加料。搅拌过程中严禁用手、木棒拨刮拌筒口砂浆，出料时应用卸料手柄。

（E）搅拌机运转不正常时，应停机检查，严禁开机修理。

（F）工作结束后，应将搅拌机断电，并且锁好电门开关箱。

（2）纸筋灰搅拌机

纸筋灰搅拌机是由搅拌筒和小钢磨两部分组成，如图3-8。它不仅能搅拌纸筋灰，还可以搅拌玻璃丝灰，每台班能搅拌 6m³ 纸筋灰。

（3）地面压光机

地面压光机在十字架底部装有 2～4 片抹刀，起动电动机，抹刀即旋转对水泥地面进行抹光。如图 3-9。

1）地面压光机技术性能见表 3-9。

地面压光机技术性能 表 3-9

性能指标 型号	HM-66 型	69-1 型
抹刀数（个）	3	4
抹刀回转直径（mm）	980	—
抹刀回转速度（r/min）	50～100	140
抹刀调整角度	0°～15°	10°
生产率（m³/台班）	320～450	100～300（m²/h）
发动机	汽油发动机	电动机
功率（kW）	3（马力）	0.55
转速（r/min）	3000	1400
重量（kg）	80	46

2）地面压光机的使用方法

（A）压光机使用前，应检查电器开关是否良好、导线是否绝缘。机械部分是否安装牢固。

（B）操作中如果发现机器不正常运转，应停机检查。

（C）电动机或传热部分过热，应停机冷却后再工作。每班工作结束后，要切断电源。

（D）操作时，应穿胶鞋、戴绝缘手套，以防触电。

（六）室内环境污染与控制

室内环境污染是指由建筑材料和装修材料产生的室内环境污染。近年来，国内外对室内环境污染进行了大量的研究，已经测到的有毒有害物质达数百种，常见的也有 10 种以上，其中绝大部分为有机物，另外还有氨气、氡气等。非放射性污染主要来源于各种人造木板、涂料、胶粘剂、处理剂等化学建材类产品，这些材料会在常温下释放出很多有毒有害物质，从而造成空气污染；放射性污染主要来自无机建筑材料，另外还与工程地点的地质情况有关系。

目前我国对工程建设阶段的氡、甲醛、氨、苯及总挥发性有机化合物（TVOC）、游离甲苯二异氰酸酯（TDI，在材料中）等环境污染物进行控制，并制订了《民用建筑工程室内环境污染控制规范》GB 50325。

规范主要通过限制材料中长寿命天然放射性同位素镭-226、钍-232、钾-40 的比活度，来实现对室内放射性污染物氡的控制。

自然界中任何天然的岩石、砂子、土壤以及各种矿石，无不含有天然放射性核素，主要是钍、镭、钾等长寿命放射性同位素。一般来讲，室内的放射性污染主要是来自这些长寿命的放射性核素。尤其是其放射的氡，对人具有致癌性。

规范规定民用建筑工程所使用的无机非金属建筑材料，包括砂、石、砖、水泥、商品混凝土、预制构件和新型墙体材料等，其放射性指标限量应符合表 3-10。

无机非金属建筑材料放射性指标限量　　　　表 3-10

测定项目	限　量
内照射指数（I_{Ra}）	≤1.0
外照射指数（I_γ）	≤1.0

注：I_{Ra}——氡-222 内照射的年有效剂量当量；

　　I_γ——γ 射线形成外照射的年有效剂量当量。

民用建筑工程所使用的无机非金属装修材料，包括石材、建筑卫生陶瓷、石膏板、吊顶材料等，进行分类时，其放射性指标限量应符合表 3-11。

68

无机非金属装修材料放射性指标限量　　　　表 3-11

测定项目	限量	
	A 类	B 类
内照射指数（I_{Ra}）	≤1.0	≤1.3
外照射指数（I_γ）	≤1.3	≤1.9

注：1. A 类适用于 I 类民用建筑工程。包括：住宅、医院、老年建筑、幼儿园、学校教室等。

　　2. B 类适用于 II 类民用建筑工程。包括：办公楼、商店、旅馆、文化娱乐场所、书店、图书馆、展览馆、体育馆、公共交通等候室、餐厅、理发店等。

目前，从全国调查情况看，天然花岗岩石材的放射性含量较高，并且不同产地、不同花色的产品放射性含量各不相同。因此，民用建筑工程室内饰面采用的花岗岩石材，应对放射性指标加强监督，当同种材料使用总面积大于 200m² 时，应进行放射性指标的复检。

另外，规范规定民用建筑工程室内用阻燃剂、防水剂、防腐剂等水性处理剂，应测定总挥发性有机化合物（TVOC）和游离甲醛的含量，其限量应符合表 3-12。

有机化合物（TVOC）和游离甲醛限量　　　　表 3-12

测定项目	限量
TVOC（g/L）	≤200
游离甲醛（g/kg）	≤0.5

在工程施工中，如果发现建筑材料或装修材料的进场检验结果不符合设计要求及规范的有关规定时，应禁止使用。

民用建筑验收时，必须进行室内环境污染物浓度检测。检测结果应符合表 3-13 规定。

民用建筑工程室内环境污染物浓度限量　　　　表 3-13

污染物	I 类民用建筑工程	II 类民用建筑工程
氡（Bq/m³）	≤200	≤400
游离甲醛（mg/m³）	≤0.08	≤0.12
苯（mg/m³）	≤0.09	≤0.09
氨（mg/m³）	≤0.2	≤0.5
TVOC（mg/m³）	≤0.5	≤0.6

复 习 题

1. 抹灰工程在建筑施工中的影响体现在哪几个方面？
2. 抹灰的作用是什么？
3. 抹灰工程一般分为哪几类？
4. 建筑工程中常用的水泥有哪几种？
5. 掌握水泥的初凝和终凝对施工有什么好处？
6. 硅酸盐水泥的初凝和终凝时间各为多少？
7. 淋灰的要求是什么？
8. 怎样保管建筑石膏？
9. 色石渣适用于哪些装饰抹灰？
10. 天然化岗岩板材按表面加工程度分为哪几类？
11. 一般抹灰常用的砂浆有哪些？
12. 什么是室内环境污染？
13. 目前我国制订的《民用建筑工程室内环境污染控制规范》中主要是针对工程建设中的哪几种环境污染物进行控制？

四、一般抹灰工程

抹灰分部工程按新国家标准（GB 50300—2001）规定包括一般抹灰、装饰抹灰和清水砌体等三个分项工程。而每一个分项工程按作业位置又分为室内和室外两大部分。

（一）一般抹灰工程规定

一般抹灰工程是指使用石灰砂浆，水泥砂浆、水泥混合砂浆、聚合物水泥砂浆和麻刀石灰、纸筋石灰、石膏灰等抹灰材料进行施工的一种传统工艺。

一般抹灰工程分为普通抹灰和高级抹灰。国标规定：当设计无要求时，按普通抹灰验收。

为了保证抹灰层表面平整、避免裂缝，抹灰工程应分层操作。因此，抹灰层一般由底层，中层和面层三部分组成。

1. 分层作用与要求

底层　主要的作用是使抹灰层与基层粘结牢固。如果底层粘结得不好，中层和面层搞得再好，也会使抹灰层与基层分离剥落。

中层　主要的作用是找平，但也使抹灰层之间粘贴牢固，在施工中，有时根据质量要求，中层抹灰可与底层抹灰一起进行，所用的材料与底层相同，但应符合每遍厚度要求，并且底层的抹灰层强度不得低于中层及面层的抹灰层强度。

面层　主要的作用是装饰。对面层的要求是：平整、无裂痕、颜色均匀。并也应与其他抹灰层之间粘结牢固。

因此，国标特别强调要求：抹灰层与基层之间及各抹灰层之

71

间必须粘结牢固，抹灰层应无脱层、空鼓、面层应无爆灰和裂缝。

2．分级质量与施工要求

一般抹灰工程按质量分为普通抹灰，高级抹灰两个等级。不同的等级有不同的质量要求而不同的质量要求又采用不同的施工方法。

普通抹灰表面质量应光滑、洁净、接槎平整，分格缝应清晰。为此施工方法要求"三遍成活"即一底层、一中层、一面层。施工工艺上达到阳角找方，设置标筋，分层赶平，修整，表面压光。

高级抹灰表面质量应光滑、洁净、颜色均匀、无抹纹。分格缝和灰线应清晰美观。为此施工方法要求"多遍成活"即一底层，数中层、一面层。施工工艺上达到阴阳角找方，设置标筋，分层赶平、修整，表面压光。

3．抹灰层平均总厚度与分层厚度

（1）抹灰层平均总厚度

不同的抹灰基层及不同部位，要求不同的抹灰厚度，抹灰层的平均总厚度，不得大于下列规定：

顶棚抹灰：板条、现浇混凝土——15mm，预制混凝土——18mm，金属网——20mm。

内墙抹灰：普通抹灰——20mm。高级抹灰——25mm。

外墙抹灰：砖墙面——20mm，勒脚及突出墙面部分——25mm，石材墙面——35mm。

国家标准规定：当抹灰总厚度大于或等于35mm时，应采取加强措施。不同材料基体交接处表面的抹灰，应采取防止开裂的加强措施，当采用加强网时，加强网与各基体的搭接宽度不应小于100mm。

（2）抹灰层分层厚度

分层每遍抹灰的厚度主要是根据选用抹灰砂浆品种及基层材料和部位而定，一般要求：水泥砂浆每遍厚度5~7mm。石灰砂浆及混合砂浆每遍厚度 7~9mm。面层抹灰按赶平压实后的平均厚度，麻刀石灰不得大于 3mm。纸筋石灰、石膏灰不得大于 2mm。

纸筋石灰、麻刀石灰及石膏灰仅能做面层灰，应做在水泥石灰砂浆，石灰砂浆、水泥膨胀珍珠岩的中层灰上。

但应注意，水泥砂浆不得涂抹在石灰砂浆层上，并且水泥砂浆拌好后，应在初凝前用完，凡结硬砂浆不得继续使用。各种砂浆抹灰层，在凝结后应采取措施防止玷污和损坏。

（二）室内墙面抹灰工程

室内一般抹灰工程，主要包括室内墙面，顶棚及室内地面抹灰工程，以及室内的细部的一般抹灰工程。

1. 施工准备

（1）材料

1）水泥：选用硅酸盐水泥、普通硅酸盐水泥，其强度等级不应小于 32.5。进入现场应有产品合格证书，并要求对水泥的凝结时间和安定性进行复验。

2）石灰膏：细腻洁白，不含未熟化颗粒。不能使用已冻结风化的石灰膏。石灰膏的熟化期不应少于 15d。罩面用的磨细石灰的熟化期不应少于 3d。

3）砂：宜选用中砂，含泥量不超过 3%。使用前应过筛，不得含有杂物。

4）麻刀：均匀、坚韧、干燥，不含杂质，长度 1~3cm，过剪，随用随打松，使用前 4~5d 用石灰膏调好。

5）纸筋：撕碎，用清水浸泡，捣烂，搓绒，漂去黄水，达到洁净细腻。按 100:2.75（石灰膏:纸筋）量比掺入淋灰池。

（2）工具与机具

包括砂浆搅拌机，纸筋灰搅拌机。铁锹、筛子、手推车、灰槽、灰勺、木杠、靠尺板、线坠、钢卷尺、方尺、托灰板、铁、木、塑料抹子、八字靠尺、各种刷子、胶皮水管、小水桶、喷壶、分格条、工具袋等。

(3) 作业条件

1) 结构工程已经过合格验收。

2) 检查原基层表面凸起与凹陷处，并经过剔实、凿平、修补孔洞，其缝隙可用1:3水泥砂浆填嵌密实，各种预埋管件已按要求就位，并做好防腐工作。

3) 根据室内墙面高度和现场的情况，提前搭好操作用的高凳和架子，并要离开墙面及角部200~250mm，以利操作。

2. 工艺顺序

基层处理→墙面浇水→找规矩抹灰饼→抹水泥踢脚板→抹护角线→抹水泥窗台板→墙面冲筋→抹底灰→阴阳角找方→抹罩面灰。

3. 操作要点

(1) 基层处理

先把基层表面的尘土、污垢、油渍等应清除干净。对于光滑的混凝土墙面，应采用"凿毛"或"甩毛"喷水泥砂浆（1:1）的方法使其凝固在混凝土的光滑表面层上，达到初凝用手掰不动为止。

(2) 墙面浇水

砖墙应提前1天浇水，要求水要渗入墙面内10~20mm。浇水时应按从左至右，从上至下的顺序进行，一天两次为宜。对于混凝土墙面也要提前浇水湿润，但要掌握好水势和速度。

(3) 找规矩抹灰饼

目的是为有效地控制抹灰层的垂直度、平整度和厚度，使其符合抹灰工程的质量标准，抹灰前要求找规矩、抹灰饼，也叫做抹标准标志块。其步骤首先是用托线板检查墙体墙面的平整和垂直情况，根据检查的结果兼顾抹灰总的平均厚度要求，决定墙面抹灰厚度。然后弹准线。将房间用角尺规方，小房间可用一面墙做基线，大房间应在地面上弹出十字线。在距阴角100mm处用

74

托线板靠、吊垂直。弹出竖线后，再按抹灰层厚度向里反弹出墙角抹灰准线。并在准线上下两端钉上铁钉，挂上白线作为抹灰饼、冲筋的标准。最后是作灰饼。先在距顶棚 150～200mm 处贴上灰饼，再距地面 200mm 处贴下灰饼。先贴两端头，再贴中间处灰饼，如图 4-1（a）所示。墙高 3.2m 以上，需要两个人挂线做灰饼，如图 4-1（b）所示。

图 4-1　找规矩
(a) 做灰饼；(b) 两人挂线

抹灰饼的厚度是以确定的抹灰厚度为准，用 1:3 的水泥砂浆做成 50mm×50mm 见方灰饼，先做两端头的上灰饼，并以这两块灰饼为依据拉线，以此做准线，每隔 1.2～1.5m 做一块灰饼。

当上灰饼做好后，用缺口板和线坠做下灰饼，下灰饼应距地200mm 左右。其做法同上灰饼做法相同。如图 4-2 所示。

(4) 抹水泥踢脚板（或墙裙）

踢脚板和墙裙抹灰，应在墙面抹灰之前进行（如底灰为水泥砂浆或水泥石灰砂浆，也可在室内墙面抹灰之后进行），这样既

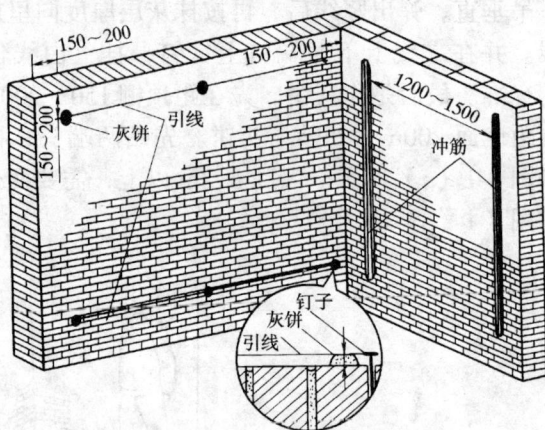

图 4-2　灰饼冲筋

能有效地防止踢脚板空鼓，又能控制墙面抹灰的平整度。

踢脚板（或墙裙）抹灰之前，应将基层面清理干净，并提前浇水湿润，弹出高度水平线，然后用水泥素灰浆薄薄地刮一遍，要求超出高度水平线 30～50mm，紧接着用 1:2 水泥砂浆抹底层灰，后用木抹子搓成麻面或称搓毛。

底层灰搓毛抹完后，应待初凝后，就可以用 1:2.5 的水泥砂浆罩面，其厚度为 5～7mm。待面层灰抹平压光收水后，按施工图设计要求的高度，从室内 500mm 的抄平线下返踢脚板的高度尺寸。再用粉线包弹出水平线，然后用八字靠尺靠在线上（即踢脚板上口）用钢抹子将踢脚板（或墙裙）切齐后，用小压子压抹平整后，再用阳角抹子沿踢脚板的上口线捋光，使踢脚板（或墙裙）的上口直线度达到要求。如图 4-3。

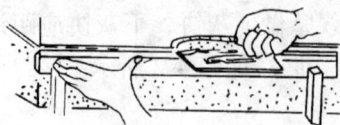

图 4-3　用抹子切齐法

（5）抹护角线

室内墙面，柱面和门洞口的阳角应做护角线，当设计无特殊要求时，应采用 1:2 水泥砂浆做暗护角，其高度不应低于 2m。每侧宽度不应小于 50mm。其步骤如下：

在墙、柱的阳角处（或门洞口的阳角）处首先浇水使其湿润。以墙面标志块为依据，首先要将阳角用方尺规方。门洞口的阳角靠门框一边，则以门框离墙面的空隙为准，另一边则以标志块厚度为据。最好在地面上划好准线，按准线粘好靠尺板，用线锤吊直，方尺找方。然后，在靠尺板的另一边墙角面分层抹 1:2 水泥砂浆，护角线的外角与靠尺板外口平齐；一边抹好后，再把靠尺板移到已抹好护角的另一边，用钢筋卡稳后，再用线锤吊直靠尺板，把护角的另一面分层抹好。最后，轻轻地把靠尺板拿掉。待护角的棱角稍干时，用阳角抹子和水泥素浆捋出小圆角。最后在墙面处稳住靠尺板，按要求尺寸沿角留出 50mm，将多余砂浆，成 40°斜面切掉，将墙两边和门框及落地灰清洗干净。见图 4-4。

（6）抹水泥窗台板（室内窗台）

首先将窗台基层清理干净，松动的砖重新砌好，并把砖缝划深，用水湿润浇透，再用 1:2 的细豆石

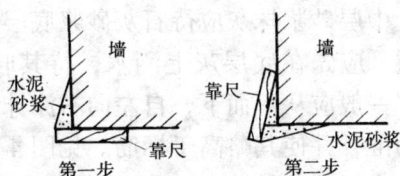

图 4-4　做护角

混凝土铺实，其厚约为 25mm。次日先刷一道水泥素浆，后用 1:2.5 的水泥砂浆罩面。窗台要抹平、压光。窗台两端抹灰要超过 6cm，由窗台上皮往下抹 4cm，并在窗台阳角处用捋角器捋成小圆角。窗台下口要平直，不得有毛刺。抹完后隔天浇水养护 2～3d。

（7）墙面冲筋

又叫做标筋。冲筋就是在两灰饼间抹出一条长灰梗来。断面成梯形，底面宽约 100mm，上宽 50～60mm，灰梗两边搓成与墙面成 45°～60°角。抹灰梗时要求比灰饼凸出 5～10mm。然后用刮尺紧贴灰饼左上右下反复地搓刮，直至灰条与灰饼齐平为止，再将两侧修成斜面，以便与抹灰层结合牢固。至于应连续抹几条

灰梗合适，主要根据墙面的吸水程度而定。

当层高大于 3.5m 时，应有两人在架子上下协调操作。当灰梗抹好后，两个人各执长刮杠的一端搓平。操作时，要随时注意木杠受潮变形，并随时调整，以防产生因冲筋不平造成墙面抹灰不平的质量问题。

（8）抹底灰

抹底灰的操作包括装档、刮杠、搓平。底灰装档要分层进行。当标筋完成 2h，达到一定强度（即标筋砂浆七八成干时），就要进行底层砂浆抹灰。底层抹灰要薄，使砂浆牢固地嵌入砖缝内。一般应从上而下进行，在两标筋之间的墙面上砂浆抹满后，即用长刮尺两头靠着标筋，从上而下进行刮灰，使抹的底层灰与标筋面略低，再用木抹子搓实，并去高补低。并使每遍厚度控制在 7～9mm 范围之内。

中层砂浆抹灰应待石灰砂浆底层灰七八成干后方可抹中层砂浆层。应先在底层灰上洒水，待其收水后，即可将中层砂浆抹上，一般应从上而下，自左向右涂抹。中层抹灰其厚度以垫平标筋为准，并使其略高于标筋。见图 4-2。

中层砂浆抹好后，即用中，短木杠按标筋刮平。使用木杠时，人站成骑马式，双手紧握木杠，均匀用力，由下往上移动，并使木杠前进方向的一边略微翘起，手腕要活。凹陷处即补抹砂浆，然后再刮，直至平整为止。紧接着要用木抹子搓磨一遍，使表面平整密实。

当层高小于 3.2m 时，一般先抹下面一步架，然后搭架子再抹上一步架。抹上一步架，可不抹标筋，而是在用木杠刮平时，紧贴下面已经抹好的砂浆上作为刮平的依据。见图 4-5。

当层高大于 3.2m 时，一般从上往下抹。

（9）阴、阳角找方

指两相交墙面相交的阴角、阳角的抹灰方法。阴角、阳角找方要用阴角方尺检查阴角的直角度；用阳角方尺检查阳角的直角度。用线锤检查阴角与阳角的垂直度。根据直角度及垂直度的误

图 4-5　内墙面装档刮尺

差，确定抹灰层的厚度，并洒水湿润。

阴角抹底层灰：先用抹子将底层灰抹于阴角处，后用木阴角器压住抹灰层并上下搓动。使阴角处抹灰层基本上达到直角。如靠近阴角处有已结硬的标筋，则用木阴角器沿着标筋上下搓动，基本搓平后，再用阴角抹子上下搓压，使阴角线垂直。

阳角抹底层灰：用抹子与靠尺板将底层灰抹于阳角后，用木阳角器压住抹灰层并上下搓动，使阳角处抹灰层基本达到直角，再用阳角抹子上下抹压，使阳角线垂直。见图 4-6。

当阴、阳角底层灰凝结后，再洒水湿润，将中层抹于阴、阳角处，分别用阴角抹子、阳角抹子上下抹压，使中层灰达到平整。

（10）抹罩面灰

面层抹灰俗称罩面。当底层灰七八成干时，就可抹罩面灰。在抹罩面灰之前，必须把预留孔洞、电器箱、槽、盒等处修抹好，然后才能抹罩面灰。如底层灰较干、还要洒水湿润。面层抹灰主要有以下几种：

1）纸筋灰、麻刀灰面层纸筋、麻刀纤维材料掺入石灰膏，

79

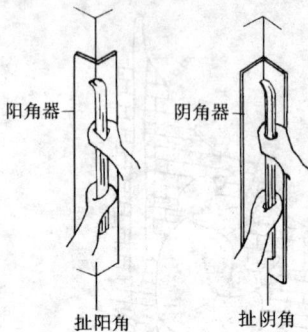

图 4-6 阴角、阳角抹灰

主要起拉结作用，使其不易开裂、脱落，增强面层灰耐久性。罩面时应把踢脚、墙裙上口和门口护脚线等用水泥砂浆打底的部位，用水灰比小一些的罩面灰先抹一遍，因为这些部位吸水较慢。罩面应分两遍完成，第一遍竖抹，要从左上角开始，从左到右依次抹去，直抹到右边阴角完成，再转入下一步。两人配合效果较好，第一遍一人竖向薄薄抹一层，用铁抹子或塑料抹子均可。一般要把抹子放陡些，厚度约 1mm，每相邻两抹子的接搓要刮严，要使纸筋灰与中层表面紧密结合，随后另一人横向抹第二遍，并随手压平溜光，然后用排笔或毛刷蘸水横向刷一遍，边刷边用钢抹子再压实抹平，抹光一次，使表面更为细腻光滑，色泽一致。阴阳角抹完罩面灰后分别用阴阳角抹子捋光。要求纸筋灰罩面压实后的厚度应不得大于 2mm，麻刀灰罩面压实后的厚度不得大于 3mm。如果抹厚了，面层易产生收缩裂缝，影响工程质量。麻刀灰面层的操作要点与纸筋灰面层基本相同。但麻刀与纸筋纤维的粗细差别较大，为此，在操作时，一人用铁抹子将麻刀灰横向（或竖向）抹在底灰上，另一人紧接着用钢抹子自左向右将面层灰赶平、压实、抹光。稍干后，再用钢抹子将面层压光一遍。

2) 石膏灰罩面层　石膏灰浆面层是高级抹灰做法，具有良好的装饰效果，表面质量要求平整、光滑、洁白、色泽一致，无抹纹和花斑痕。

石膏灰浆面层不得涂抹在水泥砂浆或水泥混合砂浆层上，其底子灰一般为石灰砂浆或麻刀石灰砂浆，并要求充分干燥，抹面层灰时宜洒少量清水湿润底灰表面，以便将石膏灰浆涂抹均匀。

石膏的凝结速度比较快，初凝时间不小于 3～6min，终凝时间不大于 30min，所以在抹石膏灰墙面时要掺入一定量的石灰膏或硼砂缓凝剂等在石膏浆内，以使其缓凝，利于操作。

操作时以四人为一操作小组，一人拌浆，三人操作，全部操作过程应在 20~30min 内完成。

抹灰时，一般从左至右，抹子竖向顺着抹，压光时抹子也要顺直。一人先薄薄地抹一遍，使石膏灰浆与中层表面紧密结合，第二人紧跟着抹第二遍，并随手将石膏灰浆赶平，第三人紧跟后面压光。先压两遍，最后边洒水边用钢抹子赶平压实。经赶平压实后的厚度不得大于 2mm。如墙面较高，应上下同时操作，以免出现接槎。如出现接槎，可等凝固后用刨子刨平。

3）水砂罩面　水砂石灰浆面层表面光滑耐潮。其特点是凉爽、干燥，适用于高级抹灰的内墙面。

水砂含盐，所以在拌制灰浆时要用生块石灰现场淋浆，热浆搅拌，以便使水砂中的盐分得到稀释。灰浆要一次拌制，充分熟化一周以上方可使用。

水砂石灰浆面层的底子灰，应用石灰砂浆或麻刀石灰砂浆。底子灰的表面应密实、平整，待底子灰干燥一致后，方可涂抹水砂石灰浆面层，否则将使面层颜色不均。操作前须将门窗及玻璃安好。防止面层水分蒸发过快产生龟裂。

操作时，底子灰要均洒水湿润。一般两人为一组，一人用硬质木抹子竖向薄薄抹一遍，紧跟着仍用木抹子横向抹第二遍，并随手将砂浆赶平，另一人紧跟其后，用钢抹子竖向压光，连压两遍。待面层收水七成干时，一边用刷子洒水，一边用钢抹子竖向压，直至表面密实光滑为止。总厚度为 2~3mm，阴阳角处用阴阳抹子捋光。

如果墙面较高，则应上下同时操作，使其表面不显接槎。

4. 室内墙面抹灰质量通病与防治

（1）墙面基层抹灰处出现空鼓和裂缝主要原因：

1）墙与门窗框交接处塞缝不严。

2）踢脚板与上面石灰砂浆抹灰处出现裂缝。

3）基层处理不当，造成抹灰层与基层粘结不牢。

（2）防治墙面基层抹灰处出现空鼓和裂缝的措施：

1）墙与门窗框交接可用水泥石灰加麻刀的砂浆塞严再抹灰的方法防治连接处裂缝问题。

2）在踢脚板上口宜先做踢脚板，后抹墙面方法，特别注意不能把水泥砂浆抹在石灰砂浆上面。

3）抹灰前基层表面的尘土、污垢、油等应清除干净，并应洒水湿润。一般应浇两遍水。

（3）抹灰面层起泡、有抹纹、开花的产生原因：

1）抹完罩面灰后，压光跟得太紧，灰浆没有收水，故产生起泡。

2）底层灰太干燥、没有浇水，压光容易起抹纹。

3）石灰膏陈伏期太短，过火灰颗粒没熟化，抹后体积膨胀，出现爆裂、开花现象。

（4）防治抹灰面层起泡、有抹纹、开花的措施

1）用水泥砂浆和水泥混合砂浆抹灰时，应待前一抹灰层凝结后方可抹后一层；用石灰砂浆抹灰时，应待前一抹灰层七八成干后方可抹后一层。

2）底层灰抹完后，要在干燥后洒水湿润再抹面层。

3）罩面石灰膏熟化期应不小于30d，使过火颗粒充分熟化。

（5）抹灰面层不平，阴阳角不垂直，踢脚板上口与墙厚不一致产生的原因：

1）抹灰前找规矩抹灰饼不严格、不认真。

2）踢脚板与墙面冲筋不交圈。

3）阴阳角处冲筋位置不对，没拉线找直找方。

（6）防治抹灰面层不平，阴阳角不垂直，踢脚板上口与墙厚不一致的措施

1）抹灰前挂线、做灰饼、冲筋要认真严格按操作工艺要求做。

2）踢脚板与墙面一起拉线，找直找方正。

3）在阴角、阳角要用方尺和托线板找方，找平直、要使砂

浆稠度小一些，阴阳角器上下拉动直到平直为止。

（三）室内顶棚抹灰

顶棚抹灰依基层不同可分为预制混凝土顶棚抹灰，现浇钢筋混凝土板顶棚抹灰及木板条顶棚抹灰等。按罩面灰的不同又分为纸筋灰罩面、麻刀灰罩面及石膏罩面等。另外还有顶棚装饰扯灰线工程细部做法等。本节以应用最广泛的现浇钢筋混凝板顶棚抹灰为例加以说明。

1．施工准备

（1）灰浆材料的配制 1:0.5:1 的水泥混合砂浆或 1:3 的水泥砂浆。纸筋灰罩面。

（2）10%的火碱水和水泥乳液聚含物砂浆。

（3）工具与机具 见（二）室内墙面抹灰部分。

（4）作业条件 结构工程通过验收合格，并弹好 +50cm 水平线。

（5）搭脚手架 铺好脚手板后约距顶板 1.8m 左右。以人在架子上，头顶距离顶棚 10cm 左右为宜，脚手板间距不大于0.5m，板下平杆或马凳的间距不大于 2m。

2．工艺顺序

基层处理→弹线、找规矩→抹底子灰→抹罩面灰。

3．操作要点

（1）基层处理

首先将凸出的混凝土剔平，对钢模施工的混凝土顶应凿毛，并用钢丝刷满刷一遍，再浇水湿润。也可采用"毛化处理"办法，即先将表面尘土、污垢清扫干净，用 10% 火碱水将顶面的油污刷掉、随之用净水将碱液冲净，晾干。然后用 1:1 水泥细砂浆内掺水重 20% 的胶粘剂，用机喷或用扫帚将砂浆甩到顶上，其甩点要均匀，初凝后浇水养护，直至水泥砂浆疙瘩全部粘到混凝土光面上，并有较高的强度，用手掰不动为止。

（2）弹线、找规矩

根据 +50cm 水平线找出靠近顶棚四周的水平线，其方法用尺杆或钢尺量至离顶棚板距离 100mm 处，再用粉线包弹出四周水平线，作为顶棚水平的控制线。也可称为顶棚抹灰层的面层标高线，此标高线注意必须从 +50cm 水平线量起，绝不可从顶棚底往下量。

（3）抹底子灰

包括底层灰和中层灰两层灰之和。分两次抹。抹底层灰时是在混凝土顶板湿润的情况下，先刷掺胶粘剂的素水泥浆一道（内掺水重 10% 的胶粘剂），随刷随抹，底层灰可采用水泥混合砂浆或水泥砂浆（配比见前面灰浆材料配制）。其厚度控制在 2～3mm 为宜，操作时需用力压，以便将底层灰挤入到混凝土顶板细小孔隙中，用软刮尺刮抹顺平，用木抹子搓平搓毛。注意顶棚抹灰不做灰饼、标筋，所以顶棚抹灰的平整度由目测和水平线找齐。抹中层灰时，其抹压方向宜与底层灰抹压方向相垂直。高级的顶棚抹灰，应加钉长 350～450mm 的麻束，间距为 400mm，并交错布置，分遍按放射状梳理抹进中层灰内。中层灰一般采用水泥混合砂浆，其厚度控制在 6mm 左右。抹完后仍用原软刮尺顺平，然后用木抹子搓平整。见图示 4-7。

（4）抹罩面灰

待中层灰达到 6～7 成干，即用手按不软但有指印时，就可以抹罩面灰。要防止中层灰过干。如过干可洒水湿润再抹。

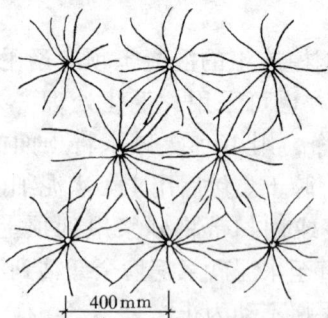

图 4-7 加钉麻束梳理示意

当采用纸筋灰罩面时，其厚度应控制在 2mm。并要分两遍抹成，第一遍灰抹得厚度越薄越好，紧跟着抹第二遍罩面灰。操作时抹子要平，稍干后，用塑料抹子或压子顺着抹纹压实压光，二遍成活。

4. 顶棚抹灰质量通病及防治

顶棚抹灰质量通病除了具备

墙面抹灰的质量通病以外，其最大特点是它的空鼓、裂缝和脱落不仅仅是影响装饰效果，严重的会危及人身安全，造成损失巨大。如北京市为解决混凝土顶棚基体表面抹灰层脱落的质量问题，曾要求各建筑施工单位，不得在混凝土顶棚基体表面抹灰，用腻子找平即可。取得一定的效果。但也并非混凝土顶棚抹灰不可使用。新的国标规定：抹灰层与基层之间及各抹灰层之间必须粘结牢固，抹灰层应无脱层、空鼓、面层应无爆灰和裂缝。并且将此规定列为主控项目。造成抹灰层之所以出现开裂、空鼓和脱落等质量问题，主要原因是基体表面清理不干净，如：基体表面尘埃及疏松物、脱模剂和油渍等影响抹灰粘结牢固的物质未彻底清除干净；基体表面光滑，抹灰前未作毛化处理；抹灰前基体表面浇水不透，抹灰后砂浆中的水分很快被基体吸收，使砂浆中的水泥未充分水化生成水化石，影响粘结力；砂浆质量不好，使用不当；一次抹灰过厚，干缩率较大等；再有不按施工规范操作擅自将抹灰层与基体粘结的粘结层（抹掺有粘结剂的素水泥浆一道）去掉，也是造成粘结不牢的原因之一。总之上述原因，都会影响抹灰层与基体的粘结牢固，应当引起足够的重视。

（四）室内地面抹灰

建筑物地面面层铺设目前分为整体面层铺设与板块面层铺设两种施工方法。在地面整体面层中首先就是水泥混凝土面层即细石混凝土地面层。其特点是耐磨、耐压和抗震性比较好，所以主要是应用在工业厂房地面和仓储建筑物的地面以及露天的停车场地面上。其做法是在现浇结构层上直接做 40~50mm 厚细石混凝土即随铺随捣随抹的施工工艺做法。

1．施工准备

（1）材料

1）水泥　普通硅酸盐水泥，矿渣硅酸盐水泥其强度等级不小于 32.5。要求对水泥的凝结时间和安定性进行复验并符合设计要求。

2）石子　其最大粒径不大于面层厚度的 2/3。并且不应大于 15mm。含泥量小于 2%。

3）砂　粗砂，含泥量不大于 3%。

（2）工具与机具

混凝土搅拌机，平板振捣器、手推车、2m 靠尺、水桶、铁滚子、平锹、铁抹子、木抹子、钢丝刷等。

（3）作业条件

地面标高已测定完毕。地面各种管线已埋好，门下槛收口已安装，门框已立好。室内有地漏已找泛水，墙身已测 +50cm 水平线。

2．工艺顺序

基层处理→弹线、抹灰饼、标筋→浇捣细石混凝土→抹面、压光→养护

3．操作要点

（1）基层处理

垫层应具有粗糙、洁净和潮湿的表面。其抗压强度不应小于 1.2MPa。并不得积水。其处理方法是将垫层的基层上的灰尘扫掉，用钢丝刷刷净灰浆皮和灰渣层。用 10% 的火碱水溶液刷掉基层上的油污，并用清水及时将碱液冲净。表面比较光滑的基层，应进行凿毛，清水冲洗后的基层不要再上人。

（2）弹线、抹灰饼、标筋

应先在四周墙上弹上一道水平基准线，或在地坪上钉木楔测出标高标准线。作为测定混凝土面层标高的依据。往往是以地面 ±0.00 标高及墙体 +50cm 线为依据，弹出细石混凝土面层厚度的墨线。

根据水平基准线，在四周墙角处每隔 1.5～2m 用 1:2 水泥砂浆抹灰饼，并以灰饼的高度做出纵横方向的标筋，宽为 8～10cm。标筋高度即面层厚度。

（3）浇捣细石混凝土

要求细石混凝土的强度等级不小于 C20，坍落度不宜大于 30mm。在铺抹前，先在垫层刷一道水灰比为 0.4～0.5 的素水泥

浆作为界面处理剂。可以随刷随铺设细石混凝土，紧接着用 2m 长刮杠顺着标筋刮平，然后用滚筒或平板振动器往返，滚动振平，直到面层泛浆，出现泌水现象后，撒一层干拌水泥砂（1:1 ＝水泥:砂）拌和料，厚约 5mm，待干灰吸水湿透后用刮尺刮平，随即用木抹子搓平。铺设方向应由里面向门口并应比门框锯口线低 3~4mm。

（4）抹面、压光

在木抹子搓平的基础上，紧接着用铁抹子将面层的凹坑、砂眼和脚印压平、压光。待第一遍压光吸水后再用铁抹子按先里后外的顺序进行第 2 遍压光。第三遍压光在水泥终凝前完成。常温下，面层的抹平工作应在水泥初凝前完成压光工作应在水泥终凝前完成。压光后应使其表面色泽一致，光滑无抹子印迹。表面平整度用 2m 靠尺和楔形塞尺检查不大于 5mm。

（5）养护

面层抹压完 24h 后，进行浇水养护，每天不少于 2 次，养护时间不应少于 7d，抗压强度应达到 5MPa 后，方准上人行走，抗压强度应达到设计要求后，方可正常使用。

室内地面水泥砂浆抹灰工艺做法也是一种传统的整体地面面层典型做法。由于它具有造价低、使用耐久，施工操作简便等优点应用相当广泛，并应作为抹灰工艺基本技能而应熟练掌握。

1. 施工准备

（1）材料准备

水泥采用硅酸盐水泥、普通硅酸盐水泥，其强度等级不应小于 32.5，不同品种、不同强度等级的水泥严禁混用；砂应为中粗砂，当采用石屑时，其粒径应为 1~5mm，且含泥量不应大于 3%。

（2）工具机具准备

砂浆搅拌机、手推车、木杠、木抹子、铁抹子、铁锹、水桶、长把刷子、铁丝刷、粉线包等。

（3）作业条件

地面垫层中各种预埋管及管线已完成，管洞已堵实，有地漏的房间已找泛水。地面四周墙身 + 50cm 的水平墨线已弹好。门框已立好，再一次核查找正，高差已标明。

2．工艺顺序

基层处理→弹线、找标高→洒水湿润→抹灰饼和标筋→搅拌砂浆→刷水泥砂浆结合层→铺水泥砂浆面层→搓平、压光→养护

3．操作要点

（1）基层处理

要求垫层基层的抗压强度不得小于 1.2MPa，表面应粗糙、洁净、湿润并不得有积水。一切浮灰、油渍、杂质必须分别清除。其方法为先将基层上的灰尘扫掉，用钢丝刷和錾子刷净或剔除灰浆皮和灰渣层，用 10% 的火碱水溶液刷掉基层上的油污，并用清水及时将碱水冲净，表层光滑的基层要凿毛，并用清水冲干净。

（2）弹线、找标高

应先在四周墙上弹上一道水平基准线，作为确定水泥砂浆面层标高的依据。水平基线是以地面 ±0.00 标高及楼层砌墙前的抄平点为依据，一般可根据情况弹在标高 50cm 的墙上。弹准线时，要注意按设计要求的水泥砂浆面层厚度弹线。水泥砂浆面层的厚度应符合设计要求，且不应小于 20mm。

（3）洒水湿润

一般应提前一天用喷壶将地面基层均匀洒水一遍。

（4）抹灰饼和标筋

根据水平基准线再把地面面层上皮的水平基准线弹出。面积不大的房间，可根据水平基准线直接用长木杠抹标筋，施工中进行几次复尺即可。面积较大的房间，应根据水平基准线，在四周墙角处每隔 1.5～2.0m 用 1:2 水泥砂浆抹标志块（灰饼）。大小一般是 8～10cm 见方。待灰饼结硬后，再以灰饼的高度做出纵横方向通长的标筋以控制面层的厚度。标筋仍用 1:2 水泥砂浆，

宽度一般为 8~10cm。标筋的高度，即为控制水泥砂浆面层抹灰厚度。并应与门框的锯口线吻合。见图 4-8。

（5）搅拌砂浆

面层水泥砂浆的体积比应为 1:2，强度等级不应小于 M15。稠度不大于 35mm。要求拌和均匀、颜色一致。

（6）刷水泥砂浆结合层

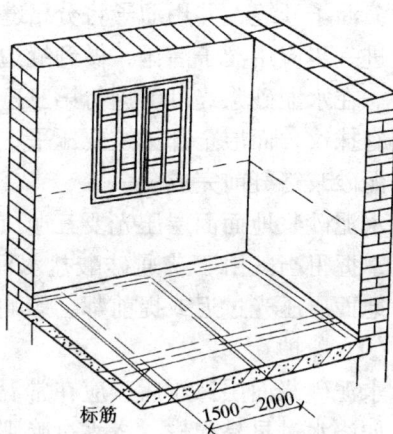

图 4-8　地面抹灰前做标筋

即涂刷水泥素浆一遍其水灰比为 0.4~0.5。并应在铺设水泥砂浆之前，随着刷水泥浆即开始铺面层砂浆，不要刷的太早或过大，否则起不到使基层与面层粘结的作用。

（7）铺设水泥砂浆面层

在涂刷水泥浆后紧跟着铺水泥砂浆，在标筋之间将砂浆铺均匀，然后用木刮杠按标筋高度刮平。操作时，由里向外，在两条标筋之间由前往后摊铺砂浆。灰浆经摊铺，木刮扛刮平后，同时将利用过的标筋敲掉，并用砂浆填平。最后从房间里面刮到门口并符合门框锯口线标高。

（8）搓平、压光

地面水泥砂浆用木杠刮平后，立即用木抹子搓平，从内向外退着操作，并随时用 2m 靠尺检查其平整度。木抹子搓平后，用铁抹子压第一遍，直至出浆为止称为第一遍的压光工序应在表面初步收水后，水泥初凝前完成。此时的找平工作应在水泥初凝前完成。待表面的水已经下去时，人踩上去，有脚印但不下落陷时，用铁抹子压第二遍，边抹压边把坑凹处填平，压实，要求不漏压，达到表面压平、压光。有分格要求的地面第一遍压后，应用劈缝溜子开缝，并用溜子将分格缝内压平、溜直。在第二遍压光后进一步应用溜子溜压，做到缝边光直、缝隙清晰，缝内光滑顺直。在水泥砂浆终凝前进行第三遍压光，要求用铁抹子抹完后不再有抹纹。面层全部抹纹要压平、压实、压光。此项工作必须在水泥砂浆终凝前完成。

水泥砂浆地面面层压光要三遍成活。这就要求每遍抹压的时间要掌握得当。由于普通硅酸盐水泥的终凝时间不大于 2h，因此，地面层压光过迟或提前都会影响交活的质量。

（9）养护

水泥砂浆面层抹压后，应在常温湿润条件下养护。养护要适时，如浇水过早易起皮，浇水过晚则会使面层强度降低而加剧其干缩和开裂倾向。一般在夏天 24h 后养护，春秋季节应在 48h 后养护。养护时间不应少于 7d；抗压强度应达到 5MPa 后，方准上人行走；抗压强度应达到设计要求后，方可正常使用。

4. 水泥砂浆地质量通病与防治

（1）地面起砂、起粉产生的原因

1）水泥砂浆拌和物的水灰比过大。

2）不了解或错过了水泥的初凝时间，致使压光时间过早或过迟。

3）养护措施不当，养护开始时间过早或养护天数不够。

4）地面尚未达到规定的强度，过早上人。

5）原材料不合要求，水泥品种或强度等级不够或受潮失效等还有砂子粒径过细，含泥量超标。

6）冬期施工，没有采取防冻措施，使水泥砂浆早期受冻。

（2）防止产生地面起砂、起粉的措施

1）严格控制水灰比

2）掌握水泥的初、终凝时间，把握压光时机。

3）遵守洒水养护的措施和养护时间。

4）建立制度、安排好施工流向，避免地面过早上人。

5）冬期采取技术措施，一是要使砂浆在正温下达到临界强度。

6）严格进场材料检查，并对水泥的凝结时间和安定性进行复验。强调砂子应为中砂，含泥量不大于3%。

（3）地面空鼓、裂缝产生的原因

1）基层清理不干净，仍有浮灰、浆膜或其他污物。

2）基层浇水不足、过于干燥。

3）结合层涂刷过早，早已风干硬结。

4）基层不平，造成局部砂浆厚薄不均，收缩不一。

（4）防止地面空鼓、裂缝的措施

1）基层处理经过严格检查方可开始下一道工序。

2）结合层水泥浆强调随涂随铺砂浆。

3）保证垫层平整度和铺抹砂浆的厚度均匀。

（五）楼梯踏步水泥砂浆抹灰

1.施工准备

（1）材料准备

采用室内地面抹灰材料，增加了抹防滑条所用的金刚砂。

（2）工具与机具

采用室内地面工具、机具。

（3）作业条件

楼梯抹灰前需将钢、木栏杆、扶手等预埋部分用细石混凝土灌实。

2.工艺顺序

基层处理→弹线分步→抹底子灰→抹罩面灰→抹防滑条→抹勾脚

3.操作要点

（1）基层处理

首先把楼梯上的杂物和灰渣等，从上至下一步步清理干净，混凝土凹凸不平处剔凿抹平后清理干净，浇水湿润。

（2）弹线分步

结构施工阶段尺寸由于有误差，要放线纠正。方法是：根据平台标高和楼面标高，在楼梯侧面墙上和栏板上先弹一道踏级分步标准线，如图 4-9 所示。抹灰操作时，要使踏步的阳角落在标准线上，要使每个踏级的级高和级宽的尺寸一致，让踏级的阳角在标准线上的距离相等。

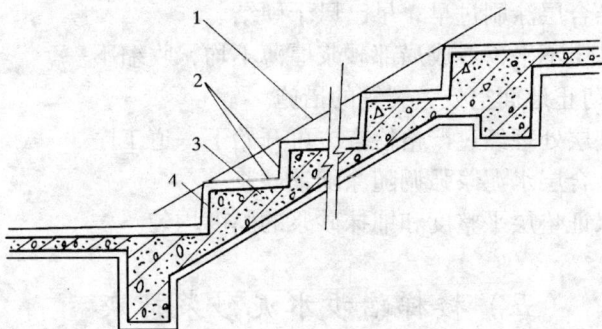

图 4-9　分步标准线

1—分步标准线；2—踏步高和宽度线；3—踏步板；4—踢脚板

（3）抹底子灰

先浇水湿润基层表面，然后刷一道素水泥浆，随即抹 1:3 水泥砂浆底子灰，其厚度控制在 10～15mm，先抹立面，再抹平面，一级一级由上往下做。在立面抹灰时应将靠尺板压在踏步板上，量好尺寸留出灰头来，使踏步的宽度一致。按靠尺板进行上灰，再用木抹子搓平。如图 4-10（a）、（b）所示。

（4）抹罩面灰

底子灰抹好的第二天，即用 1:2 的水泥砂浆罩面抹灰，其厚度控制在 8～10mm。压好八字尺就可抹灰。抹灰过程中，根据砂浆收水的快慢，可以连续抹几个台级，再返上去借助八字靠尺板，用木抹子搓平，然后再用钢抹子压光。阴阳角处要用阴阳抹子捋光滑。罩面抹完 24h 后需养护，在养护期间严禁上人走动和用硬物碰撞。

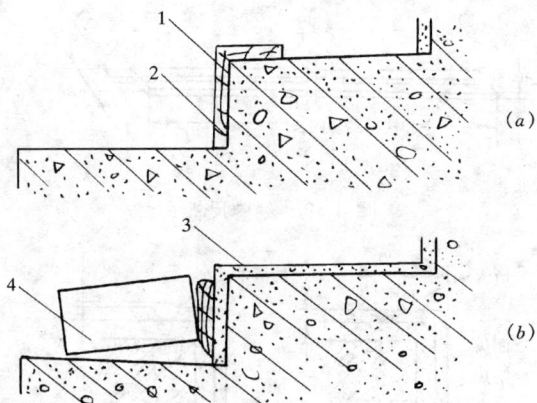

图 4-10　踏步抹灰

1—八字靠尺；2—立面抹灰；3—平面抹灰；4—临时固定靠尺用砖

（5）抹防滑条

踏步设有防滑条时，在抹面过程中，应距踏步口 40～50mm

处，用素水泥浆粘上宽 20mm、
厚 7mm 似梯形的分格条。分格
条必须事先泡水浸透，粘结时小
口朝下便于起条，抹面时使罩面
灰与分格条平，如图 4-11 所示。
罩面层压光后，就可起出分格
条。也可以在抹完罩面灰后随即
用一刻槽尺板，见图 4-12 所示。
把防滑条位置的面层灰挖掉来代

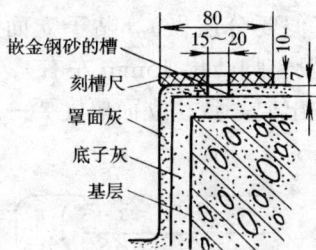

图 4-11　刻槽尺作法

替贴分格条。其操作方法如图 4-13 所示（a）也可以在罩面灰达
到强度后取出分格条，再在槽内填抹 1∶1.5 水泥金刚砂砂浆，高
出踏步面 3～4mm，用圆阳角抹子压实，捋光，再用小刷子将两
侧余灰清理干净。如图 4-13 所示（b）。

（6）抹勾脚

如果楼梯踏步设计有勾脚（踏步外侧边缘的凸出部分，也称

图 4-12　刻槽尺板

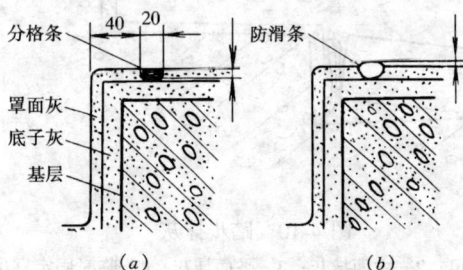

图 4-13　踏步防滑条

挑口），抹灰时应先抹立面，后抹平面，踏步板要同勾脚一次成活（但要分层做）。贴于立面靠尺的厚度应正好是勾角的厚度（一般勾脚凸出 15mm 左右），如图 4-14 所示。抹灰时，每步勾脚进出要一致，立面厚度要一致，阳角要用小圆角的阳角抹子压实捋光。

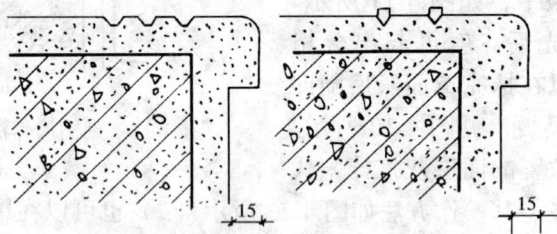

图 4-14　踏步勾角抹灰

4.楼梯踏步抹灰质量通病与防治

（1）踏步宽度和高度不一产生原因

1）结构施工阶段踏步的高、宽尺寸偏差较大，抹面层灰时，又未认真弹线纠正，而是随高就低地进行抹面。

2）虽然弹了斜坡标准线，但没有注意将踏步高和宽等分一致，所以尽管所有踏步的阳角都落在所弹的踏步斜坡标准线上，但踏级的宽度和高度仍然不一致。

（2）防止踏步宽度和高度不一预防措施

1）加强楼梯踏步结构施工的复尺检查工作。使踏步的高度和宽度尽可能一致，偏差控制在 ±10mm 以内。

2）抹踏步面层灰前，应根据平台标高和楼面标高，先在侧面墙上弹一道踏步斜坡标准线，然后根据踏级步数将斜级等分，这样斜线上的等分点即为踏级的阳角位置，也可根据斜线上各点的位置，抹前对踏步进行恰当修正。

3）对于不靠墙的独立楼梯，如无法弹线，可在抹面前，在两边上下拉线进行抹面操作，必要时做出样板，以确保踏步高、宽尺寸一致。

（3）踏步阳角处裂缝、脱落的原因

1）踏步抹面时，基层较干燥，使砂浆失水过快，影响了砂浆的强度增长，造成日后的质量隐患。

2）基层处理不干净，表面污垢、油渍等杂物起到隔离作用，降低了粘结力。

3）抹面砂浆过稀，抹在踢面上砂浆产生自坠现象，特别是当砂浆过厚时，削弱了与基层的粘结效果，成为裂缝、空鼓和脱落的潜在隐患。

4）抹面操作顺序不当，先抹踏面，后抹踢面。则平、立面的结合不易紧密牢固，往往存在一条垂直的施工缝隙，经频繁走动，就容易造成阳角裂缝、脱落等质量缺陷。

5）踏步抹面养护不够，也易造成裂缝、掉角、脱落等。

（4）防止踏步阳角裂缝、脱落的预防措施

1）抹面层前，应将基层处理干净，并应提前一天洒水湿润。

2）洒水抹面前应先刷一道素水泥浆，水灰比在 0.4～0.5 之间，并应随刷随抹。

3）控制砂浆稠度在 35mm 左右。

4）过厚砂浆应分层涂抹，控制每一遍厚度在 10mm 之内，并且应待前一抹灰层凝结后方可抹后一层。

5）严格按操作规范先抹踢面，后抹踏面，并将接槎揉压紧密。

6）加强抹面养护，不得少于养护时间，并在养护期间严禁上人。凝结前应防止快干、水冲、撞击、振动和受冻，凝结后防止成品损坏。

（六）室外一般抹灰

室外一般抹灰主要是指在室外砖墙和混凝土外墙板（包括加气混凝土墙板）的基层上抹水泥砂浆和水泥混合砂浆的抹灰工艺。

1. 施工准备

（1）材料与砂浆配制

1）水泥：选用普通硅酸盐水泥和矿渣硅酸盐水泥，强度等级大于 32.5。选同一批号，避免颜色不一，并应对水泥的凝结时间和安定性复验。

2）砂：选用中砂，含泥量不大于 3%，底层需经 5mm 筛，面层需经 3mm 筛。

3）石灰膏：熟化时间一般不少于 15d，用于罩面不应少于 30d，使用时不得含有未熟化颗粒和其他杂物。

4）砂浆：砖砌外墙常用水泥混合砂浆（水泥：石灰：砂＝1：0.3：3）打底和罩面。混凝土外墙底层 1:3 的水泥砂浆，面层采用 1:2.5 水泥砂浆等。

（2）工具与机具准备　同室内抹灰

（3）作业条件准备　结构工程已验收合格。预埋件已安装完毕；预留孔洞提前堵塞严实；外墙架子已搭设并通过安全检查；墙大角和两个面及阳台两侧已用经纬仪打出基准线，作为抹灰打底的依据。

2. 工艺顺序

基层处理→找规矩、做灰饼→冲筋、抹阳角灰→粘分格条→抹外墙灰→起分格条、养护。

3. 操作要点

（1）基层处理

砖墙基层：先划砖缝，以利粘结，并清除基层表面尘土、污垢、油渍等。并要浇水湿润，浇水量以浸入砖墙8～10mm为宜。

混凝土基层：用10%的火碱水清除残留的隔离剂、污垢、油渍等，后用清水冲洗干净。对凹凸不平，用1:3水泥砂浆抹平或剔平突出部位。对于光滑的混凝土基层采用凿毛和"毛化"两种方法处理。最后结合层采用素水泥浆（水灰比为0.4）刮抹。

（2）找规矩、做灰饼

外墙抹灰与内墙找规矩有所不同，在建筑物外墙的四大角先抹好由上而下的垂直通线，门窗口角、垛都要吊垂直。其方法采用缺口木板来做上下两边的灰饼，规方后要挂竖线在两侧做若干灰饼，然后再挂横线做中间的灰饼。竖向灰饼以每步架不少于1个为宜，横向灰饼以1.2～1.5m间距为宜，灰饼大小为5cm见方，与墙面平行，厚度约为12mm左右。

（3）冲筋、抹阳角灰

冲筋可在装档前，先抹出若干条标筋后再装档；也可以用专人在前冲筋，后跟人装档。冲筋厚度与上下灰饼一平，以10cm宽为宜，并在同一垂线上。冲筋数量要以每次下班前能完成装档为准，不要做隔夜筋。

在抹底子灰过程中遇有门窗口时，可以随抹墙面一同打底子灰。也可以把离口角一周5cm及侧面留出来先不抹，派专人随后抹，这样施工比较快（门窗口角的做法可参考前边门窗护角做法）。如有阳角大角，要在另一面反贴八字尺，尺棱出墙与灰饼一平，靠尺粘贴后要挂垂直线，吊直后依尺抹平、刮平、搓实。做完一面后反尺正贴在抹好的一面做另一面，方法相同。底、中层灰抹完后，表面要扫毛。为了增加饰面美观，防止面积过大不便施工操作和避免面层砂浆产生收缩裂缝，一般均需设分格线，粘贴分格条。

（4）粘分格条

粘贴分格条是在中层抹灰完成后进行。按设计要求尺寸，弹出横向分格线和竖向分格线。竖向分格线要求用线锤吊线或经纬仪校正垂直度，横向要以水平线为依据，校正水平。分格条在使用前要放在水中泡透，既便于粘结，又能防止分格条使用时变形。另外，分格条因本身水分蒸发而收缩也轻易取出，又能使格条两侧的灰口棱边整齐。根据分格线的长度将分格条尺寸分好，然后用铁皮抹子将素水泥浆抹在分格条的背面。水平分格条宜粘贴在水平线的下口，垂直分格条宜粘贴在垂直线的左侧，这样易于观察，操作比较方便。粘贴完一条竖向或横向的分格条后，应用直尺校正其平整，并将分格条两侧用水泥浆抹成呈八字形斜角（若是水平条应先抹下口）。如当天抹面层灰的分格条，两侧八字形斜角可抹成 45°，如当天不抹面的"隔夜条"，两侧八字形斜角应抹陡些，成 60°角，见图 4-15 （a）、（b）所示。

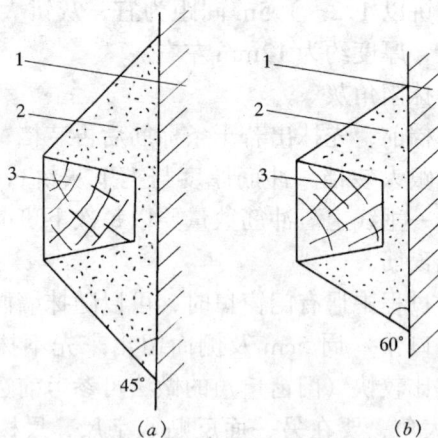

图 4-15 分格条
1—基体；2—水泥浆；3—分格条

(5) 抹外墙灰

外墙抹灰可分为两种情形：

1）抹水泥混合砂浆：砖砌外墙和加气混凝土板常温下常使用水泥混合砂浆。当中层抹完用刮尺起平，待砂浆收水后，应用木抹子打磨。若打磨时面层太干，应一面洒水，一面用木抹子打磨。不要干磨，否则会造成颜色不一，使用木抹子应将板面与墙面平贴，转动手腕，自上而下，自右而左，以圆圈形打磨，用力要均匀，使表面平整、密实。然后再顺向打磨，上下抽拉，轻重一致，使抹纹顺直，色泽均匀。

当分格条贴好后，就可以抹面层砂浆，配合比为1:1:5的混合砂浆，应分两遍抹成，在砂浆抹灰与分格条平齐后，用木杠将面层刮平后，木抹子搓毛，铁抹子压光，待表面无明水后，用刷子蘸水按垂直于地面方向轻刷一遍，使其表层颜色均匀一致。

2）抹水泥砂浆：混凝土墙或砖砌外墙北方施工常采用水泥砂浆。抹底层砂浆（1:3）时，必须把砂浆压入灰缝内，并用木杠刮平，木抹子搓实，然后用扫帚在底层上扫毛，并浇水养护。抹面层灰时，要观察底层灰的干硬程度面层抹灰应待底中层灰凝结后进行。过干时可先洒一遍水，后刮一道素水泥浆做粘结层，紧跟着抹面层1:2.5的水泥砂浆两遍抹至与分格条平，然后按分格条厚度刮平、搓密实。并将分格条表面的余灰清除干净，以免起条时因表面余灰与墙面砂浆粘结而损坏墙面，当天粘的分格条在面层完成后即可取出。

(6) 起分格条、养护

起分格条一般由条子的端头开始。用抹子把轻轻敲动。条子即自动弹出。如起条有困难时，可在条子端头钉一小钉，轻轻地将其向外拉出。"隔夜条"不宜当时取条，应在罩面层达到强度之后再取。条子取出后分格线处用水泥砂浆勾缝。分格线不得有错缝、掉棱和缺角，其缝宽和深浅均匀一致。

罩面层成活24h后，要浇水养护7d以上。

4. 外墙抹灰质量通病及防治

（1）抹灰层产生空鼓、裂缝的原因

1）基层处理不好，清扫不干净，基体浇水不透。

2）一次抹灰太厚或各层抹灰层跟得太紧。

3）砂浆失水过快，浇水养护时间不够。

（2）防止抹灰层产生空鼓、裂缝的措施

1）抹灰前，认真进行基层处理，并提前浇水、浇透。

2）坚持每遍厚度宜为 5～7mm，并应待前一水泥砂浆层凝结后方可抹后一层。设置分格缝，防止收缩开裂。

3）夏日避免日光暴晒下进行抹灰。罩面成活后第二天浇水养护，并坚持 7d 以上。

（3）抹灰层接槎有明显抹纹和色泽不匀产生原因

1）抹灰层墙面没有分格或间距过大，抹灰留槎位置不正确。

2）罩面灰压光操作不当。底层浇水不均。

3）原材料不一致，没有统一配料。

（4）防止产生接槎有明显抹纹和色泽不匀的预防措施。

1）接槎位置应留在分格条处或阳角、水落管处。

2）用木抹子搓面时，要做到轻重一致，圆圈形搓抹，上下抽拉，方向一致。

（5）抹灰面分格缝产生不直不平、缺棱错缝的原因

（1）没有统一弹水平和竖直分格线，木分格条浸水不透，粘贴和起分格条操作不当。

（6）防止抹灰面分格缝不直不平、缺棱错缝的预防措施

1）短向分格缝，统一找标高，拉通线弹水平线，保证平整度。竖向分格缝，统一吊线分块。

2）分格条要在水中浸泡、泡透。水平分格条应粘贴在水平线上口，竖向分格条应粘贴在垂直线右侧。面层压光时，应清刷在分格条上的余灰，以免起条时损坏墙面。

（七）室内外细部一般抹灰

室内外细部部位主要指踢脚板、墙裙、勒脚、窗台、窗楣、突出腰线、压顶、檐口、雨篷、门窗套、门窗碹脸、梁、柱、阳台、楼梯、台阶、坡道、散水等。它们的一般抹灰主要使用水泥砂浆、水泥混合砂浆和石灰膏。它们的细部抹灰方法都需要掌握。

1. 外墙勒脚抹灰

一般采用 1:3 水泥砂浆抹底层、中层，用 1:2 或 1:2.5 水泥砂浆抹面层。无设计规定时，勒脚一般在底层窗台以下，厚度一般比大墙面厚 50~60mm。

首先根据墙面水平基线用墨线或粉线包弹出高度尺寸水平线，定出勒脚的高度，并根据墙面抹灰的大致厚度，决定了勒脚的厚度。凡阳角处，需用方尺规方，最好将阳角处弹上直角线。

规矩找好后，将墙面刮刷干净，充分浇水湿润，按已弹好的水平线，将八字靠尺粘嵌在上口，靠尺板表面正好是勒脚的抹灰面。抹完底层、中层灰后，先用木抹子搓平，扫毛、浇水养护。待底层、中层水泥砂浆凝结后，再进行面层抹灰，采用 1:2 水泥砂浆抹面，先薄薄刮一层，再抹第二遍时与八字靠尺抹平。拿掉八字靠尺板，用小阳角抹蘸上水泥浆捋光上口，随后用抹子整个压光交活。

2. 外窗台抹灰

窗台按其位置分为外窗台和内窗台。按装修形式分为清水窗台和混水窗台。清水窗台，采用侧立砖斜砌，然后用 1:1 水泥细砂浆勾缝。混水窗台，采用将砖平砌，后用水泥砂浆抹灰的形式。

（1）抹灰形式

为了有利于排水，外窗台应做出坡度。抹灰的混水窗台往往用丁砖平砌一皮的砌法，平砌砖低于窗下槛一皮砖。一种窗台突出外墙 60mm，两端伸入窗台间墙 60mm，然后抹灰。如图 4-16（a）、（b）所示。另一种是不出砖檐，而是抹出坡檐。如图 4-16（c）所示。

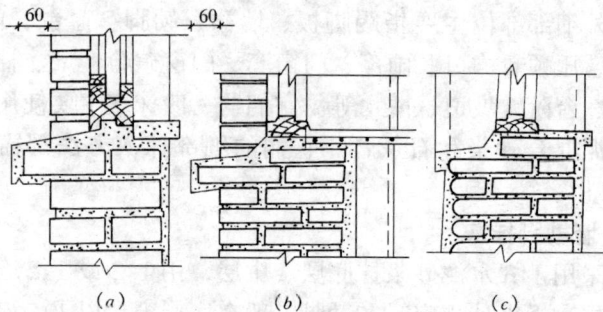

图 4-16　外窗台抹灰
（a）、（b）突出窗台抹法；（c）坡檐抹法

（2）找规矩

抹灰前，要先检查窗台的平整度，以及与左右上下相邻窗台的关系，即高度与进出是否一致；窗台与窗框下槛的距离是否满足要求（一般为 40～50mm），发现问题要及时调整或在抹灰时进行修正。再将基体表面清理干净，洒水湿润，并用水泥砂浆将窗台下槛的间隙填满嵌实。抹灰时，应将砂浆嵌入窗下槛的凹槽内，特别是窗框的两个下角处。处理不好容易造成窗台渗水。

（3）操作要点

外窗台一般采用 1:2.5 水泥砂浆做底层灰，1:2 水泥砂浆罩面。窗台抹灰操作难度大，因为一个窗台有五个面，八个角，一条凹档，一条滴水线或滴水槽，其抹灰质量要求表面应平整光洁，棱角清晰，与相邻窗台的高度要一致。横竖都要成一条线，排水流畅，不渗水，不湿墙。

窗台抹灰时，应先打底灰，厚度为 10mm，其顺序是：先立面、后平面，再底面，最后侧面。抹时先用钢筋夹头将八字靠尺卡住。上灰后用木抹子搓平，虽是底层，但也要求棱角清晰，为罩面创条件。第二天再罩面，罩面用 1:2 水泥砂浆，厚度为 5～8mm，根据砂浆的干湿稠度，可连续抹几个窗台，再搓平压光。后用阳角抹子捋光，在窗下槛处用圆阴角捋光，以免下雨时向室内渗水。

（4）滴水槽、滴水线

外窗台抹灰在底面一般都做滴水槽或滴水线，以阻止雨水沿窗台往墙面上淌。滴水线一般适用于镶贴饰面和不抹灰或不满抹灰的预制混凝土构件等；滴水槽适用于有抹灰的部位，如窗楣、窗台、阳台、雨篷等下面。

滴水槽的做法是：在底面距边口 20mm 处粘分格条，分格条的深度和宽度即为滴水槽的深度和宽度均不小于 10mm，并要求整齐一致。抹完灰取掉即成。也可以用分格器将这部分砂浆挖掉，用抹子修正。窗台的平面应向外呈流水坡度。

滴水线的做法是，将窗台下边口的抹灰直角改为锐角，并将角部位下伸约 10mm，形成滴水。

3.门窗套口

在建筑物的立面上起装饰作用，它有两种形式，在门窗口的一周用砖挑砌 6cm 的线型来；另一种不挑砖檐，抹灰时用水泥砂浆分层在窗口两侧及窗楣处往大墙面抹出 40～60mm 左右宽的灰层，突出墙面 5～10mm，形成套口。

门窗套口抹灰施工前，要拉通线，把同层的套口，做到挑出墙面应一致，在一个水平线上，套口上脸，窗台的底部作好滴水，出檐上脸顶与窗台上小面抹泛水坡。出檐的门窗套口一般先抹两侧的立膀，再抹上脸，最后抹下窗台。涂抹时正面打灰反粘尺，先完成侧面或底面，而后平移靠尺把另一侧或上面抹好，然后在已抹完的两个面上正卡八字尺，将套口正立面抹光。

不出檐的套口，首先在阳角正面上反粘尺把侧面抹好，上脸先把底面抹上，窗台把台面抹好，翻尺正贴里侧，把正面套口一周的灰层抹成。灰层的外棱角用先粘尺或先抹后切割法来完成套口抹灰。

4. 檐口抹灰

檐口一般抹灰通长采用水泥砂浆。又由于檐口结构一般是钢筋混凝土板并突出墙面，又多是通长布置的。施工时通过拉通线用眼穿的方法，决定其抹灰的厚度。发现檐口结构本身里进外出，应首先进行剔凿、填补，修整的工作，以保证抹灰层的平整顺直。然后对基层进行处理。清扫、冲洗板底粘有的砂、土、污垢、油渍后，则采用钢丝刷子认真清刷，使之露出洁净的基体，加强检查后，视基层的干湿程度浇水湿润。

檐口边沿抹灰与外窗台相似，上面设流水坡，外高里低，将水排入檐沟，檐下（小顶棚的外口处）粘贴米厘条作滴水槽、槽宽、槽深不小于 10mm。抹外口时，施工工艺顺序是：先粘尺作檐口的立面、再去做平面，最后做檐底小顶棚。这个做法的优点是不显接槎。檐底小顶棚操作方法同室内抹顶棚、檐口处贴尺粘米厘条参见 4-17，檐口上部平面粘尺示意参见 4-18，所示意。

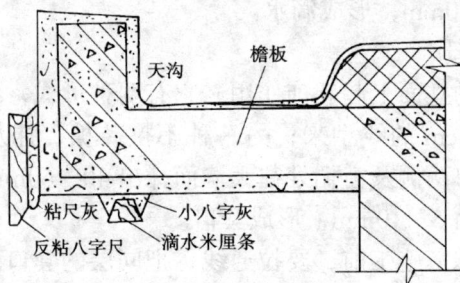

图 4-17　檐口粘靠尺、粘米厘条示意

5. 腰线抹灰

腰线是沿房屋外墙的水平方向，经砌筑突出墙面的线型，用以增加建筑物的美观。构造上有单层，双层、多层檐，腰线与窗楣、窗台连通为一线，成为上脸腰线或窗台腰线。

腰线抹灰方法基本同檐口。抹灰前基层进行清扫，洒水湿润，基底不平者，用 1:2 水泥砂浆分层修补，凹凸处进行剔平。腰线抹灰先用 1:3 水泥砂浆打底，1:2.5 水泥砂浆罩面。施工时

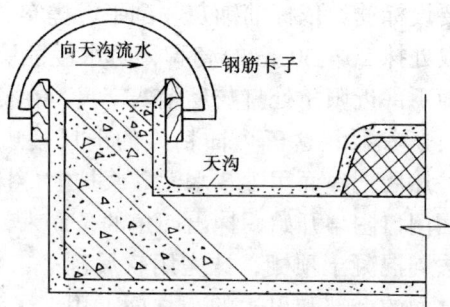

图 4-18　檐口上平面粘尺示意

应拉通线。成活要求表面平整、棱角清晰、挺括。涂抹时先在正立面打灰反粘八字尺把下底抹成。而后上推靠尺把上顶面抹好，将上、下两个面正贴八字尺，用钢筋卡卡牢，拉线再进行调整。调直后将正立面抹完，经修理压光，拆掉靠尺，修理棱角，通压一遍交活。腰线上小面做成里高外低泛水坡。下小面在底子灰上粘米厘条做成滴水槽，多道砖檐的腰线，要从上向下逐道进行，一般抹每道檐时，都在正立面打灰粘尺，把小面做好后，小面上面贴八字尺把腰线正立面抹完，整修棱角、面层压光均同单层腰线抹灰的方法。

6. 雨篷抹灰

雨篷也是突出墙面的预制或现浇的钢筋混凝土板。在一幢建筑物上，往往相邻有若干个雨篷，抹灰以前要拉通线作灰饼，使每个雨篷都在一条直线上。对每个雨篷本身也应找方、找规矩。在抹灰前首先将基层清理干净。凹凸处用錾子剔平或用水泥砂浆抹平。有油渍之处要用掺有 10% 的火碱水清洗后，用清水刷净。在雨篷的正立面和底面，用掺 15% 乳胶的水泥乳胶浆刮 1mm 厚的结合层，随后用 1:2.5 细砂浆刮抹 2mm 铁板糙；隔天用 1:3 水泥砂浆打底。底面（雨篷小顶棚）打底前，要首先把顶面的小地面抹好。方法用水泥地面的操作；即洒水刮素浆，设标志点（主要因为要有泛水坡，一般为 2%，距排水口 50cm 周围坡度为

105

5%）。大雨篷要设标筋，依标筋铺灰、刮平、搓实、压光。要在雨篷上面的墙根处抹 20~50cm 的勒脚，防水侵蚀墙体。正式打底灰时在正立面下部近阳角处打灰反粘八字尺，在侧立面下部近阳角处亦同样打灰粘尺，这三个面粘尺的下尺棱边在一个平面上，不能扭翘。然后把底面用 1:3 水泥砂浆抹上，抹时从立面的尺边和靠墙一面门口阴角开始，抹出四角的条筋来，再去抹中间的大面灰。方法同混凝土顶棚，抹完用软尺刮平，木抹子搓平，取下靠尺，从立面的上部和里边的小立面上用卡子反卡八字尺，用抹檐口的方法把上顶小面抹完（外高里低，形成泛水坡），见图 4-17 所示。第二天养护，隔天罩面抹灰。罩面前弹线粘米厘条，而后粘尺把底檐和上顶小面抹好。再在上、下面卡八字尺把立面抹好，罩面灰修理、压光后，将米厘条起出并立即进行勾缝，阴角部分作成圆弧形。最后将雨篷底以纸筋灰分两遍罩面压光。

7．柱一般抹灰

柱按形状分为方柱、圆柱、多角柱等。柱一般抹灰指的是用水泥砂浆、水泥混合砂浆、石灰砂浆抹灰。而室外柱一般用水泥砂浆抹灰。基体处理与砖墙、混凝土墙相同。

（1）方柱

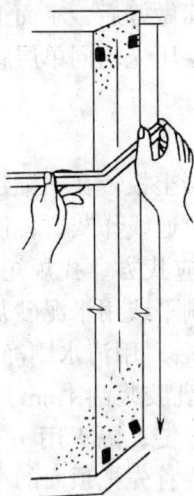

图 4-19　独立柱
找规矩

方柱（独立柱）找规矩时，应按设计图的尺寸位置，核对柱子的尺寸和位置，在地坪上弹出相互垂直两方向的中心线，依规定的抹灰厚度尺寸，在柱边地坪上弹出抹灰以后的外边线，所弹出四边线要求每个阳角都为 90°角，边长相同的正方形或是矩形。上下两个人配合、上面一人用短靠尺挑线锤，尺头顶在上柱面上，下面一人把锤稳住，使线锤对准边线，检查其偏差的大小，高处抹不着灰处稍加剔凿、低凹处打底时应分层抹平整。在柱子的四角距地坪上和顶棚下各150～200mm处做出四个灰饼，如柱子较高，依已作灰饼上下拉成通线做出中间所需要的若干个灰饼（每步架不少于1个）。注意在柱子的四面均要做好灰饼。独立柱抹灰、找规矩见图4-19所示。

如有2根以上的柱子，根据柱距找出各柱的中心线，然后在每排柱的两个端柱的正面上，在距顶棚150mm左右作灰饼，上下拉通线作各中间柱正面的灰饼，根据两端柱正面上的灰饼，用套板套到柱子的反面。同样做两边上、下灰饼并拉通线，做成各柱反面的灰饼。后用套板的中心对柱的正面或反面中心线，作柱两侧面的灰饼，见图4-20所示多根柱找规矩。

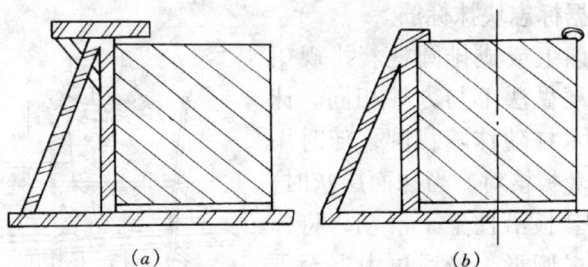

图 4-20　多根柱找规矩
(a) 做正面标志块；(b) 做两侧面标志块

抹灰时先在两侧面卡固八字尺抹正、反面的灰，再用八字尺卡在正、反面抹两个侧面。抹灰分层做法可参考抹混凝土顶棚。底、中层抹灰用木抹子压实、搓平。第2天罩面并压光。

施工中始终要注意检查柱面上下的垂直、平整度，阳角方正，柱子的踢脚线高度一致。

（2）圆柱

独立圆柱找规矩，一般应先找出纵横两个方向相互垂直的中心线，并在柱上弹出纵横两个方向四根中心线。按四面中心点，在地面分别弹四个点的切线，形成了圆柱的外切四边形。这个四

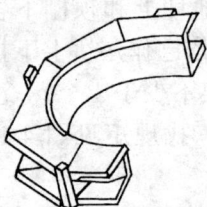

图 4-21 套板

边形各边长就是圆柱的实际直径。然后用缺口木板的方法，延柱上四根中心线往下吊线坠，检查柱子的垂直度。如不超差，先在地面弹出圆柱抹灰后外切四边形，并依此制作圆柱抹灰套板。直径较小的圆柱，可做半圆套板；如圆柱直径大，应做四分之一圆套板，套板里口可包上铁皮。如图 4-21 所示。

圆柱做标志块，可以根据地面上放好的线，在柱四周中心线处，先在下面做四个标志块，然后用缺口板挂线坠做柱子上部四个标志块。在上下标志块挂线，中间每隔 1.2m 左右再做几个标志块，根据标志块抹标筋。

两根以上或成排圆柱。找规矩与抹灰分层做法都与方柱相同。抹灰时用长木杠随抹随找圆，随时用抹灰圆形套板核对。当抹面层灰时，应用圆形套板沿柱上下滑动，将抹灰层扯抹成圆形，最后再由上至下滑磨抽平。如图 4-22。

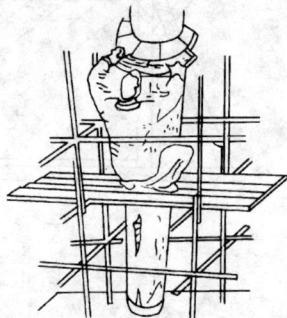

图 4-22　圆柱抹灰

8．阳台一般抹灰

阳台一般抹灰根据其构造大致有阳台地面、底面、挑梁、牛腿、台口梁、扶手、栏板、栏杆等。

阳台抹灰要求一幢建筑物上下成垂直线，左右成水平线，进出一致，细部划一，颜色一致。

阳台抹灰找规矩方法是：由最上层阳台突出阳角及靠墙阴角往下挂垂线，找出上下各层阳台进出误差及左右垂直误差，以大多数阳台进出及左右边线为依据，误差小的，可以上下左右顺一下，误差太大的，要进行必要的结构修整。

对于各相邻阳台要拉水平通线，进出较大也要进行修整。根据找好的规矩。大致确定各部位抹灰厚度，再逐层逐个找好规矩，做抹灰标志块。最上一层两头最外边的两个抹好后，以下都以这两个挂线为准做标志块。

阳台一般抹灰同室内外基本相同。阳台地面的具体做法与普通水泥地面一样。主要的是注意排水坡度方向应顺向阳台两侧的排水孔，不能"倒流水"。另外阳台地面与砖墙交接处的阴角用阴角抹子压实，再抹成圆弧形，以利排水，又防止使下层住户室内墙壁潮湿。

阳台底面抹灰做法与雨篷底面抹灰大致相同。

阳台的扶手抹法基本与压顶一样，但一定要压光，达到光滑平整。栏板内外抹灰基本与外墙抹灰相同。阳台挑梁和阳台梁，也要按规矩抹灰，要求高低进出整齐一致，棱角清晰。

9．台阶抹灰

台阶抹灰与楼梯踏步抹灰基本相同。但放线找规矩时，要使踏步面（踏步板）向外坡 1%；台阶平台也要向外坡 1% ～ 1.5%，以利排水。

常用的砖砌台阶，一般踏步顶层砖侧砌，为了增加抹面砂浆与砖砌体的粘结，砖顶层侧砌时，上面和侧面的砂浆灰缝应留出 10mm 孔隙，以使抹面砂浆嵌结牢固。如图 4-23 所示。

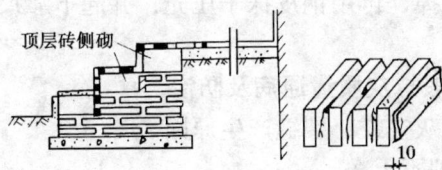

图 4-23　砖踏步抹灰

10．坡道抹灰

为连接室内外高差所设斜坡形的坡道、坡道形式一般有以下三种：

（1）光面坡道

由两种材料水泥砂浆、混凝土组成。构造一般为素土夯实（150mm 的 3:7 灰土）混凝土垫层。如果设计有行车要求，要有 100~120 厚的混凝土垫层，水泥砂浆面层要求在浇混凝土时要麻面交活，后洒水扫浆，面层砂浆为 1:2 水泥砂浆抹面压光交活前用刷子横向扫一遍。如采用混凝土坡道，可用 C15 混凝土随打随抹面的施工方法。

（2）防滑条（槽）坡道

在水泥砂浆光面的基础上，为防坡道过滑，抹面层时纵向间隔 150~200mm 镶一根短于横向尺寸每边 100~150mm 的米厘条。面层抹完适时取出，槽内抹 1:3 水泥金刚砂浆，用护角抹子捋出高于面层 10mm 的凸灰条，初凝以前用刷子蘸水刷出金刚砂条。即防滑坡道。防滑槽坡道的施工同防滑条坡道，起出米厘条养护即可以，不填补水泥金刚砂浆。

（3）礓磜坡道

一般要求坡度小于 1:4，操作时，在斜面上按坡度做标筋，然后用厚 7mm，宽 40~70mm 四面刨光的靠尺板放在斜面最高处，按每步宽度铺抹水泥砂浆面层，其高端和靠尺板上口一平，低端与标筋面一平，形成斜面。

每步铺抹水泥砂浆后，先用木抹搓平，然后撒 1:1 干水泥砂，待吸水后刮掉，再用钢皮抹子压光，并起下靠尺板，逐步由上往下施工。

11．细部一般抹灰质量通病及防治

（1）细部抹灰空鼓、裂缝产生原因

1）基层清理不干净。

2）墙面基层浇水不足，影响基层粘结力。

3）砂浆原材料质量不好，计量不准确。

4）养护时间不足。

（2）防止细部抹灰空鼓裂缝预防措施

1）抹灰前，对基层残渣、污垢、油渍清除干净。光滑基层（混凝土）采取凿毛或"毛化"方法。

2）墙体基层凹凸面应提前剔除、抹平，并浇水养护。

3）严格控制砂浆原料计量，严格配合比。对水泥凝结时间和安定性进行复验。中层砂浆标号不能高于基层，以免凝结过程中产生过强的收缩应力，产生抹灰层空鼓、裂缝及脱落。

（八）特种砂浆抹灰

对于有些建筑物、构筑物，由于有特殊要求（如防水、保温、耐酸、耐热等）。一般砂浆不能满足使用要求，必须采取特种砂浆，从而形成特种砂浆抹灰工艺。

1．防水砂浆抹灰

（1）施工准备

1）材料：水泥、普通硅酸盐、矿渣硅酸盐水泥，强度等级要求大于 32.5，有侵蚀介质作用部位应按设计要求选用。砂：中砂、含泥量小于 3%，使用前过 3～5mm 孔径的筛子。防水剂、按水泥重量的 1.5%～5%掺量。

2）机具与工具　砂浆搅拌机与抹灰常用工具。

3）作业条件　地下室防水要做排水、降水措施。结构验收合格，管道穿墙按设计要求已做好防水处理，并办理隐检手续。

（2）工艺顺序

基层处理→刷防水素水泥浆→抹底层防水砂浆→刷防水素水泥浆→抹面层防水砂浆→刷防水素水泥浆→养护。

（3）操作要点

1）基层处理：混凝土墙面凡蜂窝及松散处全部剔掉，水冲刷干净后，用 1:3 水泥砂浆抹平，表面油渍等用 10%的火碱水溶液刷洗，光滑表面应凿毛，并用水湿润。混合砂浆砌筑砖墙要划缝，深度为 10～12mm，预埋件周围剔成 20～30mm 宽，50～60mm 深沟槽，用 1:2 水泥砂浆（干硬性）填实。

2）刷防水素水泥浆：配合比 1:0.03＝水泥:防水油，加适量水拌和成粥状。或用水泥:防水剂:水＝12.5:0.31:10 的素水泥浆，拌匀后用毛刷刷在基层上。

3）抹底层防水砂浆：用1:3的水泥砂浆，掺3%～5%的防水粉或用水泥:砂:防水剂＝1:2.5:0.03的防水砂浆拌和均匀，用木抹子搓实、搓平，厚度控制在5mm以下，尽可能封闭毛细孔通道，最后用铁抹子压实、压平养护1d。

4）刷第二道防水素水泥浆：在上层防水砂浆表面硬化后，再用防水素水泥浆按上述方法再刷一遍，要求涂刷均匀，不得漏刷。

5）抹面层防水砂浆：待第二道素水泥浆收水发白后，就可抹面层防水砂浆，配比同前底层防水砂浆，厚度为5mm左右，用木抹子搓平压实外，再用钢皮抹子压光。

6）刷最后一道防水素水泥浆：待面层防水砂浆初凝后，就可以刷最后一道防水素水泥浆，并压实、压光，使其面层防水砂浆紧密结合。其配合比水泥:防水油＝1:0.01，加适量水。

当用防水粉时，其掺入量为水泥重量的3%～5%。防水素水泥浆要随拌随用，时间不得超过45min。

7）养护　养护时间应在抹水泥砂浆层终凝后，在表面呈灰白时进行。一开始要洒水养护，使水能被砂浆吸收。待砂浆达到一定强度后方可浇水养护。养护时间不少于7d，如采用矿渣水泥，应不少于14d。其养护温度不低于15℃。

2．保温灰浆抹灰

（1）保温灰浆的材料及配制

保温灰浆是以膨胀珍珠岩为骨料、以水泥或石灰膏为胶结材料，按一定比例混合搅拌而成的。广泛应用于保温、隔热要求较高的墙体抹灰。

保温灰浆的体积配合比为石灰:膨胀珍珠岩＝1:4～5或水泥:膨胀珍珠岩＝1:5，稠度控制在80～100mm。

采用机械搅拌时，搅拌时间不宜过长。如掺入1%～3%的泡沫剂，能提高其和易性。

（2）保温灰浆的操作工艺要点

保温灰浆抹灰如同石灰砂浆抹灰。一般分两层和三层操作，厚度不超过 15mm，大致分底、中、面层三层。底层采用 1:4、中层也采用 1:4、面层采用 1:3 石灰膨胀珍珠岩灰浆罩面。抹完底层灰后，隔夜再抹中层，待中层稍干时再用木抹搓平。抹灰时，一道横抹，一道竖抹。相互垂直。刮杠、搓平时，用力不要过大。抹子压光后，有时为了美观，面层灰改为纸筋灰罩面，分两遍完成，要求同一般抹灰。

3．耐酸砂浆抹灰

（1）耐酸砂浆材料及配制

水玻璃：模数为 2.6~2.8，密度为 $1.4~1.45/cm^3$。

氟硅酸钠：白灰色或浅黄色粉末，纯度不低于 95%。

耐酸粉：有石英粉、绿辉岩粉、瓷粉、安山岩粉等。要求耐酸率不小于 94%。

耐酸砂：常用石英砂，耐酸率不小于 94%，含泥量不大于 2%。

耐酸胶泥的配制是先将耐酸粉和氟硅酸钠拌和均匀，徐徐加入水玻璃，要在 5min 内不断搅拌均匀制成耐酸胶泥。每次拌和量应在半小时内用完。其配合比是水玻璃:氟硅酸钠:耐酸粉 = 1:（0.15~0.18）:（2.2~2.7），稠度为 7~15cm。耐酸砂浆除加耐酸砂外，配制方法相同。砂浆稠度 4~6cm。

（2）耐酸砂浆操作工艺要点

耐酸砂浆施工环境以 15°~30℃ 为宜，基层表面清理干净，凹凸不平处要以 1:3 水泥砂浆抹平，并要求基层湿度不大于 5%。基层处理时要先用硬毛刷子蘸耐酸胶泥以相互垂直的方向分两次涂在基层表面上。两次时间间隔 12~24h，要求涂刷均匀无气泡。待耐酸胶泥干燥后，分层抹耐酸砂浆。每次约 3~5mm，一直抹到符合设计要求为止。每层间隔 12h。抹灰时要求用力沿同一方向连续抹平，不允许来回抹压。每涂抹一层待终凝后，要检查表面有无脱层、空鼓或表面起皱等现象。方可进行第二层涂抹。除面层外，其他各层均不应压光，摆角和转角抹成圆弧形。

养护要在干燥环境下，气温达到 15℃ 以上养护 20d，并严禁浇水。养护完进行酸洗处理。方法是用浓度 30% ~ 60% 的硫酸刷洗表面。每次刷洗间隔 8h，一般不少于 4 次。酸洗后，出现白色结晶物，要在下刷洗前擦去，直至表面不析出结晶为止。

4.耐热砂浆抹灰

(1)耐热砂浆的材料及配制

水泥：矾土水泥、强度等级不低于 32.5，并不得含有石灰石，以免影响砂浆强度和稳定性。

耐水泥：用耐火砖，粘土砖经碾碎成粉末，细度要求过 4900 孔/cm² 的筛子。

细骨料：用耐火砖屑，细度同水泥砂浆中砂的颗粒与级配，要求清洁干燥。

耐火砂浆的配制，原则上由实验确定，其参考配合比应为水泥:耐水泥:细骨料 = 1:0.66:3.3。砂浆配制计量要准确，事先将细骨料浇水湿润，以免吸水多影响砂浆的和易性，搅拌时要较普通水泥砂浆延长一些时间。

(2)耐热砂浆的操作工艺要点

基层的处理、操作方法同一般水泥砂浆抹灰，养护要求同防水砂浆的标准。

5.重晶石砂浆抹灰

(1)重晶石砂浆的材料及配制

防射线抹灰所用的重晶石材料、配合比、稠度等要严格按设计的要求，并经试验确定。

水泥：普通硅酸盐水泥、强度等级 42.5。

砂：洁净中砂，含泥量低于 2%。

重晶石（钡砂）：粒径 0.6 ~ 1.2mm，洁净无杂质，过 0.3mm 筛。

砂浆配合比：水泥:重晶石粉:重晶石砂:水 = 1:0.25:3.5:0.48。配制砂浆时，按比例将重晶石粉与水泥拌和，加入重晶石砂，后加水搅拌均匀。拌和用水最好加温 40～50℃。

（2）重晶石砂浆操作工艺要点

墙面基层认真清理，凹凸不平用 1:3 水泥砂浆补平。浇水湿润，抹灰分层进行。每层约 4mm，要求一遍竖抹，一遍横抹。连续操作不留施工缝。抹完 0.5h 再压一遍，将表面扫毛，隔 24h 后方可抹第二层，最后收浆后用铁抹子压光。阴阳角要抹成圆弧形。以防棱角开裂。每遍完成，适时用喷雾器喷水养护。工程完工，持续养护 14d。

6．特种砂浆抹灰质量通病及防治

（1）防水层表面起砂、起粉产生原因

1）水泥强度等级偏低。砂含泥量大、颗粒级配过细。降低了防水层强度。

2）养护时间过短，防水层硬化过程中过早脱水。

（2）防止防水层表面起砂、起粉的措施

1）材料质量应符合设计要求，水泥的品种和强度符合规范规定。

2）防水层压光交活，要在水泥终凝前完成，压光要在三遍以上。

3）加强养护措施，防止防水层早期脱水。

（3）保温隔热层的功能不良的产生原因

1）使用不合格膨胀珍珠岩，使保温层容重偏高。

2）保温量含水量加大，保温效果下降。

3）保温层厚度不够，铺灰不准确。

4）未经过热工计算，随意套用。

（4）防止保温隔热层功能不良的措施

1）保温材料符合质量标准。

2）使用人工拌和，加强含水率测试。

3）控制铺灰厚度，确保保温层厚度

4）严格设计程序。

（5）耐酸砂浆硬化过快或过慢，致使砂浆强度不够、性能较

差的原因

1）硬化慢，因为氟硅酸钠受潮变质或纯度低有关。

2）硬化快，因氟硅酸钠过量。

3）强度低，性能差。往往因为水玻璃模数低于 2.5，氧化硅和硅酸钠含量少，影响强度、抗渗和耐蚀性。

（6）防止耐酸防浆硬化过快、过慢、砂浆强度低、性能差的措施

1）严格选用材料，把住质量关。

2）严格施工配合比，不得随意改变。

3）原材料现场低于 10℃，采取加温措施。

4）保证足够的养护时间。

（九）机械喷涂抹灰

一般抹灰的传统工艺是手工抹灰，随着抹灰机械的发展，一般抹灰采用机械抹灰已得到广泛的应用，它具有劳动强度低、施工进度提高等优点。

1. 机械抹灰原理

机械抹灰就是把搅拌好的砂浆，经振动筛后倾入灰浆输送泵，通过管道，再借助于空气压缩机的压力，连续均匀地喷涂于墙面或顶棚上，再经过找平搓实，完成

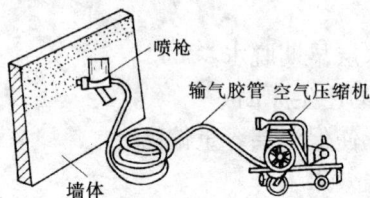

图 4-24　机械抹灰

底子灰全部程序。见图 4-24。

2. 机械抹灰适用范围

由于灰浆泵的垂直输送距离的限制，灰浆泵只能输送较稀的砂浆。由于砂浆含水量大，喷在墙上后干缩较大，易于干裂，并且机喷容易玷污已完成的装修成品，所以在机械喷涂前采用防护措施，分层喷涂。水泥砂浆容易离析沉淀，所以机械抹灰只能用

于大面积的内外墙壁和顶棚石灰砂浆，混合砂浆及纸筋石灰。

3．施工准备

（1）材料与稠度

与一般抹灰的要求相同。但要选择合适的砂浆稠度，用于混凝土基层表面时为9～10cm，用于砖墙表面时为10～12cm。

（2）工具与机具

手推车、砂浆搅拌机、振动筛、灰浆输送泵、输送钢管、空气压缩机、输浆胶管、空气输送胶管，分叉管、大泵、小泵、喷枪头及手工抹灰工具。

（3）作业条件

主体结构已检查合格、已安装好室内外管线。组装车、机械、管道都已就位。

4．工艺顺序

基层处理→做标志块→冲筋→喷底灰→托大板→刮杠→搓抹子→清理→罩面灰喷涂

5．操作要点

（1）基层处理、做标志块与手工抹灰相同。

（2）冲筋

内墙冲筋可分两种形式，一种是冲横筋，在屋内净空3m以内的墙面上冲两道横筋，上下间距2m左右，下道筋可在踢脚板上皮；另一种为立筋，间距在1.2～1.5m左右，作为刮杠的标准。每步架都要冲筋。

（3）喷底灰

喷灰姿势。持喷枪姿势如图4-25所示。喷枪操作者侧身而立，身体右侧近墙，右手在前握住喷枪上方，左手在后握

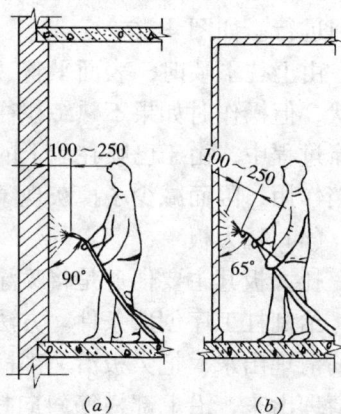

图4-25　喷枪角度示意

（a）吸水性大的立墙；

（b）吸水性小的立墙

住胶管，两脚叉开，左右往复喷灰，前挡喷完后，往后退喷第二挡。喷枪口与墙面的距离一般控制在 10～30cm 范围内。

喷灰方法。喷的方法有两种；一种方法是由上往下喷，一种是由下往上喷。后者优点较多，最好采用这种方法。

在喷枪嘴距离和空压气的调节下，对于顺水性较强或干燥的墙面和灰层厚的墙面喷灰时，喷嘴和墙面保持在 10～25cm 并成 90°角。对于比较潮湿的吸水性弱的墙或者是灰层较薄的墙，喷枪嘴距墙远一些，一般在 15～30cm 左右，并与墙成 65°角。

压缩空气通过枪头上的空气调节阀来控制。空气量过小砂浆喷不到墙上，过大砂浆又从墙上飞溅过来。抹灰厚度厚，基层比较干，吸水性大、空气量要小些。抹灰厚度薄基层吸水性小，比较潮湿，空气量要大些，这样可以喷得薄些、匀些。

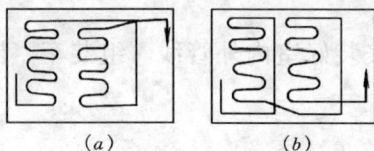

图 4-26　内墙喷涂路线
(a) 由下往上喷；(b) 由上往下喷

喷灰路线。内墙面喷灰线路可按由下往上和由上往下的 S 形巡回进行。如图 4-26。

由上往下喷时，表面平整，灰层均匀，容易掌握厚度，无鱼鳞状，但操作时如果不熟练往往容易掉灰。由下往上喷射时，在喷涂过程中，由于已喷在墙上的灰浆对连续喷涂在上部灰浆能起截挡作用，因而减少了掉灰现象，在施工中最好采用这种方法。

(4) 托大板

托大板其主要任务是将喷涂于墙面的砂浆取高补低，初步找平，给刮杠工序创造条件。方法：在喷完一长块之后，先把下部横筋清理出来，把大板沿上部横筋斜向往上托一板，再把上面横筋清理出来，沿上部横筋斜向托一板，最后在中部往上平托板，使喷灰层的砂浆基本平整。

(5) 刮杠

刮杠是根据冲筋厚度把多余的砂浆刮掉，并稍加搓揉压实，

118

确保墙面平直，为下一道抹灰工序创造条件。刮杠的方法是当砂浆喷涂于墙上后，刮杠人员紧随在托大板的后边，随喷、随托、随刮。第一次喷涂后用大杠略刮一下，主要是把喷溅到筋上的砂浆刮掉。待砂浆稍干后再喷第二遍，随即第二次刮杠，找平揉实。刮杠时，长杠紧贴上下两筋，前棱稍张开，上下刮杠，并向前移动。刮杠人员要随时告诉喷枪手哪里要补喷，以保证工程质量。

（6）搓抹子

其主要作用是把喷涂于墙面上的砂浆，通过托大板，刮杠等基本找平后，由它最后搓平，以及修补，为罩面工作创造工作面。它的操作方法与手工抹灰操作方法基本相同。

（7）清理

清理落地灰是一项重要工序，否则会给下一道工序造成困难，同时也是节约材料的一项措施，清理工必须及时把落地灰通过灰溜子倾倒下，以便再稍加石灰膏通过组装车搅拌后重新使用。

（8）罩面灰喷涂

机械喷涂罩面灰，应在底层灰达到七八成干，水泥墙裙，踢脚板及门窗护角等全部抹完，室内全部清理干净后进行。

罩面灰配合比为石灰膏：纸筋 $= 100 : (2.4 \sim 2.9)$（重量比）。纸筋石灰浆的稠度为 $9 \sim 12 cm$。搅拌完的纸筋石灰浆应放在大灰槽内静置 $16 \sim 24 h$，以防止压光后罩面层龟裂。

喷涂前，应在底层灰上洒水湿润，但表面不应有水珠。

操作时，一般一次喷 $2 mm$ 厚。喷墙面时，喷枪嘴距墙面 $20 \sim 30 cm$。喷门窗口角时喷枪嘴距墙面 $10 \sim 15 cm$，为避免喷在门窗框上，喷枪距墙要近，喷枪和门窗框面夹角要小，喷气量也要小，喷枪灰束中心线和墙面夹角以 $60° \sim 90°$ 为宜，以使其散射面小一些。每喷完一段后，操软刮尺者要随即将喷在墙面上的罩面灰由下向上刮平，阴阳角和门窗口角的罩面灰可用铁抹子刮平，并用塑料抹子找平及压实，一般应压 $3 \sim 4$ 遍，最后用压子压光。上部 $1/3$ 墙面压光后，拆除架子，以便进行下部 $2/3$ 墙面的罩面灰喷涂和抹压。

喷涂人员必须与刮平压实压光人员密切配合，如刮平压实压光操作人员跟不上，喷涂人员应稍停等待，否则罩面灰硬化后，无法操作。

复 习 题

1. 室内墙面抹灰的操作顺序是什么？
2. 抹纸筋灰面层的方法是怎样的？
3. 在混凝土基层上抹水泥砂浆应对基层如何处理？
4. 抹钢筋混凝土现浇顶棚的基层处理是怎样的？
5. 简述水泥砂浆地面的操作方法。
6. 楼梯踏步找规矩的方法是什么？
7. 外窗台抹灰的顺序是什么？
8. 檐口抹灰有哪些操作要求？
9. 方柱抹灰有哪些操作工艺要点？
10. 防水层的五层做法（掺加防水剂）的各层用料与厚度是怎样确定的？怎样进行施工？

五、装饰抹灰工程

装饰抹灰是在一般抹灰的基础上发展起来的传统工艺。装饰抹灰采用了抹灰技术和艺术处理统一的方法如分格、分色、线条凹凸处理等使建筑物在保持其耐久性功能同时又达到了天然美观的艺术效果。长期以来，在我国各地广泛应用，但其也有不足之处，如操作技术高、湿作业量大，能源消耗大，部分作业还带来污染等问题。因此，国家新规范重新规定了装饰抹灰的内容和标准，使其得到了更加广泛的、健康的发展。

（一）水刷石抹灰

1. 施工准备

（1）材料

1）水泥：选用普通硅酸盐、矿渣硅酸盐水泥以及白水泥、强度等级 32.5 以上。要求同批号、同厂家，并经过复验。

2）砂：质地坚硬的中砂，且含泥量不大于 3%。使用前经过 5mm 筛子。

3）石渣：洁净、坚实、按粒径、颜色分堆，粒径分为大八厘 8mm，中八厘 6mm，小八厘 4mm。如需颜料应选用耐光、耐碱的矿物颜料。

4）石灰膏：陈伏期不少于 30d，洁净不含杂质与未熟化的颗粒。

（2）机具与工具

砂浆搅拌机、手压泵、灰桶、灰勺、小车、铁、木抹子、木杠、靠尺、方尺、毛刷、分格条等。

（3）作业条件

1）结构工程已验收合格，预留孔、预埋件、均已处理好、门窗框已安装，缝隙已填实。

2）满足水刷石施工的外架子已搭好，通过安全检查。

3）大面积施工已做好样板，并已通过并有专人统一配料。

2．工艺顺序

基层处理→找规矩、抹灰饼→抹底层砂浆→粘分格条→抹石渣浆→修整、压实→冲洗→起分格条

3．操作要点

（1）基层处理

基体为砖墙，则须在抹灰前将尘土、污垢及油渍清扫干净、堵好脚手眼、浇水湿润即可。若基体为混凝土墙板，必须将其表面凿毛，板面酥皮剔净，用钢丝刷将粉尘刷掉，清水冲洗。并要用火碱水将混凝土板表面油污刷净，冲洗晾干。或采用"毛化"处理方法。前面已说明过其作法。

（2）找规矩、抹灰饼

多层建筑物，可用特制的大线坠从顶层往下吊垂直、并绷紧铁丝后，按铁丝垂直度在墙的大角、门窗洞口两侧分层抹灰饼，至少保证每步架有一个灰饼。若为高层，则需用经纬仪在大角、门窗洞口两侧打垂直线，并按线分层、每步架找矩矩抹灰饼，使横竖方向达到平整、垂直。

（3）抹底层砂浆

在墙体充分湿润的条件下首先抹灰饼冲筋，随即紧跟分层分遍抹底层砂浆，配比采用 1:0.5:4 水泥混合砂浆打底，刮平后，用木抹子压实、找平、搓毛表面。底层灰完成后第二天，视底灰的干燥程度洒水湿润，开始抹中层灰，配合比同底层。要刮平、压实搓粗表面。

（4）粘分格条

待中层灰养护至六七成干时，即可按设计要求弹线分格，粘分格条。若设计无要求时，分格线的短边以不大于 1.5m 为宜，

或以窗的上下口线分格，太长则影响操作。分格缝的宽度一般不少于20mm，做法与一般抹灰相同。

（5）抹石渣浆

先刮一道内掺10％的胶粘剂水泥浆（或水灰比为0.4的素水泥浆）作为结合层，随即抹面层水泥石渣浆。抹时在每一分格内从下边抹起，边抹边拍打，边揉平。操作时要避免用铁抹子前半部压浆。而应用铁抹子中间部分平压。这样接槎平整，石渣浆压实均匀，且效率高。抹完一块后用直尺检查，不平处及时补好。并把露出的石渣尖棱轻轻拍平。同一平面的面层要求一次完成，不宜留设施工缝。必须留施工缝时，应留在分格条的位置上。施工过程中，一定要随时把握面层的吸水速度。使面层抹灰控制在最佳状态。

阴角抹石渣浆一定要吊线，将用水浸湿的刨光木板条临时固定在一侧，做完以后用靠尺靠在已抹好石渣浆的一侧，再做未抹好的一侧，接头处石渣要交错，避免出现黑边。阴角可用短靠尺顺阴角轻轻拍打，使之顺直。在阴、阳角转角处应多压几遍，并用刷子蘸水刷一遍，在阳角处应向外刷，然后再压，再刷一遍，如此反复不少于3次。最后用抹子拍平，达到石渣大面朝外，排列紧密均匀。

（6）修整、压实

将已抹好的石渣面层修整拍平、压实。逐步将石粒间隙内水泥浆挤出，用水刷子蘸水将水泥浆刷去，重新修整、压实，直至反复进行3～4遍，待面层初凝，以指捺无痕，用水刷子刷不掉石粒为度。

（7）冲洗，喷刷

当面层灰浆达到一定强度，对石子有较好的握裹力后，即开始冲洗、喷刷：先用刷子蘸水将石渣刷至露出灰浆1/3粒径时，再用喷雾器喷刷。先将墙四周相邻部位喷湿，然后从上往下顺序喷水。喷刷要均匀，喷头离墙10～20cm，将表面和石粒间的水泥浆冲出，最终使石渣露出1/2粒径为止，达到清晰可见，均匀密布。冲阳角时应骑角喷刷，以保证棱角明晰整齐。最后用小水壶从上往下冲洗干净。如果面层错过喷刷最佳时机已开始硬结，可用3%～5%稀盐酸溶液冲刷，然后用清水冲净。

（8）起分格条

在面层冲洗、喷刷完毕后，即可用抹子柄敲击分格条，并用小鸭嘴抹子扎入分格条上下活动，将其轻轻起出。然后用小溜子找平，用刷子刷光理直缝角，并用素灰将缝格修补平直，颜色一致。

4．白水泥水刷石

在高级装修工程中，往往采用白水泥白石渣或其他色彩石渣的水刷石，以求得更加洁白雅致的饰面效果。白水泥中一般不得掺石灰膏。但有时为改善操作条件，可以掺石膏，但掺量应不超过水泥用量的20%，否则将影响白水泥石渣浆的强度。

白水泥水刷石的操作方法与普通水泥水刷石相同，但要保证施工工具洁净，防止污染，冲刷石渣时，水流要慢些，仔细要防止掉石渣，最后用稀草酸溶液冲洗一遍，再用清水冲净。

5．水刷石抹灰质量通病及防治

（1）水刷石石子不均匀或脱落，饰面浑浊不清晰的产生原因

1）石渣使用前没有洗净过筛。

2）分格条粘贴操作不当。

3）底子在干湿程度掌握不好。

4）水刷石喷刷操作不当。

（2）预防水刷石石子不均匀或脱落，饰面浑浊不清晰的措施

1）石渣使用前应先过筛，清水冲洗后晾干，堆放用苫布遮盖好，防止二次污染。

2）分格条使用前在水中浸透，以增加其韧性便于粘贴，保证起条时灰缝整齐和不掉石渣。

3）罩面抹灰时，掌握好底子灰的干湿程度。

4）掌握好水刷石的喷洗时间。

5）接槎处喷洗前，应先把已经完成的水刷石墙面喷湿 30cm 左右，然后再由上往下喷洗，否则浆水容易溅污已完成的墙面。

（二）干粘石抹灰

干粘石抹灰工艺是水刷石抹灰的代用工艺技术，有水刷石的同样效果，却比水刷石造价低，施工进度快。但不如水刷石坚固、耐久。随着粘结剂在建筑饰面抹灰中的广泛应用，在干粘石的粘结层砂浆掺入适量粘结剂，并逐渐从手工甩石粒改为机喷石，不仅使粘结层厚度比原来的减小，且粘结层与基层，石渣的粘结更牢固了，从而显著提高了装饰质量的耐久性。干粘石一般多用于两层以上楼房的外墙装饰。

1．施工准备

（1）材料

基本与水刷石相同的材料准备。

（2）机具与工具

除常用机具外还有 0.6～0.8MPa 的空压机、干粘石喷枪（喷石机）、木制托盘、塑料滚子、小木拍、接石筛及抹灰手工工具等。

（3）作业条件

与水刷石要求相同。

2．工艺顺序

基层处理→抹底、中层砂浆→粘分格条→抹粘结层→甩石粒→拍压→养护。

3．操作要点

（1）基层处理

对基层为砖墙或混凝土板墙的处理方法同上节水刷石基层处理方法相同。

125

(2) 抹底、中层砂浆

基层处理合格后如同水刷石一样要求吊线找垂直，找规矩抹灰饼冲筋后就可以抹底层砂浆。在抹底灰前，先刷一道掺10%水重的粘结剂的素水泥浆。可以两人配合操作，一人抹素水泥浆，另一人在后抹底层砂浆。一般使用1:3水泥砂浆，常温时也可掺石灰膏。采用1:0.5:4＝水泥:石灰膏:砂的混合砂浆。底层灰抹完后第二天底层灰凝结后，再洒水湿润抹中层灰，可采用与底层灰同样配比。中层灰抹至与冲筋平，再用木杠横竖刮平，木抹子搓毛，终凝后浇水养护。

(3) 粘分格条

干粘石粘分格条的目的是为了保证施工质量，以及分段、分块操作的方便。如无设计要求，分格条短边以不大于1.5m为宜，宽度视建筑物高度及体型而定，一般木制分格条不小于20mm为宜。也可采用玻璃条，其优点是分格呈线型，无毛边，且不起条，一次成活。嵌固玻璃条的操作方法与粘贴木条一样。分格线弹好后，将3mm厚的玻璃条，宽度按面层厚度（木条也不应超过面层厚度），用水泥浆粘于底灰上，然后抹出60°或近似弧形边，把玻璃条嵌牢。并用排笔抹掉上面的灰浆，以免污染。

(4) 抹石粒粘结层

干粘石的石粒粘结层现在多采用聚合物水泥砂浆配合比为水泥:石灰膏:砂:胶粘剂＝1:1:2:0.2，其厚度根据石粒的粒径来选择。小八厘石粒抹粘结层厚度为4～5mm，如采用中八厘则为5～6mm。一般抹石粒粘结层应低于分格条1～2mm。粘结层要抹平，按分格大小一次抹一块，避免在分块内甩槎。

(5) 甩石粒

粘结层抹好后，稍停即可往粘结层上甩石粒。此时粘结层砂浆的干湿度很重要。过干，石渣粘不上，过湿，砂浆会流淌。一般以手按上去有窝，但没水迹为好。甩石渣时，一手拿木拍，一手拿料盘。木拍和料盘的形式可见图5-1、图5-2所示。

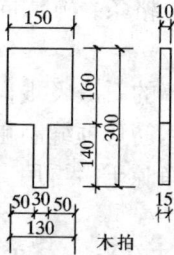

图 5-1　木拍

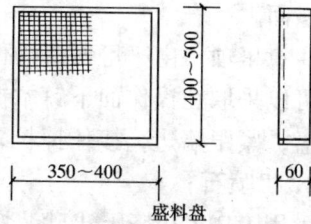

图 5-2　盛料盘

甩石渣时，用木拍铲料盘中的石渣，反手甩到墙。甩时动作要快，注意甩撒均匀，用力轻重适宜。边角处应先甩，使石渣均匀地嵌入粘结层砂浆中。如发现石渣甩的不均匀或过稀现象，可用抹子直接补粘，否则会出现死坑或裂缝。下边部分因水分大，宜最后甩。

（6）拍压

当粘结层上均匀地粘上一层石渣后，开始拍压。即用抹子或橡胶（塑料）滚子轻压赶平。使石渣嵌牢。使石渣嵌入砂浆粘结层内深度不小于 1/2 粒径，并同时将突出部分及下坠部分轻轻赶平。使表面平整坚实，石渣大面朝外。拍压时要注意用力适当，用力过大会把灰浆拍出来，造成翻浆糊面，影响美观；用力过小，石渣与砂浆粘结不牢，容易掉粒。并且不要反复拍打，滚压，以防泛水出浆或形成阴印。整个操作时间不应超过 45min，即初凝前完成全部操作。要求表面平整，色泽均匀，线条清晰。

对于阴角处干粘石操作应从角的两侧同时进行，否则当一侧的石渣粘上去后，在边角口的砂浆收水，另一侧的石渣就不易粘上去，形成黑边。阴角处做法与大面积施工方法相同，但要保证粘结层砂浆刮直、刮平、石渣甩上去要压平，以免两面相对时出现阴角不直或相互污染现象。

（7）养护

干粘石成活后不能马上淋水，应在 24h 后，洒水养护 2～3d。未达强度标准时，要防止碰撞、触动，以免石粒脱落；干粘石墙面拍压平整，石粒饱满时，即可取出分格条，方法同上节水刷石墙面。

注意事项：由于甩石渣操作，未粘上墙的石渣飞溅，造成浪费。可以采取在操作面下钉木接料盘或用钢筋弯框缝制粗布做成盛料盘，紧跟墙边，接住掉粒，回收后洗净晾干后再用。

4. 机喷石

采用 UBJ2.0 挤压式砂浆泵，其工作压力为 1.5MPa，喷斗的喷嘴口径为 8mm，当分格区内抹好粘结层后，应立即进行喷石渣，用喷斗从左向右，由下而上进行喷粘石渣。喷斗嘴应与墙面垂直，要求距离控制在 30～50cm，一人手持喷枪，一人不断地向喷枪的漏斗装石渣，同时可稍加水湿润，掌握好空压机的压力、气量要适当，使石渣均匀、密实、粘贴牢固。

5. 干粘石抹灰质量通病和防治

（1）干粘石抹灰空鼓产生的原因

1）砖墙基层灰浆、泥浆等杂物未清理干净。

2）混凝土表面基层残留的隔离剂、酥皮等未处理干净。

3）加气混凝土基层表面粉尘细灰清理不干净或表面抹灰砂浆强度过高。

4）施工前基层浇水不透。

（2）干粘石抹灰空鼓的预防措施

1）钢模生产的混凝土制品宜用 10% 的火碱水溶液将隔离剂清洗干净，混凝土表面的空鼓、酥皮应敲掉刷毛。

2）施工前，把各基层表面的粉尘、油渍、污垢等杂物清理干净。

3）基层表面凹凸不平超出偏差，凹处分层抹平，凸处剔平处理。

（3）干粘石抹灰面层滑坠产生原因

1）底层灰抹得不平，凹凸相差大于 5mm 以上时，灰层厚的地易产生滑坠。

2）拍打过分，产生翻浆或灰层收缩，产生裂缝形成滑坠。

3）雨季施工时，雨水过多，容易产生滑坠。

（4）防止干粘石抹灰面层滑坠的措施

1）底灰一定抹平直，凹凸误差应小于 5mm。

2）根据施工季节，严格掌握好对基层的浇水量。

（5）干粘石接槎、抹痕明显产生的原因

1）面层抹灰和粘石操作衔接不及时，使石渣粘接不良。

2）分格较大，不能连续粘完一格，接槎处灰干粘不上石渣。

3）接槎处难以抹平，或新灰粘在接槎处不粘上，或将接槎处石渣碰掉，都会造成明显的接槎。

4）由于粘石灰浆太稀，粘上石渣以后用抹子溜抹，边溜边接，形成鱼鳞抹痕。

（6）预防干粘石接槎、抹痕明显措施

1）施工前，检查分格情况，制定减少接槎的措施。

2）脚手架高度调配好，避免不必要接槎。

3）掌握好灰浆的水灰比和稠度，按照干湿程度，随粘石渣随拍平。

（三）斩假石抹灰

斩假石是在石粒砂浆抹灰面层上用斩琢加工制成人造石材状的一种装饰抹灰。斩假石又称剁斧石，由于其装饰效果好，一般多用于外墙面、勒脚、室外台阶，纪念性建筑物的外装饰抹灰。

1. 施工准备

（1）材料

1）水泥：普通硅酸盐水泥或白水泥。强度等级不小于32.5。

2）砂：中砂、过筛。含泥量不得大于 3%。

3）石粒：坚硬岩石（白云石、大理石）制成，粒径采用小八厘（4mm 以下）。

4）颜料：采用耐光耐碱的矿物颜料，其掺入量一般不大于水泥重量的 5%。

(2) 机具与工具

一般抹灰的常用工具外还有斩假石专用工具：单刃斧、多刃斧、棱点锤、錾子、线条模板、钢丝刷、扁凿、等。

(3) 作业条件

1) 结构工程已验收合格

2) 做台阶时，要把门窗框立好并固定牢固。

3) 墙面施工搭好脚手架，符合施工要求。

2. 工艺顺序

基层处理→找规矩、抹灰饼→抹底层砂浆→抹面层石粒浆→剁石

3. 操作要点

(1) 基层处理

砖墙除要清理干净外，把脚手眼要堵好，并浇水湿润。对混凝土墙板可进行"凿毛"和"毛化"两种处理方法。

(2) 找规矩、抹灰饼

把墙面、柱面、四周大角及门窗口角，用线坠吊垂直线，然后确定灰饼的厚度，贴灰饼找直及平整度。横线以楼层为水平基线或用 ±0.000 标高线交圈控制抹灰饼，并以灰饼为基准点冲筋、套方、找规矩，做到横平竖直、上下交圈。

(3) 抹底层砂浆

在抹底层砂浆前，先将基层浇湿润，然后刷一道掺水重 10% 胶结剂的素水泥浆。最好两人配合操作，前面一人刷素水泥浆，另一人紧跟着用 1:3 水泥砂浆按冲筋分层分遍抹底层灰。要求第一遍厚度为 5mm，抹好后用扫帚扫毛；待前一遍抹灰层凝结后，抹第二遍灰，其厚度约 6~8mm，这样就完成底层和中层抹灰层，用刮杠刮平整，木抹子搓实、压平后再扫毛，墙面的阴阳角要垂直方正，待终凝后浇水养护。

台阶的底层灰也要根据踏步的宽和高垫好靠尺分遍抹水泥砂浆 (1:3)。要刮平、搓实、抹平，使每步的宽度和高度要一致，

台阶面层向外坡度为1%。

（4）抹面层石粒浆

首先按设计要求在底子灰上进行分格、弹线，粘分格条。其方法可参照抹水泥砂浆方法。

在分格条有了一定强度后，就可以抹面层石粒浆。先满刮一遍（在分格条分区内）水灰比为0.4的素水泥浆，随即用1:1.25的水泥石粒浆抹面层，其厚度在10mm（与分格条平齐）。然后用铁抹子横竖反复压几遍直至赶平压实，边角无空隙。随后用毛刷蘸水把表面的水泥浆刷掉，使露出的石粒均匀一致。

面层石粒浆完成后24h开始浇水养护，常温下一般为5～7d，其强度达到5MPa，即面层产生一定强度但不太大，剁斧上去剁得动且石粒剁不掉为宜。

（5）剁石

斩剁前要按设计要求的留边宽度进行弹线，如无设计要求，每一方格的四边要留出20～30mm边条，作为镜边。斩剁的纹路依设计而定。为保证剁纹垂直和平行，可在分格内划垂直线控制。或在台阶上划平行及垂直线，控制剁纹保持与边线平行。

剁石时用力要一致，垂直于大面，顺着一个方向剁，以保证剁纹均匀。一般剁石的深度以石粒剁掉1/3比较适宜，使剁成的假石成品美观大方。

斩剁的顺序是先上后下，由左到右进行。先剁转角和四周边缘，后剁中间墙面。转角和四周宜剁水平纹，中间墙面剁垂直纹。每剁一行应随时将上面和竖向分格条取出，并及时用水泥浆将分块内的缝隙和小孔修补平整。

斩剁完成后，应用扫帚清扫干净。

4. 斩假石抹灰质量通病及防治

（1）斩假石抹灰层空鼓和裂缝产生原因

1）基层处理不当，形成抹灰层与基层粘结不好。

2）抹灰层过厚，易产生空鼓和裂缝。

3）砂浆受冻，失去强度。

（2）防止斩假石抹灰层空鼓和裂缝的措施

1）控制抹灰层总厚度，超过 35mm 时，采取加强措施。

2）重视基层处理工作，严格检查并加强养护工作。

3）斩假石抹灰宜安排在正温，不宜冬期施工。

（3）斩假石抹面有坑，剁纹不匀产生原因

1）开剁时间不对，面层强度低造成坑面。

2）剁纹不规矩，操作时用力不匀或斧刃不快造成。

（4）防止斩假石抹面有坑，剁纹不匀的措施

1）掌握好开剁时间，以试剁不掉石渣为准。

2）对上岗的新工人，进行培训，并做样板指导操作。

3）加强养护工作，保证养护时间。

（四）假面砖抹灰

假面砖抹灰是使用彩色砂浆仿釉面砖效果的一种装饰抹灰。这种抹灰造价低、操作简单，效果好，广泛应用于外墙面装饰。

1．施工准备

（1）材料

1）水泥

普通硅酸盐水泥、强度等级不小于 32.5。

2）砂

中、粗砂。含泥量不大于 3%。

3）彩色砂浆

一般按设计要求的色调合理调配，并先做出样板，确定标准配合比。其配合比可参考表 5-1。

彩色砂浆参考配合比（体积比）　　　　表 5-1

设计颜色	普通水泥	白水泥	石灰膏	颜料（按水泥量%）	细　砂
土黄色	5		1	氧化铁红（0.2~0.3） 氧化铁黄（0.1~0.2）	9
咖啡色	5		1	氧化铁红（0.5）	9

设计颜色	普通水泥	白水泥	石灰膏	颜料（按水泥量%）	细　砂
淡　黄		5		铬黄（0.9）	9
浅桃红		5		铬黄（0.9）、红珠（0.4）	白色细砂9
浅绿色		5		氧化铬绿（2）	白色细砂9
灰绿色	5		1	氧化铬绿（2）	白色细砂9
白　色		5			白色细砂9

（2）机具与工具

1）一般抹灰使用的常规机具砂浆搅拌机等。

2）抹灰常用的手工工具和制作假面砖专用工具。

刻度靠尺板：在普通靠尺板上划出假面砖尺寸的刻度。

铁梳子：用 2mm 厚钢板一端剪成锯齿形。如图 5-31（a）所示

铁钩子：用 $\phi6$ 钢筋砸成扁钩。如图 5-3（b）所示。

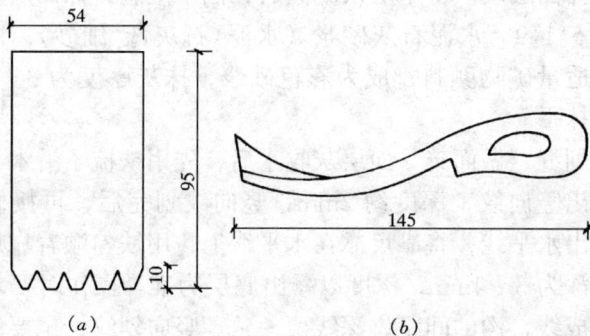

图 5-3　做假面砖的施工工具
（a）铁梳子；（b）铁钩子

（3）作业条件

1）结构墙体工程已验收合格。预留孔洞已处理好。脚手眼等已堵实。

2）满足施工要求架子已搭设好。

3）墙体样板已通过，配比已确定。并由专人统一配料。

2．工艺顺序

基层处理→找规矩、抹灰饼→抹底层、中层砂浆→弹线→抹面层灰→划缝、做面砖。

3．操作要点

（1）基层处理　清除基层表面灰尘、油污等杂物。

（2）找规矩、抹灰饼　主要是确定抹灰厚度方法同一般抹灰。

（3）抹底层、中层砂浆　在砖墙基层上洒水湿润后抹底层灰1∶3水泥砂浆，其厚度为6～8mm，如果是混凝土基层，则先刷一道素水泥浆后再抹底层灰。当底层灰初步凝结后，抹中层灰1∶1水泥砂浆，厚度为6～7mm。

（4）弹线　主要弹水平线，按每步架为一水平工作段，弹上、中、下三条水平通线，以便控制面层划沟平直度。

（5）抹面层灰　待中层灰凝固后，洒水湿润，抹面层灰，面层灰宜用5∶1∶9＝水泥石灰砂浆（水泥∶石灰膏∶细砂），按色彩需要掺入适量矿物颜料，成为彩色砂浆，抹灰厚度为3～4mm。并要压实抹平。

（6）划缝、做面砖　面层灰收水后，先用铁梳子沿木靠尺由上向下划出竖向纹，深度约2mm，竖向纹划完后，再接假面砖尺寸，弹出水平线，将靠尺靠在水平线上，用铁勾顺着靠尺横向划沟，沟深为3～4mm，深度以露出底层为准。操作时要求，划沟要水平成线，沟的间距、深线要一致。竖向划纹，也要垂直成线，深浅一致，水平灰缝要平直。

全部划好纹、沟后，清扫假面砖表面。

4．假面砖抹灰质量通病和防治

（1）假面砖面层色泽不一、抹面不平产生原因

1）彩色砂浆掺量配合比掌握不好，搅拌时间不够

2）假面砖抹面没有按操作规范（找规矩、抹灰饼、冲筋）去做。

（2）防止假面砖抹面色泽不一，抹面不平的措施

1）严格按配合比掺料，掌握机械搅拌时间。

2）培训新上岗人员，严格按抹灰操作规范去做。

（3）假面砖划沟深浅不一、横竖沟不直产生原因

1）每步架没有弹三条控制线。

2）没有按弹线沿靠尺板比着划，用力不均。

（4）防止假面砖划沟深浅不一、横竖沟不直的措施

1）严格要求按每步架为每一工作段上、中、下弹三条控制线。

2）划沟时，接线沿靠尺板划沟，用力要均匀。

（五）清水墙面勾缝抹灰

清水墙砌体可以是砖墙，也可以是石墙。在墙表面不作粉刷，只在砌体上作勾缝处理，这就是清水墙勾缝抹灰。勾缝不但起到了防水保温作用，还装饰了外墙面。

1．施工准备

（1）材料

1）水泥：选普通硅酸盐水泥、矿渣硅酸盐水泥、粉煤灰硅酸盐水泥。强度等级不低于 32.5。为了使灰缝颜色一致，要选用同品种，同标号和同批进场的水泥。性能质量应经复验合格。

2）砂：洁净的细砂，并要过窗纱筛。

3）粉煤灰：做为掺和料，拌和砂浆时按比例掺入。细度要求通过 4900 孔/cm^2 筛，筛余量为 11% ~29%。

4）颜料：耐碱、耐光的矿物颜料。

（2）机具与工具

砂浆搅拌机、扁凿子、锤子、粉线袋、托灰板、长溜子、短溜子、喷壶、小铁桶、细筛、小平锹、铁板、扫帚等一般抹灰工具。

（3）作业条件

1）脚手眼已堵砌。材料应与原墙面相同，颜色一致。

2）结构工程验收合格、门窗框安装完毕。

3）脚手架和安全网已搭好、检查符合要求。

2. 工艺顺序

基层处理→开、补缝→勾缝→清扫、养护。

3. 操作要点

（1）基层处理

包括墙面清理和浇水湿润两项内容。墙面清理即把墙面尘土、污垢、油渍应清除干净。为防止砂浆早期脱水，在勾缝前一天将墙面浇水湿润，天气特别干燥时，勾缝前可再适量浇水，但不宜太湿。

（2）开、补缝

首先要用粉线袋弹出立缝垂直线和水平线，以弹出的粉线为依据对不合格立缝和水平缝进行开缝。粘土砖清水墙，缝宽10mm，深度控制在 10～12mm，开缝后，将缝内残灰、杂物等清除干净；料石清水墙开缝，要求缝宽达 15～20mm，深度 15～20mm，要求缝平整、深浅一致。

（3）勾缝

勾缝使用 1:1 水泥细砂砂浆或 2:1:3 水泥:粉煤灰:细砂的混含砂浆。石材墙面采用 1:2 = 水泥:中砂的水泥砂浆。水泥砂浆稠度以勾缝溜子挑起不掉为宜。勾缝砂浆应随拌随用，不得使用过夜砂浆。

一般勾缝有四种形式、即平缝、斜缝、凹缝、凸缝，如图5-4 所示。

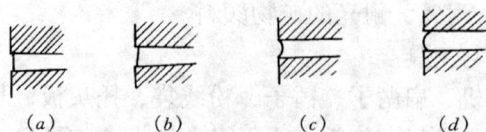

图 5-4　勾缝形式

（a）平缝；（b）斜缝；（c）凹缝；（d）凸缝

平缝操作简单，不易剥落，墙面平整，不易纳垢，特别是在空斗墙勾缝时应用最普遍。如设计无特殊要求，砖墙勾缝宜采用平缝。平缝有深浅之分，深的比墙面凹进 3～5mm，采用加浆勾缝方法，多用于外墙；浅的与墙面平，采用原浆勾缝，多用于内墙。

清水砖墙勾缝也有采用凹缝的，凹缝深度一般为 4～5mm。石墙勾缝应采用凸缝或平缝，毛石墙勾缝应保持砌筑的自然缝。

勾缝时用溜子把灰挑起来填嵌，俗称"叨缝"，主要是为了防止托灰板沾污墙面，但工效太低。

喂缝方法是将托灰板顶在墙水平缝的下口，边移动托灰板，边用溜子把灰浆推入砖缝，用长溜子来回压平整。外墙一般采用喂缝方法勾成平缝。凹进墙面 3～5mm，从上而下，自右向左进行，先勾水平缝，后勾立缝。要做到阳角方正，阴角处不能上下直通和瞎缝。水平缝和竖缝要深浅一致，密实光滑，接处平顺。要在墙面下铺板，接下落地灰拌和后再使用。

（4）清扫、养护

勾缝完毕，及时检查有无丢缝现象，特别细部部位如勒脚、腰线过梁上第一皮以及门窗框边侧，如发现漏掉的，要及时补勾后稍干，即用扫帚清扫墙面，特别是墙面上下棱边的余灰及时扫掉。"三分勾，七分扫"说明了清扫的重要性。全部工作完毕后，要注意加强养护，天气特别干燥时，可适当浇水，并注意成品保护。

复 习 题

1. 水刷石面层抹压到什么程度开始冲刷为好？应冲到什么程度？
2. 干粘石有几种做法？各有什么特点？
3. 干粘石施工中常见质量问题有哪些？如何预防？
4. 剁斧石面层应该什么时候开始斩剁？
5. 怎样控制假面砖的划沟间距尺寸？
6. 清水墙勾缝形式有几种？外墙勾缝常用的勾缝方法是什么？

六、饰面砖（板）粘贴与安装

本章内容包括了饰面砖粘贴和饰面板安装两大工程内容。从工程位置上又分为了室内和室外工程。

（一）饰面砖粘贴

饰面砖主要用于室内墙面、台面的叫瓷砖，又称瓷片，釉面砖，是指上釉的薄片状粗陶制品。

用于外墙饰面工程的陶瓷砖、玻璃马赛克等材料，统称外墙饰面砖。干压陶瓷砖和陶瓷劈离砖简称面砖，分有釉和无釉两种，一般为长方形，主要用于室外墙面。

1. 施工准备

（1）材料

1）水泥：普通硅酸盐水泥、白水泥。强度等级大于 32.5。水泥的凝结时间和安定性复验合格。

2）砂：选用中砂，使用前过筛。含泥量不大于 3%。

3）饰面砖、面砖：品种、规格按设计规定，并应有产品合格证。用于外墙的饰面砖宜采用背面有燕尾槽的产品。

4）矿物颜料。

5）胶粘剂：乳液等。严禁使用国家明令淘汰的材料。

（2）机具与工具

开刀、木锤、橡皮锤、铁铲、合金錾子、硬木拍板、扁錾、合金钢钻头、水平尺、方尺、托钱板、克丝钳子、线坠、墨斗、冲击钻、手电钻、切割机及抹灰工具等。

（3）作业条件

1）阳台栏杆，预留孔洞及排水管等应处理完毕，门窗框扇等固定好。脚手眼已堵好。

2）室内、室外都已搭好脚手架距离墙间不小于 15～20cm，以便于操作。

3）日最低气温在 0℃ 以上。

4）已做好样板，并经有关质量部门检查合格确认。

2．工艺顺序

（1）内墙面釉面砖粘贴工艺顺序

基层处理→找规矩、贴灰饼与冲筋→抹底层灰→选砖、排砖→弹线、贴标准点→垫底尺、粘贴瓷砖→擦缝。

（2）外墙面面砖粘贴工艺顺序

基层处理→挂线、贴灰饼→抹找平层→选砖、排砖→分格、弹线→粘贴面砖→勾缝→清理。

3．操作要点

（1）内墙面釉面砖粘贴操作要点

1）基层处理应符合下列规定：砖砌体，应清除表面杂物、尘土，抹灰前应洒水湿润。

混凝土，表面应凿毛或在表面洒水润湿后进行"毛化"处理（加适量胶粘剂）。

加气混凝土，应在湿润后边刷界面剂，边抹强度不大于 M5 的水泥混合砂浆。

2）找规矩、贴灰饼与冲筋：根据贴面砖的设计要求和墙面的平整度，通过吊垂直、套方找规矩的方法确定灰饼的厚度，一般先贴上口灰饼，在墙面两阴角处距离 10cm～20cm 处，用底层灰砂浆抹上两个标志块灰饼，然后进行吊垂直做墙面下部对应的灰饼，待下部的标志块灰饼贴好后，以上下标志块为依据拉小线做中间的灰饼，其灰饼之间的间距为 1.2～1.5m 左右，全部灰饼贴好后，就可以将墙面底层灰的冲筋做出来了。

3）抹底层灰：由于基层材料不一样，底子灰的材料和操作也都各不一样：

混凝土墙面抹底层灰：先用掺水重 10% 的乳液（胶粘剂）的素水泥浆薄薄地刷一道，然后紧跟前面用 1:3 水泥砂浆分层抹底层灰。每层厚度控制在 5～7mm，使底层砂浆与基层粘结牢固。底层砂浆抹平压实后，应将其扫毛或划毛。

加气混凝土抹底层灰：先刷一道掺水重 20% 的胶粘剂水溶液，紧跟着用 1:0.5:4 的水泥混合砂浆分层抹底灰。其厚度控制在 7mm 左右，进行刮平压实后扫毛或划出纹道，待终凝后浇水养护。

砖墙面抹底层灰　先将砖墙面浇水湿润，然后用 1:3 水泥砂浆分层抹底层灰，其厚度控制在 12mm 左右，在刮平压实后，扫毛或划纹道，待终凝后浇水养护。

4）叠砖、排砖：内墙瓷砖或釉面砖一般按 1mm 差距分类选出 1～3 个规格，选好后应根据房间大小计划好用料，一面墙或一间房间内尽量用同一规格的瓷砖。要求选用方正、平整、无裂纹、棱角完好、颜色均匀、表面无凹凸和扭翘等毛病的瓷砖，不合格的不能使用。

排砖是在底层灰有 6～7 成干时，就可以按施工图设计要求排砖，同一方向应粘贴尺寸一致的瓷砖。如果不能满足要求，应将数量较多，规格较大的瓷砖贴在下部，以便上部的瓷砖通过缝子宽窄来调整找齐。排砖要按粘贴顺序进行排列。一般由阴角开始粘贴，自下而上地进行，尽量使不成整块的瓷砖排在阴角处或次要部位。每面墙不宜有两列非整砖，并且非整砖宽度不宜小于整砖的 1/3。如遇有水池、镜框时，必须以水池、镜框为中心往两边分贴。

5）弹线、贴标准点：待砖层排好后，应在底层砂浆上弹垂直与水平控制线。一般竖线间距为 1m 左右，横线一般根据瓷砖规格尺寸每隔 5～10 块弹一水平控制线，作为确定水平及竖向控制标志。

标准点是用废瓷砖片粘贴在底层砂浆上，粘贴时将砖的棱角翘起，以棱角为粘贴瓷砖表面平整的标准点。做标准点用水泥：

石灰膏：砂＝1：0.1：3 水泥混合砂浆粘贴，粘贴好后，在标准点的棱角上拉直线，再在直线上拴活动的水平线，用来控制瓷砖的表面平整。做标准点时，上下用靠尺板找好垂直，横向用靠尺板找平。

6）垫底尺、粘贴瓷砖：根据计算好的最下一皮砖的下口标高，垫放好尺板作为第一皮砖下口的标准。底尺上皮一般比地面低 1cm 左右，以使地面压住墙面砖。底尺安放必须平稳，底尺的垫点间距应在 40cm 以内，以保证垫板牢固。

粘贴时，首先将规格一致的瓷砖清理干净，放入净水中浸泡 1h 以上，再取出后擦净水痕，阴干。然后用水泥：石灰膏：砂＝1：0.1：2.5 的混合砂浆，由下而上地进行粘贴。其方法是，垫好底尺后，挂线。再在瓷砖背面满刮砂浆，其厚度在 6～8mm，紧靠底尺上皮把砖贴在墙上，使灰挤满、挤牢，上口以水平线为准，再用小铲的木把轻轻敲瓷砖，贴好底层一皮砖后，再用靠尺板横向靠平，有不平处，再用小铲把敲平，有亏灰处应取下瓷砖添灰重贴，不得在砖口处塞灰，否则会发生空鼓。在门口或阳角以及长墙每隔 2m 应先竖向贴一排砖，作为墙面垂直。平整和砖层的标准，然后按此标准向两侧挂线粘贴。如图 6-1 所示。

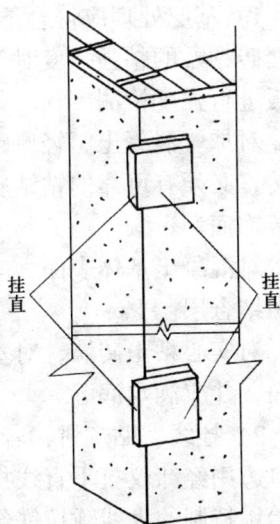

图 6-1 两面挂直示意图

瓷砖粘贴到上口必须平直成一线，上口用一面圆的瓷砖。阳角大面一侧必须用一面圆的配件砖，这一行的最上面一块必须用两圆的瓷砖。总之无论墙裙、浴盘、水池等上口和阴角，阳角处粘贴的瓷砖，都应使用配件砖。如墙面有孔洞，应先用瓷砖对准孔洞，上下左右划好位置，然后用裁切的切砖刀裁切，用胡桃钳钳去局部。整面墙不宜一次铺顶到顶，以防塌落。

7）擦缝：全部瓷砖粘贴完后，应自检一下是否有空鼓、不平、不直等现象，发现不符要求时应及时进行补救，然后用清水将砖面洗擦一遍，再用棉丝擦净，最后用长刷子蘸粥状白水泥素浆涂缝，再用麻布将缝子的素浆擦均匀，再把瓷砖表面擦干净即可。在整个粘贴瓷砖工程完成之后，要采取措施防止玷污和损坏。

（2）外墙面面砖粘贴操作要点

1）基层处理应符合下列规定：当基体的抗拉强度小于外墙饰面砖粘贴的粘强强度时，必须进行加固处理。加固后应对粘贴样板进行强度检测。

对加气混凝土、轻质砌块和轻质墙板等基体，若采用外墙饰面砖，必须有可靠的粘结质量保证措施，否则，不宜采用外墙饰面砖饰面。

对混凝土基体表面，应采用聚合物水泥砂浆或其他界面处理剂做结合层。

对实心粘土砖墙，对基层表面的尘土、污垢、油渍等应清除干净，并应洒水润湿。

2）挂线，贴灰饼：若建筑物为高层时，应在四周大角和门窗口边用经纬仪打垂直线找直，如果建筑物为多层时，可从顶层开始用特制的大线锤拉铁丝吊垂直，然后根据面砖的规格尺寸分层设点、做灰饼。墙面上每隔 1.5～2m 间距做标志块，并找准阳角方正，横线则以楼层为水平基线交圈控制，竖向线则以四周大角和通天柱或垛子为基准线控制，应全部是整砖。每层打底时则以此灰饼为基准点，进行冲筋，使底层做到横平竖直。同时要注意找好突出檐口、腰线、窗台、雨篷等饰面的流水坡度和滴水线（槽）。

3）抹找平层：抹找平层前应将基体表面湿润，并刷一道掺水重 10% 胶粘剂（乳液）的素水浆。紧跟着分层分遍抹找平层，一般采用 1:3 水泥砂浆，每层厚度不应大于 7mm，且应在前一层终凝后再抹第二遍，厚度约 8～12mm，总厚度不应大于 20mm，随即用木杠贴着冲筋将灰刮平，木抹子搓实搓毛，待终凝后浇水养护。

4）选砖、排砖：面砖应根据设计要求挑选规格一致、形状平整方正，不缺棱掉角，不开裂和脱釉，无凹凸扭曲，颜色均匀的砖块及配件。对于长宽尺寸不同的外墙面砖，可制作两个"凵"形木框进行选砖，分出大、中、小三类。

根据大样图及墙面尺寸进行横竖排砖，并确定接缝宽度，要求面砖接缝的宽度不应小于 5mm，不得采用密缝，缝深不宜大于 3mm。也可采用平缝。注意大面、通天柱、垛子要排整砖，在同一墙面上的横竖排列，均不得有一行以上的非整砖。非整砖行应排在次要部位或阴角处。但要注意一致和对称。

5）弹线、分格：外墙面砖粘贴前，应根据施工大样图统一弹线、分格。方法可采取在外墙阳角用钢丝拉垂线，根据阳角拉线。在墙面上每隔 1.5～2m 做出标志块。按大样图先弹出分层的水平线，然后弹出分格的垂直线。

离缝分格，则应按整块砖的尺寸分匀，确定分格缝（离缝）的尺寸，并按离缝实际宽度做分格条。分格条一般是刨光的米厘条，其宽度是 6～10mm，高度在 15mm 左右。

统一弹线，分格，一般要求横缝与碹脸或窗台取平。突出墙面的部分，如窗台、腰线阳角及滴水线的排砖方法，可按图 6-2 处理，需要注意的是正面面砖要往下空出 3mm 左右，底面面砖要留有流水坡度。

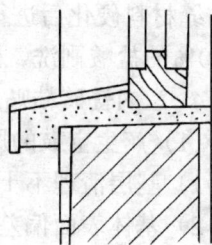

图 6-2　突出墙面部分贴法

6）粘贴面砖：在粘贴面砖前，应将面砖放入清水浸泡 2h 以上，后阴干备用，即以饰面砖表面有潮湿感但手按无水迹为准。

粘贴面砖的顺序是先贴附墙柱面，后贴大墙面，最后贴窗间墙。对每一分段或分块内的面砖均应自下而上进行粘贴。在最底一皮面砖的下皮位置线先稳好靠尺（最好用 5×10cm 木杠），要垫平、垫实、垫稳，以此来托住第一皮面砖。从两端头以标准块为准拉面砖外皮上口的通线，作为粘贴面砖的标准。粘贴砂浆采用 1:2 水泥砂浆，要求砂浆的稠度一致，避免砂浆上墙后流淌。刮灰厚度控制在 6～10mm 左右，面砖贴上墙后用灰铲柄轻轻敲击，使之附线，再用钢片开刀调整竖缝。如上口不在同一条直线上，应在面砖的下口垫小木片（或铁钉），使上口在一条直线上，然后用靠尺板通过标准块来调整平面的垂直度。

女儿墙压顶、窗台、腰线等部位平面也粘贴面砖时，应采取顶面面砖压立面砖的做法，以免向内渗水，引起空裂。

7）勾缝：面砖缝应按设计要求的材料和深度进行。勾缝应连续、平直、光滑、无裂纹、无空鼓。

勾缝宜按先水平后垂直的顺序进行。面砖缝一般在 8mm 以上，用 1:1 水泥砂浆进行勾缝，砂子要求过窗纱筛，一般分两次进行，头一次可用一般砂浆，第二遍用按设计要求色彩配制的砂浆勾缝。要先勾水平缝，再勾竖缝。一般要求勾进面砖 2～3mm。

8）清理：面砖粘贴后应及时将表面清理干净，清洗工作应在勾缝材料硬化后进行，如有污染用水很难清洗时，则可用浓度为 10% 的盐酸刷洗，然后用清水洗净。

4．室内瓷砖粘贴质量通病及防治

（1）产生空鼓的原因

1）基层清理不干净，浇水不透。

2）基体表面偏差过大，每层抹灰跟的紧，各层之间粘结强度过低。

3）砂浆配合比不准确，稠度掌握不好，产生不同的干缩率。

（2）防止瓷砖空鼓的措施

1）严格按工艺规范要求操作。

2）用水泥砂浆和水泥混合砂浆抹灰时，应待前一抹灰层凝结后可抹后一层，底层的抹灰层强度不得低于面层的抹灰层强度。

3）抹灰应分层进行，每遍厚度宜为 5～7mm，当抹灰总厚度超出 35mm 时，应采取加强措施。

（3）产生瓷砖粘贴墙面不平的原因

1）结构墙体墙面偏差大。

2）基层处理不认真检查。

（4）防止墙面不平的措施

1）掌握好吊垂直、套方找规矩的要求，加强对底层灰的检查。

（5）产生拼缝不直、不匀和墙面污染的原因

1）没有分格弹线，排砖不仔细。

2）原材料偏差过大，操作不仔细。

（6）防止瓷砖拼缝不直、不匀和墙面污染的措施

1）按施工图要求，针对结构基体具体情况，认真进行分格弹线。

2）把好进料关，不合格材料不能上墙。

3）擦完缝及时清扫，对某些污染，采用 20%盐酸水溶液刷净，后再用清水冲干净。

5．外墙粘贴面砖质量通病及防治

（1）产生外墙面砖空鼓或脱落的原因

1）外墙饰面自重大，底子灰与基层产生较大的剪应力。

2）砂浆配合比不准、水泥安定性不好和砂子含泥量大。

3）大气温度热胀冷缩的影响，在饰面的应力的作用。

（2）防止外墙面砖空鼓或脱落的措施

1）外墙基体力争做到平整垂直，防止偏差带来的不利情形。

2）面砖使用前应提前浸泡，提高砂浆与面层的粘结力。

3）砂浆初凝后，不再挪动面砖，并应实行二次勾缝，勾缝勾进墙内 3mm 为宜。

（3）产生面砖分格缝不匀或墙面不平整原因：

1）没有按大样图进行排砖分格。

2）面砖质量不好，规格偏差较大。

3）操作方法不当，操作技术不熟练。

（4）防止面砖分格缝不匀或墙面不平整措施

1）核对结构偏差尺寸，确定面砖粘贴厚度和排砖模数，并弹出排砖控制线。

2）考虑磴脸、窗台、阳角的要求，确定缝子再做分格条或划出皮数杆。

3）要求阴阳角要双面挂直，弹垂直线，作为粘贴面砖时的控制标志。

4）面砖粘贴前，应进行选砖，粘贴面砖时，应保持面砖上口平直。

（二）锦砖粘贴

锦砖也称为马赛克，按构成材料的不同，分为陶瓷锦砖和玻璃锦砖。锦砖具有色泽稳定、多样和耐污染等特点。因此，大量地应用在外墙装饰上，与面砖相比，它具有造价低、面层薄、自重较轻、装饰质量好的特点。

1. 施工准备

（1）材料

1）锦砖：包括陶瓷锦砖、玻璃锦砖两种。选用一级品，每联 31.4×31.4cm。要求表面平整，颜色一致，边角整齐，尺寸准确，一次进场备齐。

2）水泥：普通硅酸盐水泥、白水泥。强度等级不低于42.5。并应对水泥的凝结时间和安定性进行复验。

3）砂　中砂、使用前过筛、含泥量不大于3%。

4）石灰膏　熟化期不应少于15d，不得含有未熟化的颗粒。

5）胶粘剂　乳液。

6）矿物颜料。

（2）机具与工具

灰匙、胡桃钳、木板（25×30cm）、木抹子、墨斗线、钢抹子、托线板、水平尺、方尺、刷子、排笔等。

（3）作业条件

1）根据图纸的设计要求，按工程量挑选出颜色相等的、同规格的锦砖，分别堆放保管好。

2）门窗框边缝已处理好、预留孔洞及排水管道等先处理好。

3）脚手架已搭设好，离墙面的距离不得小于15～20cm。以便于操作。

2．工艺顺序

基层处理→吊垂直、找规矩→抹底层灰→分格弹线→粘贴锦砖→揭纸→调缝→擦缝

3．操作要点

1）基层处理：分混凝土基面、砖基面。

混凝土基面：凹凸处，抹平或剔平。光滑面，用钢丝刷凿毛或采用"毛化处理"方法。并采用聚合物水泥砂浆或其他界面处理剂做结合层。

砖基面：抹灰前墙面必须清扫干净，检查窗台窗套和腰线等处，对损坏和松动的部分要处理好，然后浇水湿润墙面。

2）吊垂直、找规矩：见前面外墙面贴面砖一节所述。

3）抹底灰：一般要求分两次抹成，抹灰前，先刷一道水灰比为0.4～0.5的素水泥浆（可掺10%的乳液）。紧跟着抹1:2.5的水泥砂浆，薄薄地抹一层，宜为5mm厚，均匀抹压密实。当第一层凝结后方可抹第二层。使用相同的配合比的水泥砂浆按冲筋抹平。再用短木杠刮平，低凹处填平补齐。最后用木抹子搓平搓出麻面。待砂浆终凝后浇水养护。

4）分格弹线：粘贴锦砖要先放施工大样。根据实际高度弹出若干条水平线。在弹水平线时，应计算好锦砖的块数，使两线之间保持整砖数。如分格的需要要按总高度分均匀，再根据设计与锦砖品种、规格尺寸定出分格缝的宽度，然后再加工分格条。

在弹线分块数时应注意在同一墙上不得有一排以上的非整砖，并应将其排列在较隐蔽的部位。

一个房间，一整幅墙、柱面贴同一分类规格的砖块，砖块排列应自阴角开始，至阳角停止。自顶棚开始，到地面停止。女儿墙、窗顶、窗台及各种腰线部位，顶面砖块应压盖立面砖块，以防渗水，引起空鼓。如设计没有滴水线时，外墙各种腰线正面砖块下突 3mm，线底砖块应向内翘起约 3～5mm，以利滴水。

5）粘贴锦砖：粘贴锦砖前，应将底层灰浇水湿润，在第一组弹好水平线的下口上，支上垫尺，要求垫平、垫实、垫稳。

在已润湿的底子灰上刷素水泥浆一道，作为结合层，厚约 1～2mm，同时将锦砖放在木垫板上，底面朝上，用湿布将底面擦净，再用白水泥浆，刮满锦砖的缝隙后，即可将锦砖沿线粘贴在墙上。

另一种做法是：在湿润的中层灰面上刷素水泥浆一道，再抹 2～3mm 厚的纸筋灰素水泥浆（纸筋：石灰膏：水泥＝1:1:8）作粘结层，用靠尺刮平，同时将陶瓷砖铺放在木垫板上，底面朝上，缝隙撒灌 1:2 干水泥砂浆，用软毛刷子刷净底面上的浮砂，再薄薄抹一层粘贴灰浆，然后将锦砖贴到墙面上。粘贴时应沿尺上口弹好的横竖线铺贴。铺贴顺序自下而上。每张之间接茬缝的间距应保证与锦砖缝宽度一致，接茬缝要对齐，应随时注意调整缝子的平直和间距。贴完一组后，如有分格缝，应将分格条放在锦砖上口。

锦砖粘贴完后，应随即用拍板靠放在已贴好的锦砖表面，用小锤轻击拍板，均匀地由边沿到中间满敲一遍，将锦砖拍平压实，使其中层粘结牢固，表面平整。

6）揭纸：待砂浆开始初凝（约 20～30min），再用刷子或用喷雾器分次喷水湿润纸面，当护面纸吸水泡开后（约 0.5h）即可揭纸。

7）调缝：揭纸后检查锦砖砖缝是否均匀一致，平直，将弯扭的砖缝用拨缝刀拨正调直，宽度调正一致，然后用小锤拍板敲击拍平一遍，以增强与墙面的粘结。拨缝工作必须在水泥浆初凝前完成，否则易产生面层空鼓、脱落现象。

8）擦缝：待水泥浆凝固后（约 48h）后，用抹子将素水泥浆抹在已铺好的锦砖表面，将所有缝隙抹平嵌实，待稍收水后，用棉丝将砖表面擦净（分格缝的缝隙，应在起分格条后，用 1:1 水泥砂浆勾嵌），次日起喷水养护，时间 3～4d。

玻璃锦砖的粘贴工艺与陶瓷锦砖基本相同，但抹粘结层时要注意使粘结灰浆填满玻璃锦砖之间的缝隙。铺贴玻璃锦砖时，先在中层表面上涂抹粘结砂浆一层，厚约 2～3mm，再在玻璃锦砖底面薄薄地涂抹一层粘结灰浆厚度 1～2mm。涂抹时要确保缝隙中灰浆饱满，否则用水洗刷玻璃锦砖表面时，易产生砂眼洞。

4．锦砖粘贴质量通病及防治

（1）锦砖粘贴空鼓和脱落的产生原因

1）基层处理不干净，墙面浇水透。

2）抹灰层太厚和抹灰层跟得太紧。

（2）预防锦砖粘贴空鼓和脱落的措施

1）将砖墙面清理干净，脚手眼提前堵好，并提前一天把水浇透。

2）混凝土面应先刷掺水重 10% 的乳液胶的素水泥浆以增加粘结力。

3）避免夏日暴晒下抹灰，粘贴砂浆不宜太厚，调整好砂浆的稠度。

4）拨缝应在 1h 内完成，否则水泥初凝后再拨缝容易出现空鼓和脱落。

5）分格缝要用 1:1 水泥砂浆勾实，锦砖要擦满填实。

（3）锦砖粘贴墙面不平整，分格缝不匀或砖缝不平直的产生原因

1）底灰不平整和阴阳角偏差。

2）抹灰层太厚，表面拍平就不容易。

3）找规矩、排砖不准，分格缝不均匀，揭纸后没检查，没认真拨缝调直。

（4）预防锦砖粘贴墙面不平整，分格缝不匀或砖缝不平直的措施

1）绘制施工大样图、加工分格条选砖编号粘贴时对号入坐不易出差错。

2）对于各窗间墙、砖垛等处要事先测中心线、水平线和阴阳角两面垂直线，并贴好标志块。

3）要按弹线稳好平尺板，再按编号把每张锦砖放在平尺上口，由下往上粘贴。缝子对齐，分格条放在上口，防止错缝现象出现。

4）刷水揭纸后，检查缝子平直，大小情况，并将偏差的缝子用开刀拨正调直，再用小锤拍打，以达到表面平整为止。

（三）饰面板安装

饰面板安装有天然石材的大理石、花岗石和青石板，还有人造石材等。

饰面板的安装一般有"粘贴"和"安装"两种。小规格的饰面板（一般指边长不大于 40mm，且安装高度在 1m 以下时）通长采用粘贴的方法安装。大规格的饰面板一般采用安装的方法。

目前，我们国家除了采用传统安装法（湿作业灌浆法）之外，还采用了湿法改进工艺和 G.P.C 工艺的干法工艺，较好地解决了传统湿法工艺存在的连接件锈蚀、空鼓、裂缝，脱落等问题。

1．传统湿法作业

（1）施工准备

1）材料

国家新规范提出对建筑所用材料的室内环境污染控制要求。对环境污染物氡、甲醛、氨、苯和总挥发性有机物的浓度限值。

又特别指出了对饰面板（砖）工程应对下列材料及其性能进行复验：

(A) 室内花岗石的放射性

(B) 粘贴用水泥的凝结时间，安定性和抗压强度。

(C) 外墙陶瓷面砖的吸水率。

(D) 寒冷地区外墙陶瓷面砖的抗冻性。

这样规定了对人身健康和结构安全有密切关系的材料指标进行复验。对于用传统的湿作法安装天然石材时的泛碱现象，在天然石材安装前，应对石材饰面采用"防碱背涂剂"进行背涂处理的新规定。

a. 石材　按设计和图纸要求规格、颜色、材料表面不得有伤痕、风化等缺陷。

b. 水泥　普通硅酸盐水泥、强度等级不低于 32.5，并应对进场水泥进行凝结时间和安定性复验合格。

c. 砂、中砂、过筛，含泥量不大于 3%。

d. 矿物颜料　应与饰面板相配。

e. 其他材料　如白水泥、熟石膏、铜丝或镀锌铅丝、硬塑料板条、配套挂件、胶粘剂和专用填塞饰面板缝隙的专用塑料软管等。

2）机具与工具

冲击钻、手电钻、磅秤、水桶、铁板、平锹、手推车、喷壶、合金扁錾子、合金钻头、台钻、水平尺、方尺、靠尺板、底板、托线板、线坠、粉线包、小型台式砂轮、裁割机，开刀、木抹子、铁抹子及一般抹灰所用工具等。

3）作业条件

(A) 已办理好结构验收手续，设备安装工作已完毕。

(B) 室内弹好 +50cm 水平线，室外 ±0.000 和各层标高控制线已弹好。

(C) 绘制好施工大样图　并对石材板块按图纸和施工顺序编上号，复杂形状的板材，按实测尺寸放好大样定点加工制作。

（2）工艺顺序

基体处理→绑扎钢筋网→预拼→固定绑扎钢丝→板块就位→固定板块→灌浆→清理、嵌缝

（3）操作要点

1）基体处理：将基体表面的残灰、污垢清理干净，有油污可用 10% 火碱水清洗，干净后再用清水将火碱液清洗干净。

基体应具有足够的刚度和稳定性。并且基体表面应平整粗糙。对于光滑的基体表面应进行凿毛处理。凿毛深度 5~15mm，间距不大于 30mm。

基体应在饰面板安装前一天浇水湿透。

2）绑扎钢筋网：先检查基体墙面平整情况，然后在建筑物四角由顶到底挂垂直线，再根据垂直标准，拉水平通线，在边角做出饰面板安装后厚度的标志块，根据标志块做标筋和确定饰面板留缝灌浆的厚度。

按上述找规矩确定的标准线，在水平与垂直范围内根据立面要求划出水平方向及垂直方向的饰面板分块尺寸，并核对一下墙或柱预留的洞、槽的位置。然后先剔凿出墙面或柱面结构施工时的预埋钢筋，使其外露于墙、柱面、然后连接绑扎（或焊接）$\phi 8$ 的竖向钢筋（竖向钢筋的间距，如设计无规定，可按饰面板宽度距离设置，一般为 30~50cm），随后绑扎横向钢筋，横向钢筋，其间距对比饰面板竖向尺寸小 2~3cm 为宜。

一般室内装饰工程的墙面，都没有预埋钢筋，绑扎钢筋网之间需要在墙面用 M10~16 的膨胀螺栓来固定铁件。膨胀螺栓的间距为板面宽，或者用冲击电钻在基体上打出 $\phi 6$~$\phi 8$mm，深度大于 60mm 的孔，再向孔内打入 $\phi 6$~$\phi 8$mm 的短钢筋，应外露 50mm 以上并弯钩。短钢筋的间距为板面宽度。上、下两排膨胀螺栓或插筋的距离为板的高度减去 100mm 左右。将同一标高的膨胀螺栓或插筋上连接水平钢筋，水平钢筋可绑扎固定或点焊固定。见图示 6-3。

3）预拼：为了使板材安装时上、下、左、右颜色花纹一致，

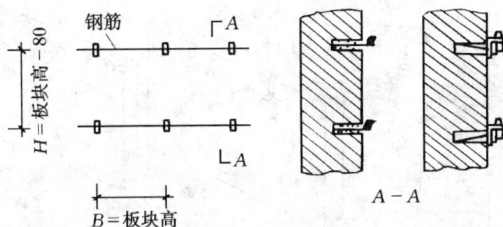

图 6-3 墙上埋入钢筋或螺栓

纹理通顺，接缝严密吻合，安装前，必须按大样图预拼排号。

一般应先按图样挑出品种、规格、颜色与纹理一致的板料，按设计尺寸，进行试拼，校正尺寸及四角套方，使其合乎要求。凡阳角对接处，应磨边卡角。见图 6-4。

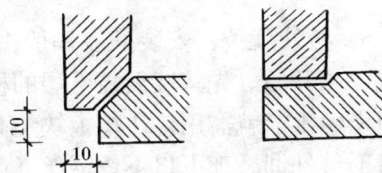

图 6-4 阳角处磨边卡角

预拼号的板料应按施工顺序编号，编号一般由下往上编排。然后分类竖向堆好备用。

对于有缺陷的板材经过修补后可改小料用，或应用于阴角或靠近地面不显眼部位。

4）固定绑扎钢丝：固定绑扎丝（铜丝或不锈钢丝）的方法采用开四道槽或三道槽方法。其操作方法为：用电动手提式石材无齿切割机的圆锯片，在需绑丝的部位上开槽。四道槽的位置是：板材背面的边角处开两条竖槽，其间距为 30～40mm，板材侧边外的两竖槽位置上开一条横槽，再在板材背面上的两条竖槽位置下部开一条横槽。图 6-5 所示。

板材开好槽后，把备好的不锈钢或铜丝剪成 30cm 长，并弯成 U 形。将 U 形绑丝先套入板材背横槽内，U 形的两条边从两条槽内通出后，在板材侧边横槽处交叉。然后再通过两竖槽将绑丝在板材背面扎牢。但要注意不要将绑丝拧得过紧，以防止拧断绑丝或把槽口弄断裂。

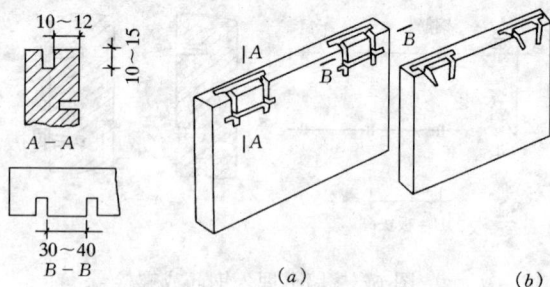

图 6-5　板材开槽方式

(a) 四道槽；(b) 三道槽

5）板块就位：安装顺序一般由下往上进行，每层板块由中间或一端开始。先将墙面最下层的板块按地面标高线就位，如果地面未做出，就需用垫块把板块垫高至墙面标高线位置。然后使板材上口外仰，把下口不锈钢丝（或铜丝），绑好后用木楔垫稳。随后用靠尺板检查平整度、垂直度，合格后系紧绑丝。最下一层定位后，再拉上一层垂直线和水平线来控制上一层安装质量。上口水平线应到灌浆完后再拆除。图 6-6 所示。

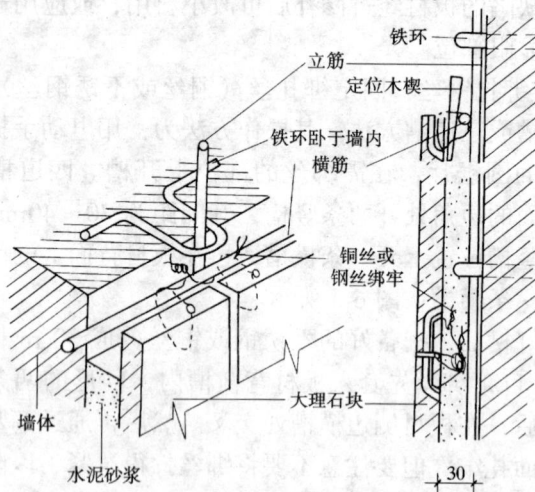

图 6-6　预埋件与钢筋绑扎示意图

柱面可按顺时针安装，一般先从正面开始。第一层就位后，要用靠尺找垂直，用水平尺找平整，用方尺打好阴、阳角。如发现板材规格不准确或板材间隙不匀，应用铅皮加垫，使板材间隙均匀一致，以保持每一层板材上口平直，为上一层板材安装打下基础。

6）固定板块：板材安装就位后，用纸或熟石膏将两侧缝隙堵严。上、下口临时固定较大的块材以及门窗碹脸饰面板应另加支撑加固，为了矫正视觉偏差，安装门窗碹脸时应按1％起拱。

用熟石膏临时封固后，要及时用靠尺板、水平尺检查板面是否平直，保证板与板之交接处四角平直，如发现问题，立即校正，待石膏硬固后即可进行灌浆。

7）灌浆：用1:2.5（体积比）水泥砂浆，稠度10～15cm，分层灌注。灌注时用铁簸箕徐徐倒入板材内侧不要只从一处灌注，也不能碰动板材。同时检查板材因灌浆而移位。第一层浇灌高度为15cm，即不得超过石板高度的1/3处。第一层灌浆很重要，要锚固下口绑丝及石板，所以操作时要轻，防止碰撞和猛灌，一旦发生板材外移，错动。应拆除重新安装。

第一次灌浆后稍停1～2h，待砂浆初凝无水溢出，并且板材无移动后，再进行第二次灌浆，高度为10cm左右，即灌浆高度到达板材的1/2高度处。稍停1～2h，再灌第三次浆，灌浆高度到达离上口5cm处，余量作为上层板材灌浆的接口。

当采用浅色的饰面板时，灌浆应采用白水泥和白石屑，以防透底影响美观。如为柱子贴面，在灌浆前用方木加工或夹具，夹住板材，以防止灌浆时板材外胀。

8）清理、嵌缝：三次灌浆完毕，砂浆初凝后就可清理板材上口余浆，并用棉丝擦干净。隔天再清理第一层板材上口木楔和上口有碍安装上口板材的石膏，以后用相同方法把上层板材下口绑丝拴在第一层板材上口固定的绑丝处（铜丝或不锈钢丝）。依次进行安装。

柱面、墙面、门窗套等饰面板安装与地面块材铺设的关系，一般采取先作立面后作地面的方法，这种方法要求地面分块尺寸准确，边部块材切割整齐。也可采用先做地面后作立面的方法，这样可以解决边部块材不齐问题，但地面应加以保护，防止损坏。

嵌缝是全部板材安装完毕后的最后一道工序，首先应将板材表面清理干净，并按板材颜色调制水泥色浆嵌缝，边嵌缝边擦拭清洁，使缝隙密实干净、颜色一致。安装固定后的板材，如面层光泽受到影响，要重新打蜡上光。

2．湿作业改进操作法

传统湿作业安装工艺，工序多，操作较为复杂，往往由于操作不当，造成粘贴不牢，表面接槎不平整等通病，且采用钢筋网连接，增加工程造价。

传统湿作业改进安装工艺是吸取国外的先进经验，结合传统安装的有效方法而采取的新工艺。

新工艺安装法的施工准备，板材进场检验及预拼编号对材料安放要求等与传统方相同，其不同的操作要点如下：

（1）基层处理

对混凝土墙、柱等凹凸不平处凿平后用 1:3 水泥砂浆分层抹平。钢模混凝土墙面必须凿毛，并将基层清刷干净，浇水湿润。

石材背面进行防碱背涂处理，代替洒水湿润，以防止锈蚀和泛碱现象。

预埋钢筋或贴模钢筋要先剔凿使其外露于墙面。无预埋筋处则应先探测结构钢筋位置，避开钢筋钻孔。孔径为 25mm、孔深 90mm，用 M16 膨胀螺栓固定预埋件。

（2）板材钻孔

直孔用台钻打眼，操作时应钉木架，使钻头直对板材上端面。一般在每块石板的上、下两个面打眼。孔位打在距板两端 1/4 处，每个面各打两个眼，孔径为 5mm，深 18mm，孔位距石板背面以 8mm 为宜。如石板宽度较大，中间在增打一孔，钻孔后用合金钢凿子朝石板背面的孔壁轻打剔凿，剔出深 4mm 的槽，以便固定连接件。如图 6-7 所示。

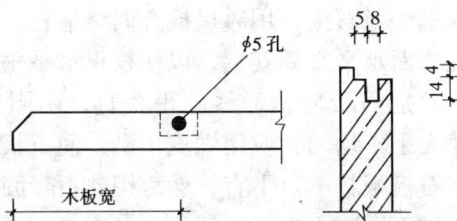

图 6-7 板材钻直孔剔槽示意

石材背面钻 135°斜孔，先用合金钢凿子在打孔平面剔窝，再用台钻直对石板背面打孔。打孔时将石板固定在 135°的木架上（或用摇臂钻斜对石板）打孔，孔深 5～8mm，孔底距石板抹光面 9mm，孔径 8mm。见图 6-8。

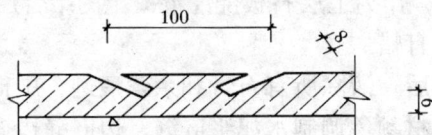

图 6-8 磨光花岗石加工示意

（3）金属夹安装

把金属夹安装在板内 135°斜孔内，用 JGN 型胶固定，并与钢筋网连接牢固。图 6-9。

（4）绑扎钢筋网

先绑竖筋，竖筋与结构内预埋筋与预埋铁连接。横向钢筋根据石板规格，比石板低 20～30mm 作固定拉接筋，其他横筋可根据设计间距均分。

（5）安装板材

按试拼石板就位，石

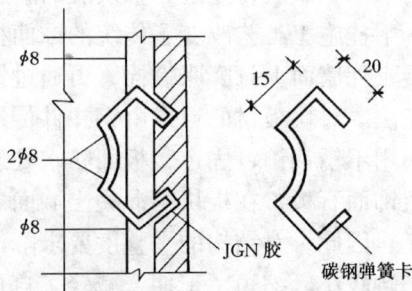

图 6-9 安装金属夹示意

157

板板材上口外仰，将两板间连接筋（连接棍）对齐，连接件挂牢在横筋上，用木楔垫稳石板，用靠尺检查调整平直。一般均从左往右进行安装，柱面水平交圈安装，以便校正水平垂直度。四大角拉钢尺找直，每层石板应拉通线找平找直，阴阳角用方尺套方。如发现缝隙大小不均匀，应用铁皮垫平，使石板缝隙均匀一致，并保证每层石板板材上口平直，然后用熟石膏固定。经检查无变形方可浇灌细石混凝土。

（6）浇灌细石混凝土

把搅拌均匀的细石混凝土用铁簸箕徐徐倒入，不得碰动石板及石膏木楔。要求下料均匀，轻捣细石混凝土，直至无气泡。每层石板分三次浇灌。每次浇灌间隔 1h 左右，待初凝后经检验无松动，变形，方可再次浇灌细石混凝土。第三次浇灌细石混凝土时上口留 50mm，作为上层石板浇灌混凝土的结合层。

（7）擦缝、打蜡

石板安装完后，清除所有石膏和余浆痕迹，用棉丝或抹布擦洗干净。按照板材颜色调制水泥浆嵌缝，边嵌缝边擦干净，以防污染石材表面，使之嵌缝密实，均匀，外观洁净，颜色一致，最后抛光上蜡。

3．干挂施工工艺

外墙饰面板，特别是大规格花岗石饰面板，包括大理石板，不采用灌浆湿作业法，而是使用扣件固定于建筑物混凝土墙体表面的干作业做法，是近年来发展的新工艺。

干挂施工工艺改变了传统的饰面板安装的一贯做法，采用在混凝土外墙面上打膨胀螺栓，再通过钢扣件连接饰面板材的扣件固定法。每块板材的自重由钢扣件传递给膨胀螺栓支承，板与板之间用不锈钢销钉固定，板面防水处理用密封硅胶嵌缝。用扣件固定饰面石板，在板块与混凝土墙面之间形成空腔，无需用砂浆填充，因此，对结构的平整度要求降低，墙体处饰面受热胀冷缩的影响较小。缩短了工期、减轻了自重，提高了抗震性能和装饰效果，也带来了较好的经济效益。

（1）施工准备

材料、工具与机具及作业条件要求同传统湿作法相同。但如果采用大理石板，施工前，对大理石作罩面涂层和背面玻璃纤维增强处理。

（2）工艺顺序

墙面修整→弹线→墙面涂防水剂→打孔→固定连接件→固定板块→调整固定→顶部板安装→嵌缝→清理

（3）操作要点

1）墙面修整：如果混凝土外墙表面有局部凸出处会影响扣件安装时，要进行凿平修整。

2）弹线：找规矩，弹出垂直线和水平线。并根据施工大样图弹出安装石材的位置线和分块线。石材安装前要事先用经纬仪打大角两个面的竖向控制线，最好弹在离大角20cm的位置上，以便随时检查垂直挂线的准确性，保证顺利安装。竖向挂线宜用 $\phi 1 \sim \phi 1.2$ 的钢丝，下边用沉铁坠吊。一般40m以下高度沉铁重量为 $8 \sim 10kg$，上端挂在专用的挂线角钢架上，角钢架用膨胀螺栓固定在建筑物大角的顶端，一定要挂在牢固、准确、不易碰动的地方，要在控制线上、下作出标记，并注意保护和检查。

3）墙面涂防水剂：由于板材与混凝土墙身之间不填充砂浆，为了防止因材料性能或施工质量可能造成渗漏，在外墙面上涂刷一层防水剂，以增强外墙的防水性能。

4）打孔：根据施工大样图的要求，为保证打孔位置准确，将专用模具固定在台钻上，进行石材打孔。为保证孔的垂直性，钉一个板材托架，将石板放在托架上，将打孔的小面与钻头垂直，使孔成型后准确无误。孔深20mm，孔径为5mm。钻头为4.5mm。要求孔位正确。

5）固定连接件：在结构墙上打孔、下膨胀螺栓。在基体表面弹好水平线，按施工大样图和板材尺寸，在基体结构墙上作好标记，后按点打孔。孔深为 $60 \sim 80mm$，若遇到结构中的钢筋，可以将孔位在水平方向移位或往上抬高。在连接铁件时利用可调余量再调整。成孔与墙面垂直，将孔内灰渣挖出后安放膨胀螺栓。并将所需的全部膨胀螺栓全部安装到位。后将扣件固定，用扳手拧紧。安装节点图如图示 6-10。连结板上的孔洞均呈椭圆形，以便于安装时调节位置。见图 6-11。

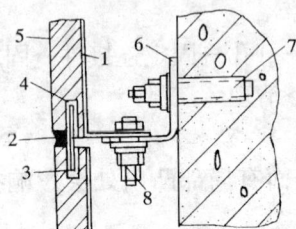

图 6-10　干挂工艺构造示意图
1—玻璃布增强层；2—嵌缝油膏；
3—钢针；4—长孔（充填环氧树脂
　粘接剂）；5—石材板；6—安装角
　钢；7—膨胀螺栓；8—紧固螺栓

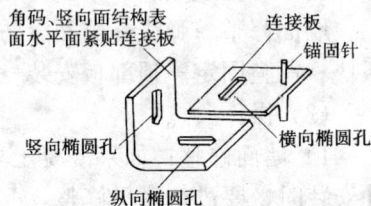

图 6-11　组合挂件三向调节

6）固定板块：底层石板安装，要先把侧面的连接铁件安好，便可把底层面板靠角上的一块就位。方法是用夹具暂时固定，先将石板侧孔抹胶，调整铁件，插固定铁针，调整面板固定。依次按顺序安装底层面板，待底层面板全部就位后，需检查一下各板材水平是否在一条线上。先调整好面板的水平与垂直度。再检查板缝宽度，应按设计要求板缝均匀，嵌缝高度要高于 25cm，其后用 1:2.5 的白水泥配制的砂浆，灌于底层面板内 20cm 高，并设排水装置。

石板上孔抹胶及插连接钢针，方法是用 1:1.5 的白水泥环氧树脂倒入固化剂，促进剂。用小棒搅匀，用小棒将配好的胶抹入孔中，再把长 40mm 的 $\phi 4$ 连接钢针通过平板上的小孔插入，直至面板孔，上钢针前检查其有无伤痕，长度是否满足要求，钢钉安装要保证垂直。

7）调整固定：面板暂时固定后，调整水平度，如板面上口不平，可在板底的一端下口的连接平钢板上垫一相应的铅皮板或铜丝，铝皮板厚度可适当调整。也可把另一端下口用以上方法垫一下。而后调整垂直度，可调整面板上口的不锈钢连接件的距墙空隙，直至面板垂直。

8）顶部板安装：顶部最后一层面板除了按一般石板安装要求外，安装调整好，在结构与石板的缝隙里吊一通长的 20mm 厚木条，木条上平位置为石板上口下去 250mm，吊点可设在连接铁件上，可采用铅丝吊木条，木条吊好后，即在石板与墙面之间的空隙里塞放聚苯板，聚苯板条要宽于空隙，以便填塞严实，防止灌浆时漏浆，造成蜂窝、孔洞等。灌浆至石板口下 20mm 作为压顶盖板之用。

9）嵌缝：每一施工段安装后经检查无误，可清扫拼接缝，填入橡胶条，然后用打胶机进行硅胶涂封，一般，硅胶只封平接缝表面或比板面稍凹少许即可。雨天或板材受潮时，不宜涂硅胶。

10）清理：清理板块表面，用棉丝将石板擦干净，有余胶等其他粘结杂物，可用开刀轻铲、用棉丝沾丙酮擦干净。

4. 饰面板安装质量通病及防治

（1）饰面板安装接缝不平、板面纹理不通、色泽不匀的产生原因

1）基层没处理好，平整度没达标准。

2）板材质量没把关，试排不认真。

3）操作没按规范去做。

（2）预防饰面板安装接缝不平、板面纹理不通、色泽不匀的措施

1）应先检查基层的垂直平整情况，对偏差较大的要进行剔凿或修补，使基层到饰面板的距离不少于 5cm。

2）施工要有施工大样图，弹线找矩距，并要弹出中心线、水平线。

3）对饰面板进行套方检查，规格尺寸如有偏差应进行修整。

4）对饰面板安装前应进行试排。使板与板之间上下纹理通

顺、颜色协调，缝平直均匀。

5）安装时应根据中心线、水平通线和墙面线试拼编号，并应在最下一行用垫木材料找平垫实，拉上横线，再从中间或一端开始安装。

（3）饰面板开裂的产生原因

1）受到结构沉降压缩变形外力后，由于应力集中，板材薄弱处导致开裂。

2）安装粗糙，灌浆不严，预埋件锈蚀，产生膨胀，造成推力使板面开裂。

3）安装缝隙过小，热胀冷缩产生的拉力，使板面产生裂缝。

（4）预防饰面板安装开裂的措施

1）安装饰面板时，应待结构主体沉稳后进行，顶部和底部留有一定的空隙，以防结构沉降压缩。

2）安装饰面板接缝应符合要求，嵌缝严密防止侵蚀气体进入，锈蚀预埋件。

3）采用环氧树脂钢螺栓锚固法，修补饰面，防止隐患进一步扩大。

（5）饰面板墙面碰损、污染的产生原因

1）板材搬运、保管不妥当。

2）操作中不及时清洗，造成污染。

3）成品保护措施不妥当。

（6）预防饰面板墙面碰损、污染的措施

1）尺寸较大的板材不宜平运，防止因自重产生弯矩而破裂现象。

2）大理石板有一定的染色能力，所以，浅色板材不宜用草绳、草帘捆扎，不宜用带色的纸张来做保护品，以免污染。

3）板材安装完成后，做好成品保护工作。易碰撞部位要用木板保护，塑料布覆盖。

(四) 块 材 地 面

除整体地面外，近年来大量兴起的是块材地面。它们的铺设，大多是采用半硬性水泥砂浆（1:2）粘贴。其垫层采用水泥砂浆垫层或混凝土垫层。面层按材料主要分为两种，一种为大理石，花岗石板及预制水磨石板地面层。另一种采用陶瓷锦砖、地面砖、劈离砖、缸砖等的陶瓷块板地面层。

1. 大理石、花岗石板及预制水磨石板面层

大理石和花岗石平板及预制水磨石板作楼面、地面的面层装饰时，其构造作法如图 6-12（a）、（b）、（c）所示。

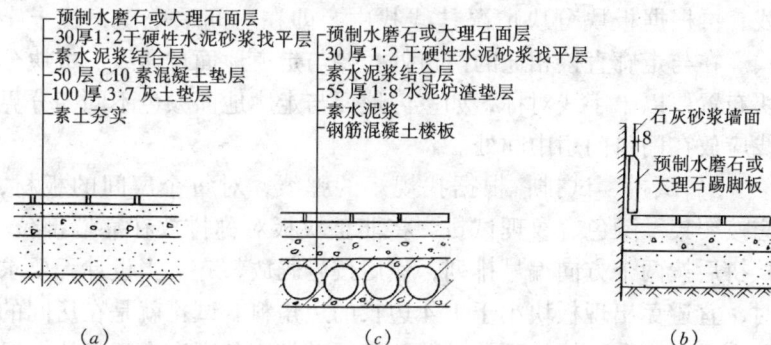

图 6-12 大理石、花岗石或预制水磨石面层构造做法
（a）地面构造做法；（b）楼面构造做法；（c）踢脚板安装示意图

（1）施工准备

1）材料：主要有大理石、花岗石、预制水磨石板块、水泥、砂、碎大理石块、石渣等。还有矿物颜料、胶粘剂等。

2）工具与机具：一般抹灰工具、橡皮锤、石材切割机、砂轮、磨石机、砂浆搅拌机等。

3）作业条件：顶棚、墙面饰面已完成。地面预留孔已处理完毕，同一楼面、地面工程应采用同一厂家，同一批号的产品，不同品种的板块材料分类堆放，并经复验。材料加工棚已搭好，

163

台钻、切割机已接通电源等。

（2）工艺顺序

基层处理→找规矩、弹线→试拼、试排→板块浸水→铺结合层→铺设板块→灌缝、擦缝→踢脚板镶贴→养护

（3）操作要点

1）基层处理　首先将地面垫层上的杂物清除，用钢丝刷将粘结在垫层上的砂浆刷掉，并清除干净。对于光滑的钢筋混凝土楼面，应凿毛，凿毛深度为 5～10mm，凿毛凹痕的间距为 30mm 左右。基层表面并应提前一天浇水湿润。

2）找规矩、弹线　根据设计要求，确定平面标高位置（水泥砂浆结合层厚度应控制在 10～15mm），并在相应的立面上弹线，再根据板块分块情况挂线找中，即在房间取中点，拉十字线。在与走廊直接相通的门口处，要与走道地面拉通线。板块分块布置要以十字线对称，如室内地面与走廊地面颜色不同，分界线应放在门口门扇中间处。

3）试拼、试排：根据找规矩的弹线，对每个房间的板材，应按图集、颜色、纹理试拼，将非整块板对称排放在靠墙部位，试拼后按两个方向编号排列，然后按号码放整齐。当设计无要求时，宜避免出现板块小于 1/4 边长的边角料。试排就是在房间的两个垂直方向，按标准线，铺两条干砂带，其宽度大于板块，厚度不小于 3cm。根据施工大样图把板块排好，以便检查板块之间的缝隙（一般要求大理石、花岗石不大于 1mm，水磨石不大于 2mm），核对板块与墙面、柱、管线洞口等的相对位置，确定砂浆找平层厚度及浴室、厕所有排水要求的房间找好泛水。最后要把房间主要部位弹的互相垂直的控制线引至墙上，用以随时检查和控制板块的安装位置。

4）板块浸水：大理石、花岗石和预制水磨石板块，在铺设前应浸水 1～2h 以上，拿出后放至阴凉处阴干，并使表面无水迹方可铺设。

5）铺结合层：先将试铺的干砂和板块移开，清扫干净后，

洒水湿润，即刷一层素水泥浆，要求水灰比为 0.4～0.5 为宜。并要随刷随铺水泥砂浆找平层，一般采用 1:2 的干硬性水泥砂浆。稠度要求为 2.5～3.5cm，或以手握成团，落地即散为宜。

铺设干硬性水泥砂浆时，长度应在 1m 以上，宽度超出板宽 20～30mm，厚度为 10～15mm，其虚铺的砂浆厚比标高线高出 3～5mm，后用木杠从里向门口刮平、拍实，木抹子找平。以备板块铺设。

6）铺设板块：从十字控制线交点开始铺设

平板板材要四角同时平稳下落，对准纵横缝后，用橡皮锤轻敲，铺完第一块，向两侧和后退方向顺序铺砌，铺完纵、横行之后有了标准，可分段分区依次铺设。先里后外，逐步退至门口。

7）灌缝、擦缝：铺设板块后 24h 洒水养护，经检查无断裂、空鼓后，即可用稀水泥浆或 1:1 水泥砂浆（水泥:细砂）填入缝内三分之二高度，并用木条将溢出水泥浆向缝隙内抹，再用与板面相同颜色的水泥浆擦缝。待缝内水泥浆凝结后，再将面层清洗干净。3d 内禁止上人。

8）踢脚板镶贴：大理石和花岗石、预制水磨石板的踢脚板一般高度为 100～200mm，厚度为 15～20mm。有粘贴法和灌浆法两种施工方法。

踢脚板施工前应认真清理墙面，提前浇水湿润。按需要数量将阳角处的踢脚板的一端，用无凿锯切成 45°，并用水刷净，阴干。

镶贴由阳角开始向两侧试贴，检查是否平直，缝隙是否严密，有无缺边掉角等缺陷，合格后方可实贴。不论采取什么方法安装，均先在墙面两端各粘贴一块踢脚板，其上沿高度应在同一水平线上，出墙厚度要一致，然后沿两块踢脚板上沿拉通线，逐块按顺序安装。

粘贴法：根据墙面标筋和标准水平线，用 1:2～2.5 水泥砂浆抹底层并刮平划纹，待底层砂浆干硬后，将已湿润阴干的踢脚板，抹上 2～3mm 素水泥浆进行粘贴，并用橡皮锤敲击平整，并随时用水平尺及靠尺找平与找直，第二天用与板面相同颜色的水泥浆擦缝。

灌浆法：将踢脚板临时固定在安装位置，用石膏将相邻的两块踢脚板与地面、墙面之间稳牢，然后用稠度 10～15cm 的 1:2 水泥砂浆灌缝。注意随时把溢出的砂浆擦干净。待灌入的水泥砂浆终凝后，把石膏铲掉擦净，用与板面同颜色水泥浆擦缝。

9）养护：在擦干净的地面上，用湿锯末覆盖保护，2～3d 禁止上人。

打蜡，当水泥砂浆结合层达到 1.2MPa 强度时，方可进行打蜡、上光。

2．陶瓷块板地面层

这类地面面层薄、质量轻、造价低，美观耐磨、色彩多、耐污染易清洗等优点。

陶瓷锦砖楼、地面一般是由面层、结合层找平层、结构层等组成。其构造作法如图 6-13，图示 6-14 所示。

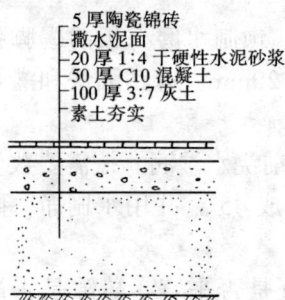

图 6-13　底层地面　　　　图 6-14　楼层地面

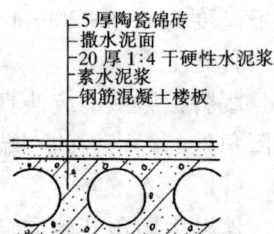

（1）施工准备

1）材料：主要有陶瓷锦砖、瓷质彩胎砖（无釉瓷质产品）、缸砖、铺地砖、劈离砖等还有水泥、砂、矿物颜料、胶粘剂等。

2）工具与机具：一般抹灰工具、手推车、钢丝刷、喷壶、硬木拍板、合金凿子、拨板、台式砂轮与提式切割机。

3）作业条件：墙面抹灰已作完，并已弹好＋50cm水平标高；穿过地面的套管已做完，管洞已用细石混凝土墙塞密实；防水层已做好，办完隐检手续；门框已安好，并用木板或铁皮保护；已绘制拼花大样图，按图分类，选料。

（2）工艺顺序

基层清理→标筋→铺结合层砂浆→弹线→铺块板→压平拨缝→嵌缝、养护。

（3）操作要点

1）基层清理：基层表面的砂浆、油污和垃圾应清除干净，用水冲洗、晾干。如为光滑的混凝土楼面，应凿毛。楼地面的基体表面，应提前一天浇水湿润。

2）标筋：根据墙水平基准线（＋50cm标高线），弹出地面标高线。然后在房间四周做灰饼。灰饼表面应比地面标高线低一块所铺面砖的厚度。再按灰饼标筋。有地漏和排水孔的地方，应从四周向地漏或排水孔方向做放射状标筋，坡度0.5%～1%。

3）铺结合层砂浆：铺砂浆前，先浇水湿润，再刷一道水灰比为0.4～0.5的水泥素浆。随刷随铺1∶2（体积比）的干硬性水泥砂浆，稠度控制在35mm以内。根据标筋的标高，用木抹子拍实，短刮尺刮平，再用长刮尺通刮一遍，然后检测平整度应不大于4mm。拉线测定标高和泛水，符合要求后，用木抹子搓成毛面。

4）弹线　根据设计要求和陶瓷锦砖的规格尺寸，在已有一定强度的底灰上用墨斗线弹线，弹线要考虑每联间缝隙，找中。找平、找方同水磨石、大理石面层。

其他块板，则根据设计要求确定地面标高线和平面位置线，可用尼龙线在墙面标高点上拉出标高线以及垂直交叉的定位线。

5）铺块板：陶瓷锦砖铺设前，弹出每个砖联的分格线，并在每个分格内按图案形式写上编号，相应地在每个砖联的背纸上也写上编号，以便对号铺贴。

铺贴时，找平层应湿润，在铺贴处撒上干水泥并适量洒水，轻轻刮平调和，即将成联的陶瓷锦砖对准分格线贴在找平层上，再把木拍板覆盖在锦砖背纸上，用橡胶锤敲打木拍板，全部敲打一遍，使锦砖能粘住，并使水泥浆挤入缝内。在边角处如不够整联锦砖，应事先按边角形状裁掉不需要的锦砖小块（连同背纸一起裁掉）。

铺贴一般均由门口处开始，沿进深方向先铺一张，再往两边铺。

其他块板，按定位线的位置用 1:2 水泥砂浆摊在砖背面上，再将砖与地面铺贴，并用橡皮锤敲击砖面，使其与地面压实，并使高度与地面标高线吻合。铺钻 8 块以上时，即用水平尺检查平整度。

6）压平拨缝：每铺完一个段落，用喷壶洒水，15min 左右用木锤和硬木拍按铺砖顺序锤铺一遍，不遗漏。边压实边用水平尺找平。

压实后，拉通线先竖缝后横缝进行拨缝调直，使缝口平直、贯通。调缝后，再用木锤，拍板砸平。破损砖应更换，并把余灰擦去。

从铺砂浆到压平拨缝，应连续作业，常温下必须在 5～6h 内完成。

7）嵌缝、养护：水泥浆结合层终凝后，用白水泥浆或普通水泥浆擦缝，用棉丝蘸浆从里到外顺利揉擦，擦实为止。地面铺贴 24h 之后，应用锯木屑等养护，4～5d 后方可上人。并加强块材地面的成品保护。

3. 块材地面铺贴质量通病及防治

（1）块材地面铺贴空鼓的产生原因

1）基层清理不干净。

2）结合层水泥浆不均匀。

3）找平层所用干硬性水泥砂浆太稀或铺的太厚。

4）板材背后浮灰没有擦净，事先没有湿润。

（2）预防块材地面铺贴空鼓的措施

1）基层面必须清理干净。

2）撒水泥面应均匀，并洒水调和。或用水泥浆涂刷均匀。

3）干硬性水泥砂浆应控制用水量，摊铺厚度不宜超过30mm。

4）板材在铺贴前都应清理背面。并应浸泡，阴干后使用。

（3）块材地面板材接缝不平、不匀的产生原因

1）板材本身厚薄不匀。

2）相通房间的地面标高不一致，在门口处或楼道相接处出现接缝不平。

3）地面铺设后，在养护期上人过早。

（4）预防块材地面接缝不平、不匀的措施

1）板材粘贴前应挑选。

2）相通房间地面标高应测定准确。在相接处先铺好标准板。

3）地面在养护期间不准上人或堆物。

4）第一行板块必须对准基准线，以后各行应拉准线铺设。

复 习 题

1. 内墙粘贴瓷砖怎样弹线找规矩和排砖？

2. 浸砖润水的程度怎样掌握？

3. 陶瓷锦砖在粘贴前进行哪些准备工作？

4. 外墙贴面砖排砖时应注意什么？

5. 板材安装法有几种？

6. 板材安装操作中的主要质量通病是什么？如何进行防治？

7. 块材地面铺贴时怎样弹线找规矩？

七、灰线抹灰、花饰与石膏装饰件安装

（一）灰线抹灰

灰线抹灰，也称扯灰线。是在公共建筑和民用建筑的墙面、檐口、顶棚、梁底、柱端、门窗口、灯座、舞台口等周围部位，设置一些灰线。灰线的式样很多，线条有繁有简，形状大小不一，各种灰线使用的材料也根据灰线所在部位的不同而有所区别。一般分为简单灰线和多线条灰线的抹灰。

简单灰线，也称出口线角，一般多在方、圆柱的上端，即与平顶或梁的交接处抹出灰线以增加线角美观。如图7-1所示。

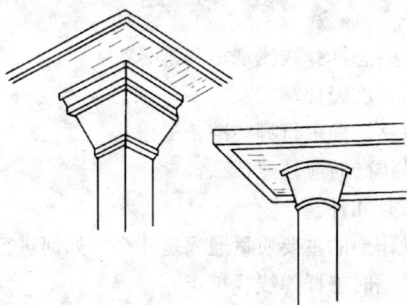

图 7-1　柱灰线

室内抹灰中，有时在墙面与顶棚交接处，根据设计要求抹出1～2条简单的装饰线条，以增强空间的美感。如图7-2所示。

多线条灰线，一般是指三条以上、凹槽较深、形状不一的灰线。较复杂的灰线常见高级装修的房间的顶棚四周、灯口周围，舞台口等处。线条呈多种式样。如图7-3所示。

图 7-2　墙面与顶棚
交接处的简单灰线

图 7-3　多线条灰线

1. 灰线抹灰专用模具

灰线抹灰前，应先按设计的灰线型式和尺寸，制作木质灰线模具，模具里面宜包26#铁皮，模具应成型准确、模面平滑。灰线模具分死模、活模、圆形灰线活模、合叶式喂灰板和灰线接角尺等。

（1）死模

死模适用于顶棚与墙面交接处设置的灰线，以及较大的灰线抹灰。如图7-4所示。

死模中间的一块木板称模身、上口有灰线处称模口，在模口包以白铁皮以减少抹灰的摩擦阻力。顶面的一块木板称为模侧板，在模侧板上钉金属先或长方形小木块称模头，在抹灰线时模头紧靠上靠尺，底面的木板条称模底板，底板下面钉有一根小木条，抹灰线时，小木条坐在下靠尺上。死模是利用上下两根固定的靠尺作轨道，推拉出线条。

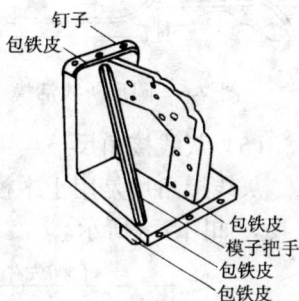

钉子
包铁皮
包铁皮
模子把手
包铁皮
包铁皮

图 7-4　死模

（2）活模

活模适用于梁底及门窗角灰线。活模一般由模身和模口组

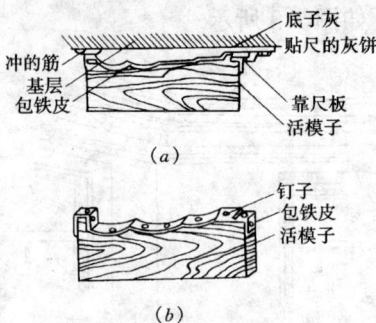

图 7-5　活模

成，模口也包白铁皮。活模使用时，它是靠在一根靠尺上，用两手握住模具捋出线条来。如图 7-5 所示。

（3）圆形灰线活模

适用于室内顶棚上的圆形灯头灰线和外墙面门窗洞顶部半圆形装饰等灰线。它的一端做成灰线条模型，另一端按圆形灰线半径长度钻一钉孔，操作时将有钉孔的一端用钉子固定在圆形灰线的中心点上，另一端的模子可在半径范围内移动，形成圆形灰线。如图 7-6 所示。

（4）合叶式喂灰板

合叶式喂灰板是配合死模抹灰线时的上灰工具。它是根据灰线大致形状，用铅丝将两块或数块木板穿孔连接，能折叠转动。如图 7-7 所示。

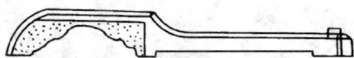

图 7-6　圆形灰线活模

图 7-7　合叶式喂灰板

（5）灰线接角尺

灰线接角尺是用于木模无法抹到的灰线阴角接头（合拢）的工具。如图 7-8 所示。

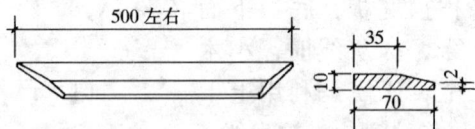

图 7-8　接角尺

接角尺用硬木制成，有斜度的一边为刮灰的工作面，它的大

172

小长短以镶接合拢长度来确定，两端成斜角 45°。其优点是既便于操作时能伸至合角的尽端，又不致碰坏另一边已镶接好的灰线。

2. 灰线抹灰分层材料与配比

一般灰线抹灰都是采用四层做成。分层材料与配比如下：

第一层 粘结层用 1:1:1 的水泥混合砂浆薄薄地抹一层，使其与基体粘结牢固。

第二层 垫灰层用 1:1:4 的水泥混合砂浆并略掺一些麻刀（或纸筋），其厚度要根据灰线尺寸来定。

第三层 出线灰用 1:2 石灰砂浆（砂子过 3mm 筛孔），也可掺一些水泥，薄薄地抹一层。这层灰是为了灰线的成形，棱角基本整齐。

第四层 罩面灰其厚度为 2mm，应分遍连续涂抹，第一遍用普通纸筋灰，第二遍用过窗纱筛子的细纸筋灰。表面应赶平、修整、压光。

3. 简单灰线抹灰

（1）方柱、圆柱出口线角

方柱、圆柱出口线角，应在柱子基层清理完毕，弹线找规矩，底层及中层抹灰完成后进行。一般不用模型，使用水泥混合砂浆或在石灰砂浆里掺石膏抹出线角。

方柱抹出口线角的方法是：首先按设计要求的线条形状、厚度和尺寸的大小，在柱边角处和线角出口处，卡上竖向靠尺板和水平靠尺板。一般应先抹柱子的侧面出口线角，将靠尺板临时卡在前后面，做正面的出口线角时，把靠尺板卡在侧面。抹灰时，应分层进行，要做到对称均匀，柱面平整光滑，四边角棱方正顺直，出口线角平直。棱角线条清晰，并与顶棚或梁的接头处理好，看不出接槎。

圆柱抹出口线角的方法是：应根据设计要求按圆柱出口线角的形状厚度和尺寸大小，制作圆形样板，将样板套固在线角的位置上，以样板为圆形标志，用钢皮抹子分层将灰浆抹到圆柱上。

也可以用薄靠尺板弯成圆弧形状，进行抹灰。当大致抹圆之后，再用圆弧抹子抹圆，出口线角柱面要做到形圆，线角清晰，颜色均匀，并与平顶或梁接头处理好，看不出接槎。

（2）门窗口、梁底阳角简单灰线

在室内抹灰时，常在门窗口阳角或架底阳角抹出一条直线条，一般为凸圆线条，如图示 7-9。

图 7-9　门窗口阳角灰线操作

4. 顶棚灰线抹灰

（1）施工准备

1）材料：普通硅酸盐水泥，强度等级不低于 32.5，复验凝结时间和安定性合格。砂子要求中砂需过筛，细砂过 3mm 筛子，含泥量不得大于 3%。石灰膏、纸筋灰和春光灰（细纸筋灰），已过"陈伏"不得受污染。

2）工具与机具：一般抹灰所需工具和机具，抹灰机、砂浆搅拌机及专用灰线模具。

3）作业条件：上层结构和地面已做好防水。顶面管线已埋设完毕，底子灰已完毕，+50cm 线已测定。

（2）工艺顺序

弹线、找规矩→粘贴靠尺→扯灰线→灰线接头

（3）操作要点

1）弹线找规矩：根据设计图样要求的尺寸和灰线木模的尺寸，从室内墙上 +50cm 的水平准线，用钢皮尺或尺杆从 50cm 的水平准线向上量出弹线的尺寸，房间四角都要量出，然后用粉线包在四周的立墙面上弹一条水平准线。作为粘贴下靠尺依据。

2）粘贴靠尺：在立墙面上水平线弹好后，即用 1:1 的水泥纸筋混合灰粘贴或用石膏粘贴下靠尺，也可以用钉了把靠尺钉在

174

砖缝里。下靠尺粘贴牢固后，将死模坐在下靠尺上，用线坠挂直线找正死模的垂直平正角度，然后靠模头外侧定出上靠尺的位置线。房间的四角都用这种方法定出上靠尺的位置线。按在四角定出的位置线用粉线包在顶棚弹出上靠尺的粘贴线，然后按线将上靠尺粘贴牢固。

上、下靠尺在粘贴时要注意两点：一是上下靠尺要粘贴牢固，并要留出进出模的空余尺寸，即靠尺的两端不能粘贴到头。二是上下靠尺的粘贴要将死模放进去，试着推拉一遍，要求死模推拉时以不长不松为好。

3）扯灰线：灰线扯制要分层进行，以免砂浆一次涂抹过厚而造成起鼓开裂。操作时要待粘贴靠尺的灰浆干硬后，先抹粘结层，接着一层层地抹垫灰层，垫灰层厚度根据灰线尺寸决定。死模要随时推拉，超过灰线面的多余砂浆要及时刮掉，低凹的地方应添加砂浆，直至灰线表面砂浆饱满平直。成型时，要把死模倒拉一次，以便抹第三道出线灰和第四道罩面灰时不卡模。

垫灰层抹完后第二天，先用1:2石灰砂浆抹一遍出线灰，再用普通纸筋灰罩面。扯制罩面灰的方法与出线灰基本相同，但上灰使用喂灰板。扯制罩面灰时，一般都是两人配合操作，一人在前，将罩面灰放在喂灰板上，双手托起使灰浆贴紧灰线的出线灰上，并将喂灰板顶住死模模口进行喂灰，一人在后推死模，等基本推出棱角时，再用细纸筋石灰（春光灰）罩面推到使灰线棱角整齐光滑为止（二遍罩面厚度不应超出2mm）。然后将模取下，刷洗干净。

如果扯石膏灰线，应待底层、中层及出线灰抹完后，在六、七成干时，稍洒水湿润后罩面。用4:6的石灰石膏灰浆，而且要在7～10min内扯完，操作时，两人配合一致，动作轻快，罩面灰推抹扯到光滑整齐为止。

4）灰线接头：灰线接头也称"合拢"。其操作难度较大，它要求与四周整个灰线镶接互相贯通，与已经扯制好的灰线棱角、尺寸大小、凹凸形状成为一个整体。为此，不但要求操作技术熟练，而且还须细心领会灰线每个细小组成部位的结构，掌握接角处的特点。

接阴角：当房间顶棚四周灰线扯制完成后，拆除靠尺，切齐甩槎，然后进行每两对应的灰线之间的接头。先用抹子抹阴角处灰线的各层灰，当抹上出线灰及罩面灰后，用灰线接角尺，一边轻抹已成活的灰线作为规矩，一边刮接阴角部位的灰浆，使之成形。一边完成后再进行另一边。镶接时，两手要端平接角尺，手腕用力要均匀，用成活的灰线作为规矩，进行修整。灰线接头基本成形后再用小铁皮勾划成型，使接头不显接槎，最后用排笔蘸水清刷，使之挺直光滑。

阴角部位接头的交线要求与墙阴角的交线在一个平面内。

接阳角：在接阳角前，首先要找出垛和柱的阳角距离，来确定灰线的位置，统称为"过线"。

"过线"的方法是用方尺套在已形成灰线的墙面上，用小线锤按在顶棚线的外口。吊在方尺水平线的上端，接着用铅笔划在方尺水平线上，就成为垛、柱靠顶棚上面所需要的尺寸。再将方尺按在垛、柱上，紧挨顶棚划一条线，然后用方尺一头与已形成灰线的上端放平，一头与短线对齐，再用铅笔划一长条直至成形灰线，一头至垛、柱最外处。在垛、柱的另一面，用同样的方法求出所需要的线。(总称灰线上口线)，过下口线是将两边的成形线下口用方尺套在垛、柱上，与成形灰线最下面划齐。在操作时首先将两边靠阳角处与垛柱结合齐，并严格控制，不要越出上下的划线，再接阳角。抹时要与成形灰线相同，大小一致。抹完后应仔细检查阴阳角方正，并要成一直线。

5. 圆形灰线与多线条灰线抹灰

（1）圆形灰线抹灰

一般常见圆形灰线多用于顶棚灯头圆形灰线。使用活模扯制。其操作准备应根据顶棚抹灰层水平，将顶棚底层及中层灰抹好，留出灯位灰线部分。灯位灰线外圈的顶棚中层灰要压光找平一致。找出灯位中心，钉上十字木板撑，并找准中心点。依中心点，最好先轮出灯灰线的外圆铅笔线，作为活模运行的控制标准线。然后将活模钉在中心点上，使其能灵活转动，先空转一圈，看是否与已划好的控制线吻合。

圆形灰线抹灰操作分层作法与上述基本相同。但如板条、板条钢板网顶棚，则底层及中层抹灰应使用纸筋石灰或麻刀石灰砂浆。与顶棚抹灰一样，应将底层灰压入板缝形成角，使其牢固结合，再使用活模绕中心来将灰线抹成形。

在外墙面装饰灰线中也常碰到门、窗洞顶部半圆形灰线，这类半圆形灰线的扯制方法与顶棚灯头圆形灰线的扯制方法基本相同，在半圆的半径上固定一根横摆，找好中心点用圆形灰线活模扯制。

（2）多线条灰线抹灰

多线条灰线根据其部位不同，分别使用死模和活模进行扯制。其施工准备、操作要点等与前述相同。但较复杂的灰线抹灰一般应在墙面、柱面的中层砂浆抹完后，顶棚抹灰没抹之前进行。

多线条灰线具体操作时，墙面与顶棚交接处灰线，也是采用死模操作，其推拉轨道可采用双靠尺死模法。也可采取单靠死模法。

梁底、门窗阳角等部位，一般采用活模操作。

多线条灰线抹灰，常使用纯石膏掺水胶做罩面灰，其操作方法与纸筋石灰罩面扯制方法相同，但要掌握下列操作要点：

1）因石膏凝结很快，操作前应认真做好施工准备。石膏要随拌随用，最好由专人负责，用两个小灰桶轮换拌和使用。

2）灰线扯制动作要快，慢了石膏硬化而无法进行，整条灰线一次扯制完，不要留痕迹。阴角、转角等部位的罩面层的镶接仍用接角尺完成。

3）灰线成形后，立即拆除靠尺。

（二）室外装饰灰线抹灰

室外装饰灰线一般布置在柱顶、柱面、檐口、窗洞口或墙身立面变化处。灰线线角的变化除能增加建筑物外立面的美观、丰富立面的层次外，还能通过灰线的分隔处理，使建筑物各部比例更为协调匀称。

室外装饰灰线的抹灰施工方法与室外其他部位相同材料的施工方法基本相同。当装饰灰线有时凸出墙面或柱面很多时，其基体一般需在砌筑墙身时用砖逐皮扯出，砌筑成所需的轮廓或由结构主体浇注时，一起浇注出细石混凝土基本线条轮廓，再进行装饰灰线抹灰。

当采用粗骨料如水刷石、干粘石、斩假石、等做室外装饰灰线时，为了操作灵活方便，应采用活模。对于室外较宽大的挑檐与墙面交接处的装饰灰线，可用死模扯制。大型灰线角可用相同木模从上面分段扯制，后再进行分段衔接。

1. 扯抹水刷石圆柱帽

（1）施工准备

1）材料：采用普通硅酸盐水泥，强度等级不小于32.5，复核合格。中砂，其含泥量不大于3%，石粒为2mm的米粒石，品种由设计选定。要求一次进料，冲洗干净晾干装袋备用。

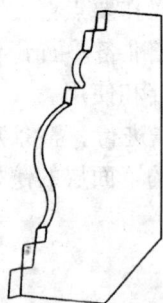

2）工具与机具：装饰抹灰常用工具外，还需用扯灰线用活模及柱帽套板，柱身套板。活模为木制扯制面包镀锌铁皮。如图7-10所示。

上套板为木制的相当于死模的上靠尺，为活模上口做线角的轨道，是一外圆与圆柱设计尺寸相同的圆形木板。见图7-11所示（a），如柱顶为顶棚时，则套板可做成内圆套板，其作用相同。下套板见图7-11所示

图 7-10　柱帽木模

178

（b）。其作用是确定活模在柱身的下轨道是否正确。

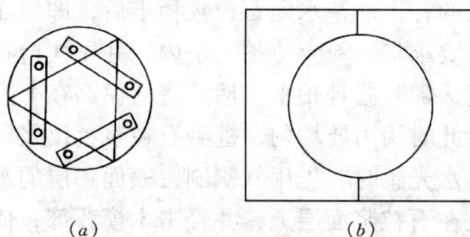

图 7-11　套板

（a）外圆套板（上套板）；（b）内圆套板（下套板）

3）作业条件　柱身结构复验合格。柱身底层灰已抹好，标高、尺寸符合要求。

（2）工艺顺序

柱身顶部复核→固定上套板→柱帽基层复核→扯制毛坯灰线→扯制水刷石面层→喷刷→养护。

（3）操作要点

1）柱身顶部复核：先用下套板复核柱身顶部的尺寸，并进行修整，该处即为柱帽活模的下轨道。

2）固定上套板：根据柱顶中心位置尺寸及柱帽放样宽度将上套板放平固定。

3）柱帽基层复核：将垫层活模上部靠在套板上，下部靠在柱身顶部，对基层逐段校核，必须以套模与基层面保持 20mm 左右的间隙作为抹灰层厚度。基层偏差过大需修凿整理，对孔洞进行填补。

4）扯制毛坯灰线：用 1:2.5 水泥砂浆分层抹在柱帽基层上，并随时用垫层活模上靠套板，下靠柱身来回扯制，直至柱帽垫层毛坯成型并扯毛。扯制时，用力要均匀，并注意保持模身垂直。

5）扯制水刷石面层：毛坯水泥砂浆终凝后即可抹水刷石石粒浆面层，抹前先浇水湿润，然后刷一层薄薄的水泥素浆。并立即用铁抹子将石粒浆抹压上去。抹完后用面层木模上靠套板，下

179

靠柱身且保持垂直，逐段检查水泥石粒浆的盈亏，高于线角的刮去，低于线角的补上。待水泥石粒浆稍干后，即用面层木模轻击石粒浆面层，要求将石粒尖棱拍入浆内，并再次检查石粒浆线角的盈亏及圆度，随时修补拍平。然后将活模靠在上套板和柱身上轻轻地扯动，此时用力要均匀，扯到石粒浆稍出浆即可。当水泥石粒浆表面无水光感时，先用软刷刷去表面一层的水泥浆，然后用面层木模放在石粒浆面层上，并轻击木模背部，使其击出浆水来，再稍提起木模一边轻轻扯动，将石粒浆线角面层拍密、压实。

6）喷刷：待石粒浆面层开始初凝，即用手指轻轻按捺软而无指痕时，即可开始刷石粒。刷时应先刷凹线，后刷凸线，使线角露石均匀。先用刷子蘸水刷掉面层水泥浆，然后用毛刷子刷掉表面浆水后即用喷壶或喷雾器冲洗一遍，并按顺序进行冲洗使石粒露出 1/3 后，最后用清水将线角表面冲洗干净。

7）养护：石粒浆面层冲刷干净 24 小时之后洒水进行养护，一般要求养护期不少于 7d。

2．扯制水刷石抽筋圆柱面

抽筋圆柱是在柱面上嵌有凹槽的圆柱。如图 7-12 所示。

室外抽筋圆柱面层一般采用水刷石作法。

（1）施工准备

1）材料的要求与做水刷石圆柱帽相同。

2）工具与机具与做水刷石圆柱帽基本相同，但需要按设计要求尺寸做垫层套板和面层套板各一块。另外还要做一块缺口板和一些分格条。要求分格条用收缩性小的木材制成，其截面为梯形，外面为圆弧形，并与套板的圆弧相符，

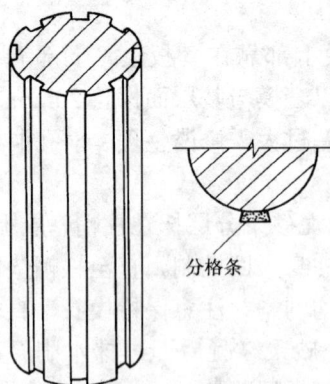

图 7-12　抽筋圆柱及分格条

分格条

尺寸应根据设计要求而定。

3）作业条件要求与上节水刷石圆柱帽相同。

（2）工艺顺序

找规矩→贴灰饼→基层处理→冲筋→抹底子灰→弹线→粘垫层分格条→抹垫层→起分格条→抹筋内水刷石→抹面层石粒浆→起分格条→喷洗→养护

（3）操作要点

1）找规矩：将柱子用托线板或缺口板进行挂线，检查其垂直度和平整度，并找出柱子的中心位置；先在楼、地面上弹线定位，然后在柱子的四个方向的立面弹出柱中心位置线。

2）贴灰饼：在上柱面的四个方向各做一个灰饼，其大小为30mm，厚度为10mm，再利用套板做其他三个方向的灰饼。最后用缺口板线锤检查每组上下两个灰饼垂直度，并以1.5～2m间距作柱中间的灰饼。

3）基层处理：对柱子各面进行剔凿补平，用套板查圆弧，用托线板检查垂直度，修整到位为止。

4）冲筋：在同一水平高度的灰饼间抹水平冲筋，然后用中层套板进行刮平。见图示7-13。

5）抹底子灰：先在柱面上薄薄抹一层水泥素浆，后用1:3水泥砂浆抹底子灰，要求薄而匀，麻面交活。

6）弹线：根据设计要求的间距，在柱面底层上弹出分格线的位置，并用线锤吊直。

7）粘垫层分格条：把用水浸透并沥干的分格条用水泥素浆粘贴在分格线上，要求粘贴平直，接缝严密。

8）抹垫层：在分格条间抹1:2.5水泥砂浆，并用垫层套板刮平分格条面，并将表面划毛。

9）起分格条：垫层抹完，即起出分格

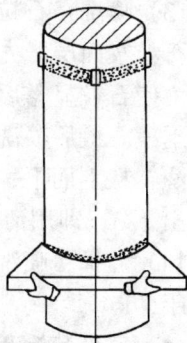

图 7-13　套板刮冲筋

181

条。起分格条时，应先用铁皮嵌入分格条面轻轻摇动，将分格条摇离抹灰层，然后起出，如有损坏应随即修补。此时，抽筋圆柱已初步形成。

10）抹筋内水刷石：当垫层凝结后，可抹水泥石粒浆。并酌情洒水湿润，先薄刷一层水泥素浆。然后将 1:2.5 水泥石粒浆（半干硬性）用铁抹子抹在分格条的柱筋内，抹平两边柱面，并立即拍平拍实。如石粒浆太湿，可用干水泥吸湿后刮去，再拍平拍实。最后对筋内石粒面层进行刷洗，刷至石粒露出 1/3 即可。

11）抹面层石粒浆：首先在刚冲刷好的凹条筋内水刷石面层上用水泥素浆粘贴面层分格条，并用线锤挂直。粘贴分格条的水泥素浆要适量，分格条两边的余浆要刮去，以免去掉分格条后筋内两侧无石粒显露。面层分格条粘完后，即可抹 1:1.25 水泥石粒浆面层。先抹平分格条面，并要抹出圆弧面，并随时用面层套板检查，凹凸处补平、压实，使柱面的圆弧与套板相符为止，当表面已无水光即用抹子溜抹，压出浆水使面层压密，并清理好分格条。

12）起分格条：面层压密、压实后，即可起分格条。用铁皮嵌入分格条内轻轻摇动，分离了两边石粒面层后起出。如面层有了裂缝，即用抹子压实，以免分格缝棱边掉角。

13）喷洗：石粒浆面层开始凝结，手指按捺软而无痕，就可喷洗石粒浆面层。先用鸡腿刷先刷柱筋底面，将嵌分格条的余浆刷掉，使石粒显露后，再刷凹筋内两个侧面，石粒显露后，清水冲洗干净。最后喷洗柱面，先用刷子刷掉面层水泥浆，后用喷雾器喷洗，从上而下，缩短喷洗时间，减少流淌，防止坍塌，待石粒露出 1/3，即用清水从上至下冲洗一遍。

14）养护：喷洗完待 24h 后，洒水养护，一般要求养护时间不低于 7d。

（4）室外装饰灰线质量通病及防治

1）灰层粘结不牢发生空鼓的产生原因是：

基层面没有清理干净，没有浇水湿润，每层灰跟得太紧；混凝土柱面太光滑没有处理。

2）防治灰层粘结不牢发生空鼓的措施：处理基层严格要求，经过检查合格才可开始操作。操作要按工艺要求去做，重视每一抹灰层跟进的时间和养护措施。

3）柱基烂根产生原因是：一般发生在柱与地面及腰线的交接处。杂物没有清理干净。下边没有操作面，压活困难，造成灰层不密实。

4）防治柱基烂根措施是：柱基操作必须将杂物清理干净，并应同时创立一个适宜的操作面。

5）阴角刷石污染不清晰的原因是：做阴角处没有分次做。喷头的角度不对直接影响了另一面，造成污染。

6）防治阴角刷石不清晰的措施是：分两次做，先做好一个平面后，再做另一个平面。并在靠近阴角处，按罩面厚度在底子灰上弹一条垂直线，作为阴角抹直的依据，作完一面再弹线，作为另一面抹直的依据。并要在刷一面时注意保护另一面不要受到污染。

（三）花饰制作与安装

花饰的制品主要有：石膏花饰、水刷石花饰、斩假石花饰和塑料花饰等品种。

花饰是工艺品，但又必须和建筑物本身和谐为一体。并且成为建筑物一部分安装在建筑物某一高度和部位上。实际地观察花饰其形式和各部分比例尺寸的协调一致。就需要将花饰所在部位的房屋结构作出来，可是花饰的预制往往是与房屋结构施工同时进行。为了满足花饰试样的需要先做出一个假结构。其制作要求与真结构的形状、尺寸和标高完全相同，其长短、大小、尺寸可按花饰的尺寸灵活确定，一般以能衬托出花饰所具有的背景为目的。

假结构可用木材作骨架和底衬，再其表面抹灰，一般使用石灰砂浆或水泥纸筋砂浆作底层和中层，用纸筋灰罩面。假结构一次用完后稍加修整，就可以重复轮换使用。

1.花饰的制作

（1）施工准备

1）材料：普通硅酸盐水泥（强度不小于 42.5）、石膏、纸筋、粘土、石粒、钢筋网、明胶、明矾、油脂等。

2）工具与机具：装饰抹灰需用工具、塑花板、排笔、刷子、空压机、喷雾器等。

（2）工艺顺序

制作阳模→浇制阴模→浇制花饰制品

（3）操作要点

1）制作阳模

A.刻花：适用于精细、对称、体型小、线条多的花饰图案。常用石膏雕刻制作阳模。

方法：以花饰的最高厚度以及最大的长度、宽度（或直径）浇一块石膏板，然后将花饰的图案用复写纸描印在石膏板上。用钢丝锯锯去其不需要和空隙部分，并把它胶合在另一块大小相同的底板上，再修雕成阳模（无底板的花饰只要锯好，修雕即可）。

B.垛花：通常是直接垛在假结构的所在部位上，经修整后，翻制水刷石花饰。

方法：用较稠的纸筋灰按花饰样的轮廓一层一层垛起来（按图放大 2%），再用塑花板雕塑而成。主要有四个步骤：

描印花饰轮廓　在纸筋灰未干时，将花饰图案覆盖在花饰上，用塑花板按图刻画，将纸上花纹全部刻印在抹灰面上。

捣草坯　用塑花板把纸筋灰（可加点水泥）垛在刻画的花饰表面。逐步加厚，使花饰的基本轮廓呈现出来。

填花　在草坯上用塑花板进行立体加工，用纸筋灰添枝加叶，后加以修饰使花饰逼真，丰满有力。

修光　用各种塑花板进行精细加工，使花饰表面光滑，达到逼真、清晰的效果。

C. 泥塑：适用于大型花饰。使用质粘，柔软、易光滑的灰褐色粘土。利用泥的塑性，边塑边改。

方法：先将粘土浸水泡软，捣成一块底板，其厚度应与施工图纸中花饰底板厚度相同（也可不捣底板），后将图纸上的花饰图案刻画在泥底板上（无底板的刻在垫板上）。根据花饰形状大小，用泥团塑在底板上，其厚可先塑 3/5 为宜，后用小泥团慢慢加厚加宽，完成花饰的基本轮廓，后用塑花板消添，修饰成符合要求的泥塑的花饰阳模。但应注意保养，防止干裂。

2) 浇制阴模：制阴模的方法有两种：一种是硬模，适用于水泥砂浆、水刷石、斩假石花饰。另一种是软模，适用于石膏花饰。花饰过大，要分块制作，并需配筋。两种制模方法分别介绍如下。

A. 软模制作：当实样（阴模）干燥硬化后，用木螺丝将其固定在木底板上，将螺丝孔补平修光，再加刷泡立水（虫胶漆）2～3 度（泥模为 4 度），每次应当在前一次干燥后刷第二道。其泡立水干燥后，再抹上掺煤油的黄油调和油料，然后在周围加挡胶板，其高度比阳模最高面高出 3cm。距离与阳模的最近处不宜小于 2cm。并将板缝用石膏或粘土封住，以免漏胶。后在挡胶板上刷油 1 度后浇制明胶模。明胶选淡黄色透明的为最佳。如花饰数量多，选甲种，花饰数量少，选乙种。明胶加热 30℃，开始熔化，到达 70℃时停止加热，并应从加热开始不断搅动，使容器内胶液温度均匀一致。浇模时，应使胶水从阳模边缘慢慢浇入，不可急浇，每平方米的阳模浇模时间控制 15min 为好。应使胶水畅流各处。并应注意温度，温度高时热气上升，使明胶发泡，温度低了，胶水则沉滞而发厚，花饰细密处不易渗流密实。

浇模应一次完成，不应留接头，并要使同一模胶水，稠度一致，阴模的厚度比花饰最厚处大 5～20mm 左右。各处厚度均匀一致。不应有残缺、走样、发毛、不平滑等缺陷。

浇制阴模约 8～12h 取出实样（即阳模）。并用明矾和碱水洗净。并应在每次浇制花饰前，在模子上撒滑石粉或涂无色隔离剂。

B.硬模制作，阳模干燥后，即开浇模。先在表面涂一层稀机油或凡士林，再抹5mm厚素水泥浆，稍干收水放好配筋，用1:2水泥砂浆浇灌。模子的厚度要考虑硬模刚度，最薄处要比花饰的最高处高出2cm。阴模浇制后3～5d倒出实样。并将阴模花纹修整清楚，用机油刷净，刷三道泡立水备用。初次使用硬模，让其吸足油分。每次浇制花饰时，模子先涂掺煤油的稀机油。

3）浇制花饰制品

A.水泥砂浆花饰

将配好的钢筋放入硬模内，再将1:2水泥砂浆（干硬性）或1:1的水泥石粒浆倒入硬模内进行捣固，待花饰干硬至用手按稍有指纹但又不觉下陷时，即可脱模。脱模时将花饰底面刮平带毛，翻倒在平整处，脱模后应即时检查花纹并进行修整，再用排笔轻刷，使表面颜色均匀。

B.水刷石花饰

先将1:1.5水泥石粒浆倒入硬模内，捣至密实，厚度为10～15mm，再将1:3的干硬性水泥砂浆作填充料，抹至模口上平为止。待花饰硬至用手下按稍有指纹但不下陷时，便可以脱模。在脱模时，要求将花饰底面刮平带毛，再将其翻倒在平整处，进行检查和修补，然后用软刷子蘸水将表面素水泥浆刷掉，使石子显露出来。

C.石膏花饰

石膏花饰采用明胶阴模，浇制前需在已做好的阴模内浇一层明胶模，其比例为明胶:水:工业甘油＝8:8:1，胶模宜薄不宜厚，结膜后再在明胶模花饰表面撒一层滑石粉或刷一层无色纯净的隔离剂，涂刷要均匀，不得漏刷和过厚。然后将石膏粉调成石膏浆，石膏浆的配合比一般为石膏:水＝1:0.6～0.8（重量比），但可视石膏粉的性能作适当调整。石膏浆应用竹丝帚不停地搅拌，使其无块粒并使稠度均匀。石膏浆拌制好以后，随取之注入模具内$\frac{2}{3}$用量，而后将模具轻轻振动，使石膏浆在花饰各处充注密实，再掺加进麻丝类纤维及骨架锚固件，但石膏制品不宜掺加易锈金属丝，否则会出现氧化锈斑。再继续浇注石膏浆至模口，并用直尺刮平，待其稍结硬后，将其背面划毛。翻模时间一般控制在 5～10min，习惯的方法是用手摸时有热感即可翻模。刚翻好的花饰应平放在与花饰底形相同的木底板上，如有麻眼，花纹不整齐现象，须用石膏修补整齐，使花饰清晰、完整、表面光洁为止。

2．花饰的安装

花饰的安装方法一般有三种：粘贴法、木螺丝固定法，螺栓固定法。

（1）粘贴法

一般适用于重量轻的小型花饰安装。具体操作方法：

1）首先在基层面上刮一道水泥浆，其厚度为 2～3mm 左右。

2）将花饰背面稍洒水湿润，然后在花饰背面涂上水泥砂浆，也可用聚合物水泥砂浆，如果石膏花饰可在背面涂石膏浆或水泥浆粘贴。

3）与基层紧贴后，再用支撑进行临时固定，然后修整接缝和清除周边余浆。

4）待水泥砂浆或石膏达到一定强度后，将临时支撑拆除掉。

（2）木螺丝固定法

适用于重量较大，体型稍大的花饰。具体操作方法：

1）与粘贴方法相同，只是在安装时把花饰上的预留孔洞对准预埋木砖，然后再拧紧铜丝或镀锌螺丝（不宜过紧）。如果是石膏花饰在其背面需涂石膏浆粘贴。

2）安装后再用 1:1 水泥砂浆或水泥浆把螺丝孔眼堵严，表面用花饰一样的材料修补平整，不露痕迹（如是石膏花饰就需用石膏浆来修补螺丝孔眼）。

3）花饰如果安装在顶棚上时，应将顶棚上预埋铜丝与花饰上的铜丝连拉牢固。其他的同前要求。

(3) 螺栓固定法

适用于重量大的大型花饰，具体操作方法：

1) 将花饰预留孔对准基层预埋螺栓。

2) 按花饰与基层表面的缝隙尺寸用螺母及垫块固定。并进行临时支撑，当螺栓与预留孔位置对不上时，应采取绑扎钢筋或用焊接的补救办法来解决。

3) 花饰临时固定后，将花饰与墙面之间的缝隙和底面要用石膏堵严。

4) 然后用 1:2 水泥砂浆分层进行灌筑，每次灌筑高度 10cm 左右，并随即用竹片插捣密实，每次水泥砂浆终凝后，才能浇上一层。

5) 待水泥砂浆有足够强度后，拆除临时支撑。

6) 清理周边堵缝的石膏，再用 1:1 水泥砂浆修补整齐。

3．安装花饰的一般要求

(1) 花饰必须达到一定强度时方可进行安装，安装前要求把花饰安装部位的基层清理干净，平整、无凹凸现象。

(2) 安装前，按设计要求在安装部位上弹出花饰位置中心线。

(3) 安装时，应与预埋的锚固件连接牢固。

(4) 对于复杂分块花饰的安装，必须在安装前进行试拼，并分块编号。

(5) 预制混凝土花格饰件，应用 1:2 水泥砂浆砌筑，相互之间用钢筋销子系固。拼砌的花格饰件四周，应用锚固件与墙、柱或梁连接牢固，以加强稳定性和牢固程度。

4．花饰安装质量通病及防治

(1) 花饰安装不牢固的主要原因

1) 花饰与预埋在结构中的锚固件未连接牢固。

2) 基层预埋件或预留孔洞位置不正确、不牢固。

3) 基层清理不好，在抹灰面上安装花饰时抹灰层未硬化，花饰件与基层锚固连接不良。

（2）防治花饰安装不牢固的主要措施

1）花饰应与预埋在结构中的锚固件连接牢固。

2）基层预埋件或预留孔洞位置应正确。

3）基层应清洁平整，符合要求。

4）在抹灰面上安装花饰，必须待抹灰层硬化后进行。

5）拼砌的花格饰件四周、应用锚固件与墙、柱或梁连接牢固，花格饰件相互之间应用钢筋销子系固。

（3）花饰安装位置不正确产生的主要原因

1）基层预埋件或预留孔洞位置不正确。

2）安装前未按设计在基层上弹出花饰位置的中心线。

3）复杂分块花饰未预先试拼、编号，安装时花饰图案吻合不精确。

（4）防治花饰安装位置不正确的措施

1）基层预埋件或预留孔洞位置应正确，安装前应认真按设计位置在基层上弹出花饰位置的中心线。

2）复杂分块花饰的安装，必须预先试拼，分块编号，安装时花饰图案应精确吻合。

（四）石膏装饰件安装

传统的预制花饰线角，多为石膏预制，在室内装饰中，石膏装饰件运用更为广泛。由于石膏装饰件是脆性材料其安装施工由国家建设部与国家质量监督检验检疫总局联合发布"住宅装饰装修工程施工规范"中对其制作安装有下列规定：

装饰线安装的基层必须平整、坚实、装饰线不得随基层起伏。

装饰线、件的安装应根据不同基层，采用相应的连接方式。

石膏装饰线、件安装的基层应干燥、石膏线与基层连接的水平线和定位线的位置、距离应一致，接缝应45°角拼接。当使用螺钉固定花件时，应用电钻打孔，螺钉钉头应沉入孔内，螺钉应做防锈处理；当使用胶粘剂固定花件时，应选用短时间固化的胶粘材料。

1．施工准备

（1）材料

1）石膏装饰线角、采用市场成品料。

2）石膏粉、木螺丝、石膏粘结剂等。

石膏装饰线角示例如图 7-14 所示。

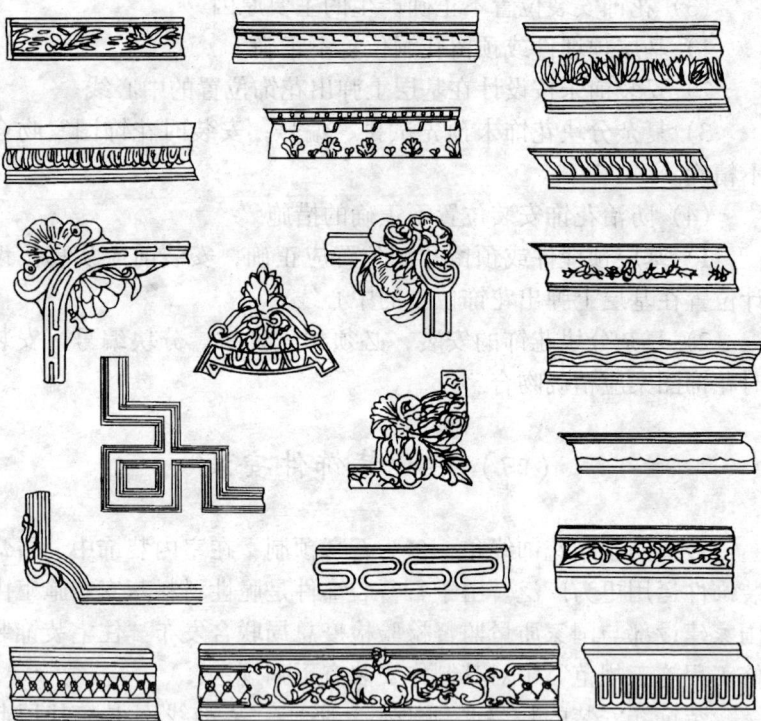

图 7-14　石膏装饰线角示例

（2）工具与机具

冲击钻、手电钻、锤子、凿子、平尺、靠尺、铁抹子、尼龙线、角尺、方尺、小灰捅等。

（3）作业条件

1）吊顶与墙体饰面已完成。各种湿作业工序已竣工。屋内清理已完成。水平基准线已找好。

2）对现场的装饰线角数量、质量逐一检查。将有严重损伤的线角拣出。对损伤较轻进行修补。其方法为：扫去损伤处的浮尘，清水湿润。调石膏粉与水成膏状。用钢片批灰刀（扁状）把石膏浆抹嵌在损伤处。固结后，用 0 号砂布打磨平齐。如一次不行，等 20min 再抹一次，后打磨，直至达到质量要求。

2. 工艺顺序

定位弹线→固定线角→整理

3. 操作要点

（1）定位弹线

对各种顶棚阴角线、艺术花角、直线厚雕线角、浮雕艺术灯圈及独立装饰花饰做精确定位，弹出限位线。

弹限位线的目的有两个，一是保证石膏线板固定在同一水平上（以室内水平基准线为准）二则可保证对碰角度一致。具体施工时可以根据石膏线板设计要求的安装角度来定限位线，然后根据安装角度做靠模槽、靠模槽上锯路槽的两个角度要相同。

（2）固定线角

固定方法采用预埋件或打孔塞入木榫，然后将装饰线背面用水湿润并抹上石膏浆，将线脚贴于基层做临时固定，然后在预埋件或木榫的位置处用手电钻打孔用木螺丝拧入固定，随即将花饰线周边挤出的余浆清理干净。如图 7-15 所示。

在作阴角位安装时，两条线板在 90°角处对碰时，要在两条线板对碰端先开出 45°的对碰口，

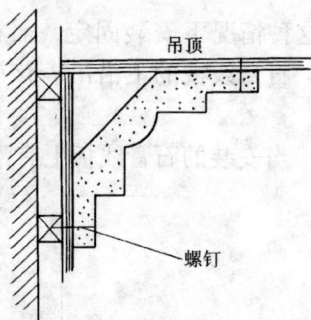

图 7-15 石膏线板的固定

开碰口需用靠模板并把线板正面向上，内靠模槽，再用细齿锯沿靠模板上的锯路槽开出，靠模槽用厚木板钉成，靠模槽的宽根据石膏线板的宽度，靠模槽上的锯路槽有两个45°，制作时必须注意，否则开出对碰口因角度不对而碰不上口。靠模槽上锯路槽的角度位置见图7-16。

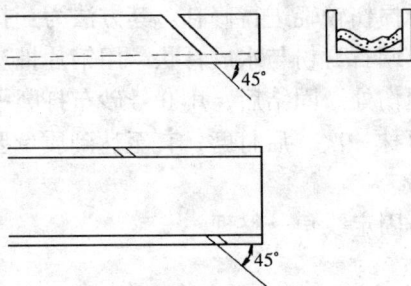

图 7-16　切对接口的靠模

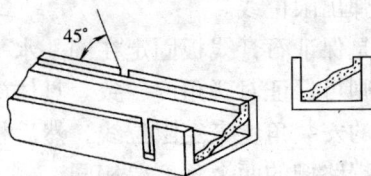

图 7-17　按实际安装位置定位的靠模

如果靠横槽的宽度按照线木板实际安装的位置宽度来定，锯路槽可以按正常的 90°来做。见图7-17。

很多石膏线板不以 45°固定安装，通常，把石膏线板的安装角定为 20°、30° 和 40°。在这种情况下安装固定，需在安装的角位立面上弹出一条限位线，石膏线板的下沿沿着该限位线固定。如图7-18、图7-19所示。

当安装的石膏线板上有浮雕花纹时，在两线板对口和对角时

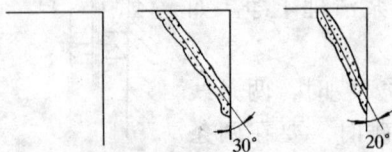

图 7-18　石膏线板不等角安装

192

应注意花纹的一致性和完整性。

在檐口位的线角安装，石膏柱位的安装、石膏花盘的安装工艺过程均同线角安装。

（3）整理

石膏装饰件经安装固定后，表面会留下钉眼、碰伤和对接缝等缺陷。对这些缺陷应分别进行处理。一般钉枪的钉眼较小，可不作处理，但对钉眼较集中的局部和用普通铁钉的钉眼就必须修补处理。

图 7-19　按限位线
按装石膏线板

修补处理是用石膏调成较稠的浆液，涂抹在缺陷处，待干后再用零号细砂布打磨平。如浮雕花纹处有明显的损伤，就需用小钢锯片细致地修补，待干后再用零号砂布打磨。

待修补工作完成后，便可进行饰面工作。石膏装饰件的饰面通常采用乳胶漆，刷乳胶漆时，可将乳胶漆加一半的水稀释，再用毛刷涂刷 2～3 遍成活。

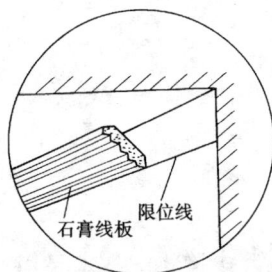

复 习 题

1．顶棚扯抹灰线怎样找规矩弹线？

2．顶棚抹灰线时有哪些操作要点？

3．怎样抹扯圆柱帽带线角的水刷石？

4．怎样抹扯圆柱水刷石抽筋柱？

5．花饰有哪些品种？什么叫假结构？

6．怎样制作软模和硬模？有哪些要求？

7．石膏花饰采用什么模进行浇制？

8．浇制水刷石花所用的石粒浆配合比是多少？其稠度有哪些要求？

9．安装花饰有哪些方法？操作要点有哪些？

10．石膏装饰制作安装国家有哪些施工规范要求？

八、古建筑装饰

古建筑装饰技术是以画、雕、塑为主。以及地面铺砌墁地。这些是抹灰工应掌握的古建筑的装饰和修复技术。

（一）古建筑的装饰技术

古建筑做法多在楼阁亭台上以花卉、树木、飞禽走兽和各种历史人物，以及神话传说为题材，配以形形色色的花纹镶边装饰于结构的各部位。形成了具有我国浓厚的传统民族风格，以及我国人民独特的操作技能。

根据古建筑装饰的施工方法及所用材料的不同，大致分为三种，彩画、堆塑、砖雕三种。

彩画是我国建筑装饰的一个重要部分，"雕梁画栋"就是在檐下及室内的梁、枋、斗拱、天花及柱头、墙面上彩画各种图案。但这些操作技能目前属于油漆工的技术范围。

1. 堆塑

堆塑是在屋脊、檐口、飞檐和戗角等处，使用纸筋石灰一层层堆起具有立体感、栩栩如生的古式装饰。

（1）工艺顺序

扎骨架→刮草坯→堆塑细坯→磨光

（2）操作要点

1）扎骨架：用铜丝或镀锌铅丝配合粗细麻，按图样先绑扎成人物（或飞禽走兽）造型的轮廓。主骨架可用8号铅丝或直径6mm钢筋绑扎在屋脊处，与屋面上事先预埋钢筋连接牢固。

2）刮草坯：用纸筋灰一层层堆塑出人物或动物模型。由于纸筋灰的收缩大，堆塑时可参照图样或实样按2%比例放大。刮草坯使用粗纸筋灰，其配合比为 1:2 = 100kg 块灰:200kg 粗纸筋，将纸筋先用瓦刀或铡刀斩碎，泡在水里加入生石灰沤烂时间约为 4～6 个月，泡至烂软后捞起与石灰膏拌和至均匀带有粘性后就可使用。刮草坯要一层一层堆塑，使用稠一些纸筋灰，每层不要太厚，每层控制在 0.5～1cm，以免干缩过大变形开裂。部分较厚处，可以多堆塑几遍。

3) 堆塑细坯：用细纸筋灰按图样（或实样）两度堆塑。细纸筋灰的加工和配合比同粗纸筋灰。但是细纸筋捞出后要进行过滤，清除杂质。所用的纸筋灰要掺入青煤，其掺入量以能达到与屋面砖瓦同色为准。青煤要事先化开，加入牛皮胶，拌至均匀后使用。

4) 磨光　是使用铁皮或黄杨木加工的板形及条形溜子，将塑造的装饰品从上到下进行压、刮、磨 3～4 遍，直到压实磨光为止。第一遍磨压时留下的痕迹，在第二遍磨时将痕迹压平直至发亮为止。并要掌握好压实磨光的关键，花饰愈压实磨光，愈不会渗水，经历的年代愈长。

2. 砖雕

砖雕是古建筑装饰中最精细别致的一种花饰，它具有刻画细腻，造型逼真，技艺深邃、布局匀称、构造紧凑、贴切自然的特点。

砖雕可以在一块砖上进行，也可以由几块砖组合起来进行。一般是预先雕好，再分块安装。

雕刻的手法有平雕、浮雕、透雕。平雕是雕刻的图案完全在一个平面上，通过图案的线条给人以想象立体感。浮雕又分浅浮雕和高浮雕。浅浮雕是少部分呈立体；高浮雕是大部分呈立体。透雕是绝大部分或全部呈立体。甚至雕成多层立体。

因此，砖雕视装饰品的透视程度来确定其厚薄。有一层砖、二层，甚至三层砖之分，常见的多为 1～2 层砖。

如果两层砖厚度不够，而用三层多余，这就需要将砖进行加工，把砖锯成需要的厚度，再刨光，磨光后用生漆胶牢，两个星期后方可使用。

（1）雕刻工具　刨刀、板凿、条凿、花凿、铲刀、刬刀、刮刀、小铲、油铲、披灰竹板刀等。多为操作工人视需要自行设计加工的。

（2）工艺顺序

选砖→刨平草坯→凿边与兜方→翻样→雕刻→过浆→装贴

1）选砖：雕刻用的砖比砌墙、墁地用砖要求严格，要挑选质地均匀、严密的砖，凡有裂缝、砂眼、缺角、掉边者不能选用。如同买瓷器，敲之清脆者好，否则雕刻时易破碎。

2）刨平草坯：先确定统一规格尺寸，选薄的一边为标准刨平，接着按刨刀宽度将四周刨平，最后把剩下中间的一块按上法全部刨平。

3）凿边兜方：从较好的一边开始，用直尺画线，把一边刨平。然后依次用方尺画线，把其余三边凿齐刨平。要求面大底小成楔形，以便拼缝严密。最后用方尺套方，检查砖的对角线长度，做到上下整齐严密，整齐吻合。

4）翻样：按设计图样计算好用砖块数，将其铺在平整地上或工作台上，将砖缝对齐，四周固定挤紧，然后用复写纸将图样描在砖面上。如为双层砖，也照此方法重新作一遍，然后再分层分块进行雕刻。

5）雕刻：雕刻前，检查砖的干湿程度，潮湿的砖必须晒干后，方可进行雕刻。雕刻的要点是：先凿后刻，先直后斜，再铲、刬、刮平。用刀的手要低，凿时要轻，用力均匀，并根据不同部位使用不同工具，从浅到深逐步进行。遇到有砂眼、缺角、掉边情况时，可用砖粉拌以油灰（1:4桐油石灰）胶牢修补，待干后用砂子磨，直到看不出修补时为止。

6）过浆与磨光：过浆即用瓦片湿磨后澄清的浆涂抹一遍雕好的砖雕，待干后用细砂皮、砂头砖、油石或堆上砂子进行磨光。

7）装贴　把砖雕在装贴前应浸水到无气泡为止，捞出来晒干。再把油灰（配合比细石灰:桐油:水＝10:2.5:1，拌和后放在石臼舂 2h，舂后很干，再用桐油拌到可用稠度为止。贴时将墙面找平弹线即可用油铲把油灰满铺砖的背面，从下而上，从左到右装贴，砖缝用竹板刀披灰挤紧。双层砖的用元宝榫连接，即从砖的侧面嵌入事先加工的元宝榫。有砖刻花纹镶边的，应按上述次序先贴镶边，最后到上面与右面的镶边收尾。

（二）地 面 铺 砌

古建筑的地面分室内地面和室外散水、甬路等两类，一般都采用砖墁地，只有宫殿的甬路采用条石铺墁，称为"御路"。地面用的砖料分方砖和条砖两大类。地面的砖缝形式有正方、斜方、六角、八角，还有使用条砖的人字纹，十字缝、拐子锦等。如图 8-1 所示。

1. 施工准备

（1）材料：主要是根据路面大小准备砖料。一般规格有尺四方砖（44cm×44cm×4.5cm）尺二方砖（38cm×38cm×4cm）或一尺方砖（32cm×32cm×3.5cm）。把砖进行干燥。方法是搭棚防雨，架空晾干。然后选择色泽均匀、边角整齐、无砂眼的砖。对需要进行加工的砖（即边角）先用平尺检查平整，然后进行找方或锯角（六角或八角）再磨四边。

（2）工具：木剑、墩锤、瓦刀、油灰槽、浆壶、刷子等。

（3）作业条件：垫层应做好，平整度符合要求。检查房间四周交角是否为 90°，弹出墙面标高线，打出十字坐标线，使砖缝与房间轴线平行，并计算砖的趟数，并应为单数，使中间一趟居中，破活放里面，门口为整砖。

2. 工艺顺序

冲趟→样趟→揭趟→上缝→铲凿缝→刹趟→打点→漫水→攒生

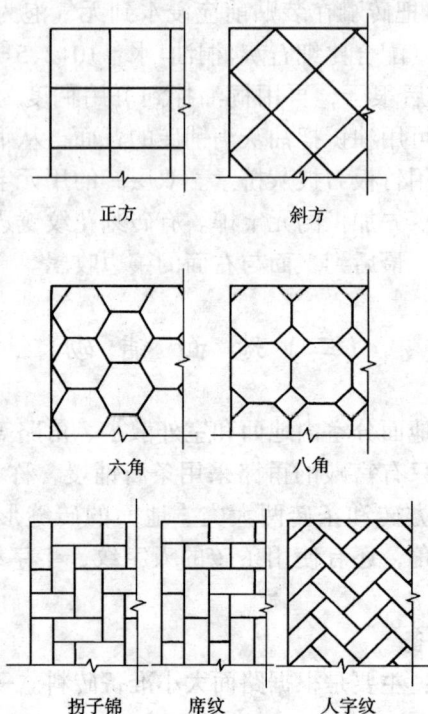

正方　　　　斜方

六角　　　　八角

拐子锦　　席纹　　人字纹

图 8-1　铺地形式

3．操作要点

1）冲趟：按测量后的标高线在房间长向左右各先墁一趟砖，称为"冲趟"。冲趟后墁地。墁地灰浆厚度不小于 5cm，灰浆比例为白灰∶黄土＝4∶6。冲趟时要按标高线检查上平及用水平尺检查平整度，后先虚铺灰土放砖、拍实。

2）样趟：即中间的砖以两端冲趟的砖为准拉线试铺，看砖的平顺，砖缝严密程度，都要找合适为准。

3）揭趟：是将试铺的砖再揭下来，并逐块记号，然后在泥灰上泼洒石灰浆作为座浆，并用刷子把砖边肋刷湿。

4）上缝：用竹片刀（木剑）在砖的里口抹上油灰。其配合比为面粉∶细白灰粉∶烟子∶桐油＝1∶4∶0.5∶6。后按编号在原位置把砖墁墩好，并用木锤轻拍使浆坐实。

5）铲凿缝：即用竹片将砖面上多余的油灰铲刮干净，并用磨头（油石）把砖与砖之间的凸起部分磨平。

6）刹趟：拉水平线为标准，检查砖楞有不平处（凸起），用磨头磨平。

7）打点：砖面上有砂眼缺陷处，要用砖药打点（即修）整齐和擦净地面。

8）漫水：整个地面局部凸凹不平处，用磨头沾水磨平，后将全部地面擦洗干净。

9）攒生：地面干透后，用生桐油在地面上反复涂抹或浸泡。

（三）古建筑的修复修缮

1. 古建筑花饰的修复

古建筑的花饰为抹灰方法制成的和以砖瓦制成的两种。抹灰方法制成的又根据制作手法的不同又可分为"堆活"和"镂活"两种。

花饰修复，一般采用堆补法。其方法是：先用麻刀石灰在损坏的部分打底，再用纸筋石灰按照原样堆塑，趁纸筋石灰未干时，在上面洒上砖粉面，并用小压抹子赶出光来。

对于玻璃花饰的修复，可以采用水泥砂浆堆塑，打点后进行油饰。另外一种修复花饰的方法叫制模浇注法，这种方法用于一切可以制模的花饰和脊兽。

（1）用样品作内胎制作模具时，找一个样品用泥、石膏或水泥做模，用样品作内胎。在内胎上涂抹凡士林或有机硅脱模剂。模具分成若干块组合、绑扎而成。用1:2水泥砂浆浇注，脱模后应及时修理合模缝，再根据要求刷色。

（2）在花饰造型比较复杂时，可采用胶模脱模法制作。胶模的制作方法是：先将猪膘用开水发开，加热到80℃，往膘内加入1/10的煤油，搅拌均匀后即可使用，然后将制成的煤油膘浇在内胎上，冷却后即成胶模。花饰较大，可以将胶模分块，再进行组装。

修复好的花饰，应形象生动、细致、干净、线条清晰才行。

2．古建筑墙面抹灰的修缮

古建筑墙面抹灰的修缮，应根据不同历史时期建筑材料的发展和变化进行，一定要保持原有的建筑风格和材料使用特点，不同历史时期的建筑风格不可混合，否则就不是修缮。

对于有抹灰层的旧墙体，首先将墙内脱落的旧灰皮铲除干净，墙面用水淋湿，然后按原方法，原厚度分层抹制，压实。

复 习 题

1．古建筑装饰以什么为主？
2．堆塑使用什么砂浆？
3．堆塑磨光有哪些要点与要求？
4．砖雕有哪些施工工艺顺序？
5．砖细墁地应注意有哪些要求？有哪些工艺顺序？
6．古建筑修复花饰的方法有几种？

九、工 料 计 算

(一) 工程量计算

工程量是以自然计量单位或物理计量单位所表示的各分项工程量或结构构件的数量。

1. 工程量计算的意义

(1) 工程量计算是编制工程预算造价的主要环节，是工程预算书的重要内容。

(2) 工程量是建筑企业编制施工作业计划，合理安排施工进度，组织劳动力和材料供应的重要数据。

(3) 工程量是建筑企业进行财务管理、成本管理和经济核算的重要依据。

2. 工程量计算的一般原则

工程量计算是一项工作量大而又十分细致的工作，计算结果的精确性关系到工程预算成本价格的准确合理性。为了准确计算工程量，通常要遵循以下原则：

(1) 计算口径要一致，避免重复列项

计算工程量时，依据施工图列出的分项工程的口径（指分项工程所包括的工作内容和范围），必须与预算基价中相应分项工程的口径相一致。

(2) 工程量计算规则要一致，避免错算

按施工图纸计算工程量所依据的计算规则，必须与当地现行预算基价计算规则相一致。

(3) 计算尺寸的取定要准确

在计算工程量时，首先要对施工图纸的尺寸进行核对，然后再准确取定各子目的计算尺寸。

(4) 计算单位要一致

按施工图纸计算工程量时，所列出的各分项工程的计量单位，必须与预算定额中相应项目的计量单位相一致。《全国统一建筑工程预算工程量计算规则》（土建工程）第一节104条指出：除另有规定外，工程量的计算单位应按下列规定计算：

1）以体积计算的为立方米（m^3）。

2）以面积计算的为平方米（m^2）。

3）以长度计算的为米（m）。

4）以重量计算的为吨或千克（t 或 kg）。

5）以件（个或组）计算的为件（个或组）。

(5) 工程量计算准确度要统一

汇总工程量，其准确度取值：立方米，平方米，米以下取两位；吨以下取三位；千克、件取整数。

(6) 计算工程量时要遵循一定的顺序。

计算工程量时要遵循一定的顺序，依次进行计算，避免漏算或重复计算

3．工程量计算步骤

(1) 列出分项工程项目名称

(2) 列出工程量计算式

(3) 调整计量单位

4．工程量计算的主要规则

(1) 楼地面工程量的计算规则

1）一般抹面工程

(A) 面层：各类面层均按主墙间净面积计算。应扣除凸出地面的构筑物、设备基础、室内铁道及不需作面层的沟盖板所占的面积。不扣除柱、垛、间壁墙、附墙烟囱及 $0.3m^2$ 以内孔洞所占的面积，但门洞、空圈、暖气包槽，壁龛的开口部分，亦不增加。

（B）抹楼梯面层，以水平投影面积（包括踏步及休息台）计算，基价内已包括踢脚板及底面抹灰，刷浆工料，楼梯井宽度在 50cm 以内者不予扣除。

（C）散水按 m^2 计算，长度按外墙外边线长度（不减坡道，台阶所占长度，四角延伸部分亦不增加）宽度按设计尺寸。

（D）各类台阶均以水平投影面积计算，基价中已包括面层及面层以下的砌砖或混凝土的工料，不包括筋墙及相关项目，凡室内外地坪差超过 60cm 的台阶不适用本基价，应根据设计要求，按图示尺寸计算各分项工程量，另套相应基价。

（E）水泥砂浆踢脚板，以延长米计算，不扣除门洞及空圈的长度，但门洞空圈和垛的侧壁亦不增加。

（F）垫层：地面垫层面积同地面面积，应扣除沟道所占面积乘以垫层厚度以 m^3 计算。

（G）防潮层：地面防潮层面积同地面面积，墙面防潮层按图示尺寸以 m^2 计算，不扣除 0.3m² 以内的孔洞。

（H）伸缩缝：各类伸缩缝均以延长米计算，伸缩缝项目，适用于楼地面，屋面及顶棚等部位。

【例】　图 9-1 所示房屋，地面面层为水泥砂浆 20mm 厚，垫层为 C10 混凝土 60mm 厚，水泥砂浆踢脚板。试计算：

①C10 混凝土垫层工程量；

②水泥砂浆面层工程量；

③水泥砂浆踢脚板工程量

【解】

①垫层工程量 $= (4.2 - 0.12 \times 2) \times (3.6 - 0.12 \times 2) \times 0.06$
$= 0.798 m^3$

②面层工程量 $= (4.2 - 0.12 \times 2) \times (3.6 - 0.12 \times 2)$
$= 13.306 m^2$

③踢脚板工程量 $= [(4.2 - 0.12 \times 2) + (3.6 - 0.12 \times 2)] \times 2$
$= 14.64 m$

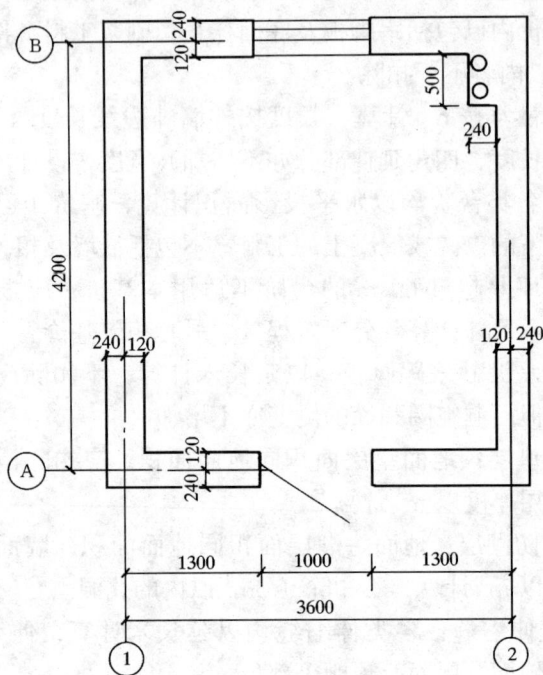

图 9-1　房屋平面图

2）装饰工程

（A）楼地面整体面层均按主墙间净空面积计算，应扣除凸出地面的构筑物，设备基础等不做面层的部分，不扣除柱、间壁墙以及 0.3m² 以内孔洞等所占的面积，但门洞空圈部分亦不增加。

（B）楼地面块料面层均按图示尺寸实铺面积以 m² 计算，应扣除各种所占面层面积的工程量，但门洞、空圈、暖气包槽、壁龛的开口部分的工程量并入相应的面层内计算。

（C）楼梯面层均以水平投影面积（包括踏步及休息平台）计算，楼梯井宽度在 50cm 以内者不予扣除，基价内不包括楼梯踢脚板、侧面、底面抹灰。

（D）台阶按水平投影面积计算，不包括翼墙、花池等。如台阶与平台连接时，其分界线应按最上层踏步外檐加30cm计算。

（E）栏杆、扶手包括弯头长度按延长米计算，斜长部分的长度可按其水平长度乘以系数1.15计算。

（F）防滑条按楼梯踏步两端距离减30mm以延长米计算。

（G）整体面层踢脚板以延长米乘高度计算，不扣除门口，侧壁亦不增加；块料面层踢脚板均按图示尺寸以m^2计算。

【例】 试计算如图9-2所示某建筑物镶贴大理石台阶工程量。

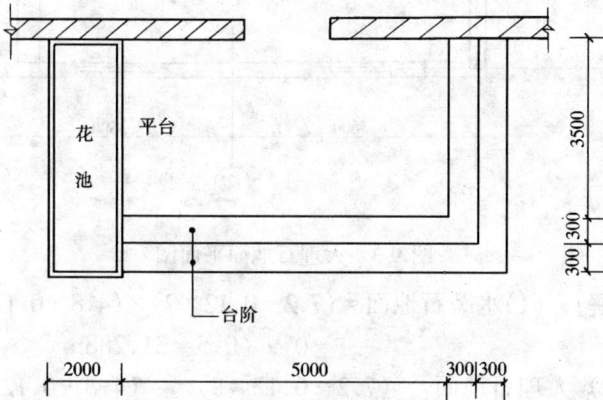

图9-2 台阶平面图

【解】 台阶加带有平台部分，应分开计算，平台套用相应地面定额基价。

(1) 台阶大理石工程量 $=（5+0.3×2）×0.3×3+$
$$（3.5-0.3）×0.3×3$$
$$=7.92m^2$$

(2) 平台大理石工程量 $=（5-0.3）×（3.5-0.3）$
$$=15.04m^2$$

【例】 （1）试计算图 9-3 所示房屋水磨石地面工程量。

（2）试计算图 9-3 所示房屋大理石地面工程量。

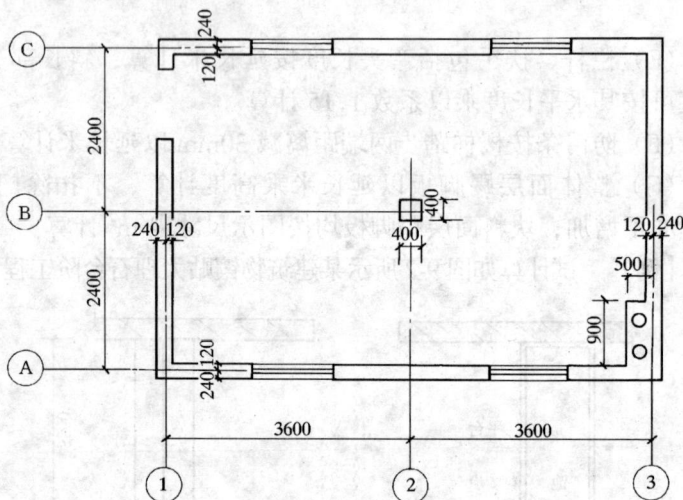

图 9-3 大理石地面平面图

【解】 （1）水磨石地面＝$(7.2-0.12\times2)\times(4.8-0.12\times2)$
$$-0.9\times0.5=31.288\text{m}^2$$

（2）大理石地面＝ $(7.2-0.12\times2)$ × $(4.8-0.12\times2)$
$$-0.9\times0.5-0.4\times0.4=31.128\text{m}^2$$

（2）一般抹灰工程

1）顶棚抹灰：

顶棚抹灰面积，以主墙间的净空面积计算，不扣除间壁墙、垛、柱、附墙烟囱、检查洞和管道所占的面积。带有钢筋混凝土的顶棚，梁的两侧面抹灰面积应并入顶棚抹灰工程量内计算。

2）内墙面抹灰

（A）内墙面抹灰面积，应扣除门、窗洞口和空圈所占的面积，不扣除踢脚板、挂镜线、0.3m² 以内的孔洞和墙与构件交接处的面积。洞口侧壁和顶面不增加，但垛的侧面抹灰应与内墙面抹灰工程量合并计算。

206

内墙面抹灰的长度以主墙间的图示净长尺寸计算，其高度确定如下：

a) 有墙裙者，其高度自墙裙顶点算至顶棚底面另增加 10cm 计算。

b) 有吊顶者，其高度算至顶棚下皮另加 10cm 计算。

c) 抹灰高度不扣除踢脚板高度。

（B）内墙裙抹灰面积以长度乘高度计算，应扣除门窗洞口和空圈所占面积，并增加门窗洞口和空圈的侧壁面积，垛的侧壁面积并入墙裙内计算。

3）外墙面抹灰

外墙面抹灰，应扣除门、窗洞口和空圈所占的面积，不扣除 $0.3m^2$ 以内的孔洞面积，门窗洞口及空圈的侧壁（不带线者）、顶面积、垛的侧面抹灰均并入相应的墙面抹灰中计算。外墙窗间墙抹灰，以展开面积按外墙抹灰相应子目计算。

（3）装饰抹灰工程

1）内墙面抹灰工程量同一般抹灰工程中内墙抹灰工程量。这里不再重复叙述。

2）外墙面抹灰工程量同一般抹灰工程中外墙面抹灰工程量。这里也不再重复叙述。

3）独立柱抹灰，按结构断面周长乘高度计算。

（4）饰面工程

1）墙面贴块料面层，按实贴面积计算。

2）柱面镶贴块料面层，按实贴面积计算。

（5）零星项目

零星项目抹灰或镶贴块料面层均按设计图示尺寸展开面积计算，其中，栏板、栏杆（包括立柱、扶手或压顶、下坎）按外立面垂直投影面积（扣除大于 $0.3m^2$ 装饰孔洞所占的面积）乘以系数 2.2，砂架种类不同时，应分别按展开面积计算：

【例】 如图 9-4 所示，试计算内墙面抹灰，顶棚抹灰工程量。（室内净高 3.9m）

MC 表

编 号	洞口尺寸	框外围尺寸
M_1	1000×2400	980×2390
C_1	1800×1800	1780×1780
C_2	1200×600	1180×580

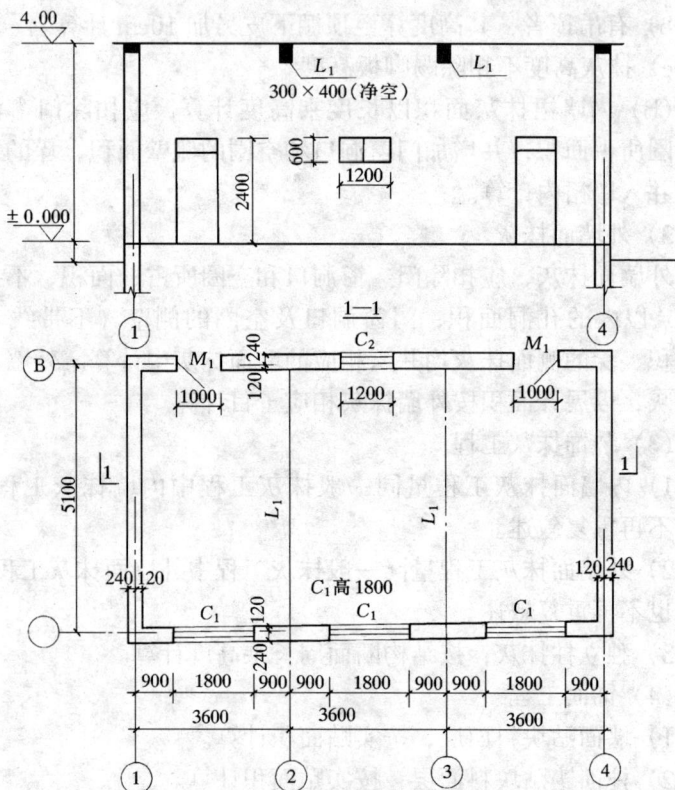

图 9-4　内墙面抹灰参考图

【解】　（1）内墙面抹灰工程量

抹灰高度 $h = 3.9\text{m}$

抹灰长度 $L = [(3.6×3-0.12×2) + (5.1-0.12×2)]$
$$×2 = 30.84\text{m}^2$$

抹灰毛面积 $= 3.9×30.84 = 120.276\text{m}^2$

扣除门窗所占面积 $= 1.78 \times 1.78 \times 3 + 1.18 \times 0.58 + 0.98$
$$\times 2.39 \times 2 = 14.874 \text{m}^2$$
内墙抹灰工程量 $= 120.276 - 14.874$
$$= 105.402 \text{m}^2$$

（2）顶棚抹灰工程量

抹灰长度 $L = 3.6 \times 3 - 0.12 \times 2 = 10.56 \text{m}$

抹灰宽度 $b = 5.1 - 0.12 \times 2 = 4.86 \text{m}$

抹灰面积 $= 10.56 \times 4.86 = 51.322 \text{m}^2$

增 L_1 两侧面抹灰 $= 4.86 \times 0.4 \times 2 \times 2 = 7.776 \text{m}^2$

天棚抹灰工程量 $= 51.322 + 7.776 = 59.098 \text{m}^2$

（二）人工和材料分析

建筑工程预算书中，只表现了单位工程预算价值及分部分项工程量，对完成单位工程及分部分项工程所消耗的人工、材料等不能直观地表示出来。为了掌握这些人工、材料消耗数量，需要对单位工程预算进行人工和材料分析（简称工料分析），编制工料分析表。

1．工料分析表的作用

（1）工料分析表是建筑企业施工管理工作中必不可少的一项技术资料。是生产部门编排生产计划、材料供应计划、机械使用计划、劳动力使用计划的依据，是财务部门进行单位工程成本分析、制定降低成本措施的依据。

（2）工料分析表是工程结算时，调整材料差价的依据。

2．工料分析表的编制

（1）编制方法

1）按照工程预算表中各分项工程的排列顺序，把各有关分项工程定额或基价编号、名称、计量单位和工程数量摘抄到工料分析表中的相应栏内。格式见表 9-1。

2）套预算定额或预算基价消耗量指标，计算工料消耗量。

具体做法是以工程量乘以预算定额或预算基价中相应的人工和各种材料的单位定额数，求出各分项工程人工，主要材料消耗数量，抄写到工料分析表中相应栏内。

（2）编制形式

工料分析表一般是以单位工程为单位编制的，也可以分部工程为单位编制，然后汇总成单位工程工料分析表。

工 料 分 析 表 表 9-1

建设单位：

工程名称：

顺序号	基价编号	工程项目	单位	数量	人　工		
					基本工	辅助工	合计
					工日	工日	工日
1		顶棚抹灰	100m²	50.2			608
2		内墙面抹灰	100m²	206.5			1430.2
3		顶棚刮腻子	100m²	50.2			138.1
4		内墙面刮腻子	100m²	206.5			478.3
5		零星抹灰	100m²	1.56			40.73
6		外墙面抹灰	100m²	58.63			1062.38
7		大理石楼地面	100m²	54.6			3849.3
8							
9							
10							
11							

顺序号	基价编号	工程项目	单位	数量	材　料			
					水泥	白灰	砂子	大白粉
					kg	kg	t	kg
1		顶棚抹灰	100m²	50.2	16814	14700		
2		内墙面抹灰	100m²	206.5	65657	48150	10.94	
3		顶棚刮腻子	100m²	50.2				941.25
4		内墙面刮腻子	100m²	206.5				3820.25
5		零星抹灰	100m²	1.56	666	631.1	4.84	
6		外墙面抹灰	100m²	58.63	60436		205.91	
7		大理石楼地面	100m²	54.6	82600		163.25	
8								
9								
10								
11								

顺序号	基价编号	工程项目	单位	数量	材 料				
					滑石粉	纸筋	碎大理石板	金刚石	白石子
					kg	kg	m²	块	kg
1		顶棚抹灰	100m²	50.2		832.32			
2		内墙面抹灰	100m²	206.5		2729.93			
3		顶棚刮腻子	100m²	50.2	3765				
4		内墙面刮腻子	100m²	206.5	15487.5				
5		零星抹灰	100m²	1.56		13.63			
6		外墙面抹灰	100m²	58.63					
7		大理石楼地面	100m²	54.6			5241.6	273	40794.4
8									
9									
10									
11									

3．主要工料汇总表

为了统计和汇总单位工程所需的主要材料用量和主要工种用量，要填写单位工程主要工料汇总表。

材料汇总一般按各种工程所用材料的不同规格及需要用量一一列出。主要工种用工数量一般是按不同工种类别及需要用量汇总列出。格式见表 9-2。

工料汇总表 表 9-2

工程名称：

材料名称	水泥	砂子	白灰	纸筋	大白粉	滑石粉	碎大理石板	金刚石
规格						20.0		200×75×50
单位	t	t	t	t	t	t	m²	块
数量								
工 种	瓦工		木工		抹灰工		油工	架子工
工 日								

4. 砂浆配合比换算

在应用预算定额或基价时，要认真掌握定额或基价的总说明、各分部工程说明、适用范围等。当分项工程的设计要求与预算定额或基价条件完全相符时，则可直接套用定额或基价；当设计要求与定额或基价的工程内容、材料规格、施工方法等条件不完全相符时，可根据有关说明规定，在规定范围内加以调整换算。

定额或基价换算的实质就是按定额或基价规定的换算范围、内容和方法，对某些分项工程预算单价的换算。通常只有当设计选用的材料品种和规格同定额或基价规定有出入，并规定允许换算时，才能换算。在换算过程中，定额或基价单位产品材料消耗量一般不变，仅调整与定额或基价规定的品种或规格不相同材料的预算价格。经过换算的定额或基价在其编号的后面或右下端写个"换"字。下面仅就砂浆配合比讲述换算方法。

砂浆一般分为砌筑砂浆和非砌筑砂浆。砌体工程和抹灰工程各子项工程预算价格（定额或预算基价），通常是按某一强度等级砌筑砂浆或按某一配合比砂浆的预算单价编制的。如果设计要求与定额或基价规定的砂浆强度等级或配合比不同时，预算定额基价需要经过换算才能套用。其换算公式归纳如下：

$$\begin{array}{c}\text{换算后的}\\\text{定额基价}\end{array} = \begin{array}{c}\text{换算前的}\\\text{定额基价}\end{array} \pm \left(\begin{array}{c}\text{应换算砂浆}\\\text{定额用量}\end{array} \times \begin{array}{c}\text{不同配合比}\\\text{砂浆单价差}\end{array}\right)$$

式中正负号规定：当设计要求的砂浆配合比的材料合价高于定额或基价子目中取定的砂浆配合比的材料合价时，则取正号；反之取负号。

【例】 某工程设计为 1:2 白水泥彩色石子浆水磨石楼地面，要求按预算定额或基价规定将 1:2.5 水磨石楼地面预算基价换算成 1:2 水磨石石楼地面基价。

【解】

（1）查预算定额或基价，得到 1:2.5 白水泥彩色石子浆水磨石楼地面的预算基价及主要材料消耗量（见表 9-3）。

编号	项目	单位	预算基价				
			总价	人工费	材料费	机械费	费用
			元	元	元	元	元
			甲	乙	丙	丁	戊
10—3	水磨石楼地面	100m²	6221.90	2401.34	2312.15	275.54	1232.87

编号	项目	单位	材料			
			水泥	白水泥	砂子	彩色石子
			kg	kg	t	kg
			1	2	3	4
10—3	水磨石楼地面	100m²	804.68	1048.72	2.375	3419.72

编号	项目	单位	材料			
			水	水泥砂浆 1:3	素水泥浆	白水泥彩色石子浆 1:2.5
			m³	m³	m³	m³
			5	6	7	8
10—3	水磨石楼地面	100m²	6.74	(1.620)	(0.10)	(1.880)

（2）查预算定额或基价附录中相关抹灰砂浆配合比，得到 1:2 白水泥彩色石子砂浆配合比对应的编号为 59，1:2.5 白水泥彩色石子砂浆配合比对应的编号为 60（见表 9-4）。

（3）查表 9-4，计算每 m³ 砂浆两种配合比的材料单价差：

$$813.08 - 793.61 = 19.47 \ 元/m^3$$

附录一　抹灰砂浆配合比　　单位：m³　表 9-4

编号			56	57	58	59	60	61
材料名称	单位	单价（元）	白水泥浆	白水泥白石子浆	白水泥彩色石子浆			石膏砂浆
			1:1.5	1:1.5	1:1.5	1:2	1:2.5	1:3
白水泥	kg	0.63	1502.00	731.00	731.00	624.00	544.00	—
石膏粉	kg	0.54	—	—	—	—	—	405.00

编　号			56	57	58	59	60	61
材料名称	单位	单价（元）	白水泥浆	白水泥白石子浆	白水泥彩色石子浆			石膏砂浆
				1:1.5	1:1.5	1:2	1:2.5	1:3
砂子	t	58.45	—	—	—	—	—	1.205
白石子	kg	0.14	—	1465.00	—	—	—	—
彩色石子	kg	0.21	—	—	1465.00	1669.00	1819.00	—
色粉	kg	2.34	—	20.00	20.0	20.0	20.0	—
水	m³	1.40	0.59	0.28	0.28	0.25	0.22	0.31
其他材料费	元	—	26.73	20.12	23.02	22.32	21.79	8.17
材料合价（元）			973.82	732.94	838.39	813.08	793.61	297.74

（4）根据表9-3和表9-4，计算换算后的预算基价：

换算后基价 = 6221.9 + 1.88 × 19.47 = 6258.50 元/100m²

其中人工费 = 2401.34 元/100m²（不变）

材料费 = 2312.15 + 1.88 × 19.47 = 2348.75 元/100m²

机械费 = 275.54 元/100m²（不变）

费用 = 1232.87 元/100m²（不变）

（5）材料消耗量调整。由于只是白水泥彩色石子浆的配合比发生变化，故只调整白水泥和彩色石子两种材料用量，而其他材料用量保持不变。查表9-3和9-4得：

白水泥用量 = 1048.72 + 1.88 × （624 − 544）

= 1199.12kg/100m²

彩色石子用量 = 3419.72 + 1.88 × （1669 − 1819）

= 3137.72kg/100m²

（6）将换算后的预算基价列于表9-5中即可套用。

编 号	项 目	单位	预 算 基 价				
			总价	人工费	材料费	机械费	费用
			元	元	元	元	元
			甲	乙	丙	丁	戊
10—3 (换)	水磨石楼地面	100m²	6258.50	2401.34	2348.75	275.54	1232.87

编 号	项 目	单位	材 料			
			水泥	白水泥	砂子	彩色石子
			kg	kg	t	kg
			1	2	3	4
10—3 (换)	水磨石楼地面	100m²	804.68	1199.12	2.375	3137.72

编 号	项 目	单位	材 料			
			水	水泥砂浆 1:3	素水泥浆	白水泥彩色 石子浆 1:2.5
			m³	m³	m³	m³
			5	6	7	8
10—3 (换)	水磨石楼地面	100m²	6.74	(1.620)	(0.10)	(1.880)

复 习 题

1. 什么是工程量?

2. 工程量计算的一般原则是什么?

3. 内墙面抹灰的工程量计算规则是什么?

4. 顶棚抹灰的工程量计算规则是什么?

5. 地面面层、垫层的工程量计算规则是什么?

6. 饰面工程的块料面层工程量计算规则是什么?

7. 怎样进行工料计算?

8. 砂浆配合比换算方法是什么?

215

十、抹灰工程的季节施工

（一）冬 期 施 工

我国地域宽广，幅员辽阔，四季温差较大，在北方，全年的最高温差大约为 70℃ 以上，负温度时间延续近 5 个月之久。规范规定：当预计连续五天平均气温稳定低于 5℃；或当日气温低于 -3℃ 时，抹灰工程就要按冬季施工措施进行。抹灰工程的冬季施工，依据气温的高低和工程项目的具体情况，可采用冷作法和热作法两种施工方法。

1. 冬期施工的准备

（1）热源的准备

1）热源准备应根据工程量的大小，施工方法及现场条件来定。一般室内抹灰应采用热作法，有条件的可使用正式工程的采暖设施，条件不具备时，可设带烟囱的火炉。

2）抹灰量较大的工程，可用立式锅炉烧蒸气或热水，用蒸汽加热砂子、用热水搅拌砂浆。抹灰量较小的工程，可砌筑临时炉灶烧热水，砌筑火炕加热砂子或用铁板炒砂子。

3）砂浆搅拌机和纸筋灰搅拌机应设在采暖保温的棚内。

（2）材料及工具的准备

1）根据抹灰工作量准备好冷作法用的氯化钠、氯化钙及其他抗冻剂。每个搅拌机前应准备好溶化配制和盛放化学附加剂的大桶，每种抗冻剂都应准备溶化、稀释、存放的大桶各一个。

2）将最高最低温度计悬挂在室外测温箱内和每个楼层北面房间地面以上 50cm 处。并要准备好测量浓化学附加剂溶液比重用的比重计。

3）准备好运砂浆的保温车和盛装砂浆的保温槽。砂浆保温车可用运砂浆手推车用草帘子等保温材料围裹改装，保温槽用普通槽围裹两层草帘子改装。

4）室外装饰工程施工前，还应随外架搭设，在西、北面应加设的挡风措施。

（3）保温方法

1）在进行室内抹灰前，应将门口和窗口封好，门口和窗口的边缘及外墙脚手眼或孔洞等亦应堵好，施工洞口、运料口及楼梯间等处应封闭保温；北面房间距地面以上 50cm 处最低温度不应低于 5℃。

2）进入室内的过道门口，垂直运输门式架、井架等上料洞口要挂上用草帘或麻袋等制成的厚实的防风门窗，并应设置风挡。

3）现场供水管应埋设在冰冻线以下，立管露出地面的要采取防冻保温措施。

4）淋石灰池、纸筋灰池要搭设暖棚，向阳面留出入口但要挂保温门帘。砂子要尽量推高并加以覆盖。

（4）砂浆拌制和运输

1）为了在冬期施工中使用热砂浆，应将水和砂加热。掺有水泥的抹灰砂浆用水，水温不得超过 80℃，砂子的温度不得超过 40℃。如果水温超过了规定温度时，应将水与砂子先进行搅拌，然后再加入水泥搅拌，以防止水泥出现假凝现象。

2）砂子可用蒸汽排管或用火炕加热，也可将蒸汽管插入砂子堆内直接送气或用铁板加火炒砂子、在直接通气时需要注意砂子含水率的变化。炒砂子时要勤翻，要控制好温度，防止砂子爆裂。当采用蒸汽排管或火炕加热时，可在砂上浇一些温水（其加水量不超过 5%），以防冷热不匀，且可以加快加热速度。

水的加热方法是，有供气条件的可将蒸汽管直接通入水箱内，无条件的也可用铁桶、铁锅烧水。

3）水和砂子的温度应经常检查，每小时不少于一次。温度

计停留砂子内的时间不少于 3min，停留在水内的时间不少于
1min。

4）冬期施工搅拌砂浆的时间应适当延长，一般自投料完算
起，应搅拌 2～3min。

5）要尽可能的采取相应措施，以减少砂浆在搅拌、运输、
储放过程中的温度损失。方法是：砂浆搅拌应在搅拌棚中集中进
行，并应在运输中保温，其环境温度不应低于 5℃；砂浆要随用
随拌，不可储存和二次倒运，以防砂浆冻结。

2．抹灰工程热作法施工

（1）热作法施工原理

低气温对抹灰工程的影响，主要是砂浆在其获得要求强度以
前遭受冻结。冬期施工中砂浆在硬化以前受昼夜温差变化的影响
较大，负温时，砂浆冻结，内部的水分固结成冰，致使体积膨
胀，当膨胀力大于砂浆本身的粘结力时，抹灰层开始遭到破坏。
白天气温回升，冻结的砂浆又融化，变成疏松状态，如此冻融循
环的结果，使砂浆逐渐丧失粘结力，最终产生抹灰层脱落现象。
另外，操作时如砂浆已遭冻结必将失去塑性，而无法进行施工。

抹灰工程冬期施工，主要是解决砂浆在获得要求强度之前遭
受冻结的问题。所以，提高操作时的环境温度，即热作法施工，
是一种主要的施工方法。通常用于室内抹灰或饰面安装及有特殊
要求的室外抹灰。

热作法施工是指使用热砂浆抹灰后，利用房屋的永久热源或
临时热源来提高和保持操作环境温度，使抹灰砂浆硬化和固结的
一种操作方法。

（2）热作法施工的具体操作方法

热作法施工的具体操作方法与常温施工基本相同，但当采用
带烟囱的火炉进行施工时，必须注意防止墙面烤裂或变色，而且
要求室内温度不宜过高，一般可控制在 10℃ 左右。当采用热空
气采暖时，应设通风设备排除室内湿气，但无论采取什么保温措
施，都应防止干湿不均匀和过度烘热。

(3) 热作法施工的注意事项

1) 用冻结法砌筑的墙，室外抹灰应待其完全解冻后施工；室内抹灰应待抹灰的一面解冻深度不小于墙厚的一半时，方可施工。不得采用热水冲刷冻结的墙面或用热水消除墙面的冰霜。

2) 用掺盐砂浆法砌筑的砌体，也应提前采暖预热，使墙面温度保持在 5℃ 以上，以便湿润墙面时不致结冰，使砂浆与墙面粘结牢固。

3) 应设专人测温，室内的环境温度，以地面以上 50cm 处为准。

4) 冬期室内装饰施工可采用建筑物正式热源、临时性管道或火炉、电气取暖。若采用火炉取暖时，应采取预防煤气中毒的措施，防止烟气污染，并应在火炉上方吊挂铁板，使煤火热度分散。

5) 室内抹灰的养护温度，不应低于 5℃。水泥砂浆层应在潮湿的条件下养护，并应通风换气。室内贴壁纸，施工地点温度不应低于 5℃。

6) 室内抹灰工程结束后，在 7d 以内，应保持室内温度不低于 5℃。

3. 抹灰工程冷作法施工

(1) 冷作法施工原理

冷作法施工是指在抹灰用的水泥砂浆或水泥混合砂浆中掺入化学外加剂（如氯化钠、氯化钙、亚硝酸钠、漂白粉等），以降低抹灰砂浆的冰点的一种施工方法。

砂浆中的砂子和干燥的水泥不受温度影响，而水对温度的反应是敏感的。但只要有液态水存在，砂浆中水泥的水化反应就可以正常进行。而各种抗冻剂均有自己的最大共熔点温度，如氯化钠的最大浓度为 23.1% 时，冰点温度则为 -21.1℃；当浓度为 9.6% 时，冰点则为 -6.4℃。当砂浆虽处于溶液冰点以下，其中部分毛细管水结冰，但还有部分毛细管水仍处于液态，所以尽管抗冻外加剂掺量不大，砂浆仍可以在较低的温度下继续进行水化反应，并能获得一定强度。

冷作法抹灰，只要保证在抹灰操作时不冻，抹完以后，即使受冻，砂浆强度有所降低，也不会影响最终强度的增长，不至于影响抹灰砂浆与基层的粘结。但由于掺氯盐在气温回升时会出现析盐现象，从而增加了砂浆的导电性，破坏涂料与抹灰层的粘结性能，所以冷作法主要用于不刷涂料或色浆的房屋外部抹灰工程，以及室内不刷涂料的水泥砂浆抹灰等。在发电厂、变电站及一些高级建筑中不能采用。

(2) 冷作法的施工方法

冷作法施工时，应采用水泥砂浆或水泥混合砂浆。砂浆强度等级应不低于 M2.5，并在拌制砂浆时掺入化学外加剂。施工用砂浆配合比和化学外加剂的掺量，应按设计的要求，通过试验确定。

1) 砂浆中掺氯化钠（食盐），据当天的室外气温来确定，其掺量应符合表 10-1 规定。氯化钠的掺入量是按砂浆的总含水量百分数计算的。其中包括石灰膏和砂的含水量，搅拌砂浆时的加水量，应从配合比中减去石灰膏和砂的含水量，相应地要把加入水中氯化钠浓度提高。其中石灰膏的含水量，按其稠度进行测量，见表 10-2。

砂浆内氯化钠掺量（占用水重量的%）　　　表 10-1

项　　目	室外气温（℃）	
	0～－5	－5～－10
挑檐、阳台、雨罩、墙面等抹水泥砂浆	4	4～8
墙面为水刷石、干粘石水泥砂浆	5	5～10

石灰膏稠度与含水率的关系　　　表 10-2

石灰膏稠度（cm）	含水率（%）	石灰膏稠度（cm）	含水率（%）
1	32	8	46
2	34	9	48
3	36	10	50
4	38	11	52
5	40	12	54
6	42	13	56
7	44		

氯化钠溶液，工地设专人提前两天用冷水进行配制，方法是先在大桶中，配制 20% 浓度的氯化钠溶液，在另外的大桶中放入清水，搅拌砂浆前，在盛有清水的桶中加入适量浓溶液，稀释成所需浓度，测定浓度可用比重计先测定出溶液的密度，再依密度与浓度的关系和所需浓度兑出所需密度值的溶液。密度与浓度的关系见表 10-3。

密度与浓度的关系 表 10-3

浓度 （%）	1	2	3	4	5	6	7	8	9	10	11	12	25
密度	1.005	1.013	1.020	1.027	1.034	1.041	1.049	1.056	1.063	1.071	1.078	1.086	1.189

施工中应注意：氯化钠水溶液可掺入硅酸盐水泥、普通硅酸盐水泥、矿渣硅酸盐水泥中，但不得掺入高铝水泥中。

2）氯化砂浆。可用于气温 −10～25℃ 的急需工程，调制氯化砂浆水温不得超过 35℃，漂白粉按比例掺入水内，随即搅拌溶化，加盖沉淀 1～2h 后使用。漂白粉掺入量与温度间的关系见表 10-4。当室外的温度低于 −26℃ 时不得施工，氯化砂浆的使用温度与室外温度关系见表 10-5。

漂白粉掺入量与温度的关系 表 10-4

室外温度 （℃）	−10～−12	−13～−15	−16～−18	−19～−21	−22～−25
每 100kg 水中加漂白粉（kg）	9	12	15	18	21
氯化水溶液密度 （g/cm³）	1.05	1.06	1.07	1.08	1.09

氯化砂浆使用温度与室外温度的关系 表 10-5

室外温度（℃）	搅拌后的砂浆温度（℃）	
	无风天气	有风天气
0～−10	+10	+15
−11～−20	+15～+20	+25
−21～−25	+20～+25	+30
−26 以下	不得施工	

施工中应注意：氯化砂浆搅拌时，是先将水和溶液拌和。如用混合砂浆时，石灰用量不得超过水泥重量的1/2。氯化砂浆应随拌随用，不可停放。

3）砂浆掺亚硝酸钠。亚硝酸钠有一定的抗冻阻锈作用，析盐现象也很轻微。在水泥砂浆、混合砂浆中亚硝酸钠掺入量与室外温度的关系见表10-6。

亚硝酸钠掺入量与室外温度的关系   表 10-6

室外气温（℃）	0～-3	-4～-9	-10～-15	-16～-20
掺量 （占水泥重量的%）	1	3	5	8

施工时如基层表面有霜、雪、冰，要用热氯化钠溶液进行刷洗，待基层溶化后方可施工，用于室外抹水泥砂浆、干粘石、水刷石等。

（3）冷作法施工的注意事项

1）冷作法施工时，抹灰基层表面如有冰、霜、雪时，可采用与抹灰砂浆同浓度的防冻剂溶液冲刷，并应清除表面的尘土。

2）当施工要求分层抹灰时，底层灰不得受冻。抹灰砂浆在硬化初期应采取防止受冻的保温措施。

3）防冻剂应由专人配制和使用，配制时可先配制20%浓度的标准溶液，然后根据气温再配制成使用浓度溶液。

4）含氯盐的防冻剂不得用于高压电源部位和有油漆墙面的水泥砂浆基层内。

4. 饰面工程冬期施工要点

（1）冬期室内饰面工程施工可采用热空气或带烟囱的火炉取暖，并应设有通风、排湿装置。室外饰面工程宜采用暖棚法施工，棚内温度不应低于5℃，并按常温施工方法操作。

（2）饰面板就位固定后，用1∶2.5水泥砂浆灌浆，保温养护时间不少于7d。

（3）冬期施工外墙饰面石材应根据当地气温条件及吸水率要

求选材。安装前可根据块材大小，在结构施工时预埋设一定数量的锚固件。采用螺栓固定的干作业法施工，锚固螺栓应做防水、防锈处理。

（4）釉面砖及外墙面砖在冬期施工时宜在 2％盐水中浸泡2h，并在晾干后方可使用。

（二）夏 季 施 工

在高温、炎热、干燥、多风的夏季进行抹灰、饰面工程的施工，常常会出现抹灰砂浆脱水，抹灰和饰面镶贴的基层脱离的现象，使砂浆中水泥未能很好的进行水化反应就失去水分，砂浆无法产生强度，严重地影响抹灰和饰面镶贴的质量，其主要原因是由于砂浆中的水分在干热的气温下急剧地被蒸发或被基层吸掉所致。为防止上述现象的发生，要调整抹灰砂浆配合比，提高砂浆的保水性、和易性，必须采取相应措施：

（1）拌制砂浆时，可根据需要适当掺入外加剂；而且砂浆要随拌随用，不得一次拌得太多，以免剩余砂浆过早干硬，造成浪费。

（2）控制好各层砂浆的抹灰间隔时间，若发现前一层过于干燥时，应提前洒水湿润，然后抹第二层灰。

（3）按操作工艺要点要求，将湿润阴干好的饰面板或砖及时进行镶贴或安装。

（4）对于提前浇水湿润的基层，因气候炎热而又过于干燥时，必须再适当浇水湿润，并及时进行抹灰和饰面作业。

（5）进行室外抹灰及饰面作业时，应采取措施遮阳，防止暴晒，同时还要加强养护工作，以保证工程质量。

（三）雨 季 施 工

雨季施工时，砂浆和饰面板（砖）淋雨后，使砂浆变稀，饰面板（砖）表面形成水膜，在这种情况下进行抹灰和饰面施工作业，就会发生粘结不牢和饰面板（砖）浮滑下坠等质量事故。因此必须采取相应的防雨措施：

（1）合理安排施工计划，精心组织抹灰工程的工序搭接，如晴天进行外部抹灰装饰，雨天进行室内施工等。

（2）所有的材料应采取防潮、防雨措施。水泥库房应封严，不能有渗水，漏水，注意随用随进料，运输中注意防水、防潮。砂浆运输注意防水，拌和砂浆时要较晴天的稠度小一些。砂子堆放在地势较高处，以免大雨冲走造成浪费。

（3）饰面板（砖）放在室内或搭棚堆放，麻刀、纸筋等松散材料不可受潮，保持其干燥、膨松状态。

总之，抹灰工程施工应加强调度，及时了解气象信息，精心安排，以确保抹灰工程季节施工的质量。

复 习 题

1. 抹灰工程冬期施工的标准是什么？
2. 冬季施工应做哪些准备工作？
3. 在冬期施工时对砂浆搅拌和运输有哪些要求？
4. 热作法施工的原理是什么？
5. 热作法施工中应注意什么问题？
6. 冷作法施工的原理是什么？
7. 夏季施工有哪些要求？
8. 雨季施工有哪些要求？

十一、抹灰工程质量与安全管理工作要求

（一）抹灰工程质量检验与评定

1. 工程质量验收的划分

建筑工程质量验收划分为单位（子单位）工程、分部（子分部）工程、分项工程和检验批。抹灰工程隶属于"建筑装饰装修"分部工程中的"抹灰"子分部工程，它可以划分为"一般抹灰、装饰抹灰、清水砌体勾缝"等分项工程。每个分项工程可由一个或若干检验批组成，检验批可根据施工及质量控制和专业验收需要按楼层、施工段、变形缝等进行划分。

2. 工程质量验收的有关规定

（1）施工现场质量管理的规定

施工现场质量管理应有相应的施工技术标准，健全的质量管理体系、施工质量检验制度和综合施工质量水平评定考核制度。施工现场质量管理可按表 11-1 的要求进行检查记录。该记录应由施工单位填写，总监理工程师（建设单位项目负责人）进行检查，并做出检查结论。

（2）建筑工程施工质量控制的规定

1）建筑工程采用的主要材料、半成品、成品、建筑构配件、器具和设备应进行现场验收。凡涉及安全、功能的有关产品，应按各专业工程质量验收规范规定进行复验，并应经监理工程师（建设单位技术负责人）检查认可。

2）各工序应按施工技术标准进行质量控制，每道工序完成后，应进行检查。

施工现场质量管理检查记录　　表 11-1

开工日期：

工程名称			施工许可证（开工证）	
建设单位			项目负责人	
设计单位			项目负责人	
监理单位			总监理工程师	
施工单位		项目经理	项目技术负责人	

序号	项　目	内　容
1	现场质量管理制度	
2	质量责任制	
3	主要专业工种操作上岗证书	
4	分包方资质与对分包单位的管理制度	
5	施工图审查情况	
6	地质勘察资料	
7	施工组织设计、施工方案及审批	
8	施工技术标准	
9	工程质量检验制度	
10	搅拌站及计量设置	
11	现场材料、设备存放与管理	
12		

检查结论：

总监理工程师
（建设单位项目负责人）　　　　　　　　　　　　　　　年　月　日

3）相关各专业工种之间，应进行交接检验，并形成记录。未经监理工程师（建设单位技术负责人）检查认可，不得进行下道工序施工。

（3）建筑工程施工质量验收的要求

1）建筑工程施工质量应符合《建筑工程施工质量验收统一标准》和相关专业验收规范的规定。

2）建筑工程施工应符合工程勘察、设计文件的要求。

3）参加工程施工质量验收的各方人员应具备规定的资格。

4）工程质量的验收均应在施工单位自行检查评定的基础上进行。

5）隐蔽工程在隐蔽前应由施工单位通知有关单位进行验收，并应形成验收文件。

6）涉及结构安全的试块、试件以及有关材料，应按规定进行见证取样检测。

7）检验批的质量应按主控项目和一般项目验收。主控项目是指建筑工程中的对安全、卫生、环境保护和公众利益起决定性作用的检验项目，一般项目是指除主控项目以外的检验项目。

8）对涉及结构安全和使用功能的重要分部工程应进行抽样检测。抽样检测是指按照规定的抽样方案，随机地从进场的材料、构配件、设备或建筑工程检验项目中，按检验批抽取一定数量的样本所进行的检验。

9）承担见证取样检测及有关结构安全检测的单位应具有相应资质。

10）工程的观感质量应由验收人员通过现场检查，并应共同确认。

（4）检验批选择的规定

检验批的质量检验，应根据检验项目的特点在下列抽样方案中进行选择：

1）计量、计数或计量－计数等抽样方案。

2）一次、二次或多次抽样方案。

3）根据生产连续性和生产控制稳定性情况，尚可采用调整型抽样方案。

4）对重要的检验项目当可采用简易快速的检验方法时，可选用全数检验方案。

5）经实践检验有效的抽样方案。

（5）制定检验批抽样方案的风险规定

在制定检验批的抽样方案时，对生产方风险（或错判概率 α）和使用方风险（或漏判概率 β）可按下列规定采取：

1）主控项目：对应于合格质量水平的 α 和 β 均不宜超过 5%。

2）一般项目：对应于合格质量水平的 α 不宜超过 5%，β 不宜超过 10%。

（6）建筑工程质量验收规定

1）检验批合格质量应符合下列规定：

（A）主控项目和一般项目的质量经抽样检验合格。

（B）具有完整的施工操作依据、质量检查记录。

2）分项工程质量验收合格应符合下列规定：

（A）分项工程所含的检验批均应符合合格质量的规定。

（B）分项工程所含的检验批的质量验收记录应完整。

3）分部（子分部）工程质量验收合格应符合下列规定：

（A）分部（子分部）工程所含分项工程的质量均应验收合格。

（B）质量控制资料应完整。

（C）地基与基础、主体结构和设备安装等分部工程有关安全及功能的检验和抽样检测结果应符合有关规定。

（D）观感质量验收应符合要求。

4）单位（子单位）工程质量验收合格应符合下列规定：

（A）单位（子单位）工程所含分部（子分部）工程的质量均应验收合格。

（B）质量控制资料应完整。

228

（C）单位（子单位）工程所含分部工程有关完全和功能的检测资料应完整。

（D）主要功能项目的抽查结果应符合相关专业质量验收规范的规定。

（E）观感质量验收应符合要求。

5）建筑工程质量验收记录应符合下列规定：

（A）检验批质量验收可按表11-2进行。检验批的质量验收记录由施工项目专业质量检查员填写，监理工程师（建设单位项目专业技术负责人）组织项目专业质量检查员等进行验收，并按表11-2记录。

（B）分项工程质量验收可按表11-3进行。分项工程质量应由监理工程师（建设单位项目专业技术负责人）组织项目专业技术负责人等进行验收，并按表11-3记录。

（C）分部（子分部）工程质量验收应按表11-4进行。分部（子分部）工程质量应由总监理工程师（建设单位项目专业负责人）组织施工项目经理和有关勘察、设计单位项目负责人进行验收，并按表11-4记录。

（D）单位（子单位）工程质量验收，质量控制资料核查，安全和功能检验资料核查及主要功能抽查记录，观感质量检查等应按《建筑工程施工质量验收统一标准》进行。

6）当建筑工程质量不符合要求时，应按下列规定进行处理：

（A）经返工重做或更换器具、设备的检验批，应重新进行验收。

（B）经有资质的检测单位检测鉴定能够达到设计要求的检验批，应予以验收。

（C）经有资质的检测单位检测鉴定达不到设计要求、但经原设计单位核算认可能够满足结构安全和使用功能的检验批，可予以验收。

（D）经返修或加固处理的分项、分部工程，虽然改变外形尺寸但仍能满足安全使用要求，可按技术处理方案和协商文件进行验收。

检验批质量验收记录　　　　　　　　　　表 11-2

工程名称		分项工程名称		验收部位	
施工单位			专业工长	项目经理	
施工执行标准名称及编号					
分包单位		分包项目经理		施工班组长	

		质量验收规范的规定	施工单位检查评定记录	监理（建设）单位验收记录
主控项目	1			
	2			
	3			
	4			
	5			
	6			
	7			
	8			
	9			
一般项目	1			
	2			
	3			
	4			
施工单位检查评定结果				
		项目专业质量员：　　　　　　　　　　　年　月　日		
监理（建设）单位验收结论		监理工程师（建设单位项目专业技术负责人）　　　　　　　　　　　年　月　日		

项程名称		结构类型		检验批数	
施工单位		项目经理		项目技术负责人	
分包单位		分包单位负责人		分包项目经理	

序号	检验批部位、区段	施工单位检查评定结果	监理（建设）单位验收结论
1			
2			
3			
4			
5			
6			
7			
8			
9			
10			
11			
12			
13			
14			
15			
16			
17			

检查结论	项目专业技术负责人：　年 月 日	验收结论	监理工程师（建设单位项目专业技术负责人）　年 月 日

231

分部（子分部）工程验收记录　　　　表 11-4

工程名称		结构类型		层数	
施工单位		技术部门负责人		质量部门负责人	
分包单位		分包单位负责人		分包技术负责人	

序号	分项工程名称	检验批数	施工单位检查评定	验收意见
1				
2				
3				
4				
5				
6				
质量控制资料				
安全和功能检验（检测）报告				
观感质量验收				

验收单位	分包单位	项目经理　　　　　　　年　月　日
	施工单位	项目经理　　　　　　　年　月　日
	勘察单位	项目负责人　　　　　　年　月　日
	设计单位	项目负责人　　　　　　年　月　日
	监理（建设）单位	总监理工程师（建设单位项目专业负责人）　　　　　　年　月　日

232

7）通过返修或加固处理仍不能满足安全使用要求的分部工程、单位（子单位）工程，严禁验收。

3．建筑工程质量验收程序和组织

（1）检验批及分项工程应由监理工程师（建设单位项目技术负责人）组织施工单位项目专业质量（技术）负责人等进行验收。

（2）分部工程应由总监理工程师（建设单位项目负责人）组织施工单位项目负责人和技术、质量负责人等进行验收；地基与基础、主体结构分部工程的勘察、设计单位工程项目负责人和施工单位技术、质量部门负责人也应参加相关分部工程验收。

（3）单位工程完工后，施工单位应自行组织有关人员进行检查评定，并向建设单位提交工程验收报告。

（4）建设单位收到工程验收报告后，应由建设单位（项目）负责人组织施工（含分包单位）、设计、监理等单位（项目）负责人进行单位（子单位）工程验收。

（5）单位工程有分包单位施工时，分包单位对所承包的工程项目应按《建筑工程施工质量验收统一标准》规定的程序检查评定，总包单位应派人参加。分包工程完成后，应将工程有关资料交总包单位。

（6）当参加验收各方对工程质量验收意见不一致时，可请当地建设行政主管部门或工程质量监督机构协调处理。

（7）单位工程质量验收合格后，建设单位应在规定时间内将工程竣工报告和有关文件，报建设行政管理部门备案。

4．工程质量验收

（1）地面工程施工质量验收标准及检验方法

1）整体面层铺设

整体面层铺设视面层材料不同分别提出标准。

（A）水泥混凝土面层

水泥混凝土面层厚度应符合设计要求，铺设不得留施工缝。当施工间隙超过允许时间规定时，应对接槎处进行处理。

Ⅰ. 主控项目

①水泥混凝土采用的粗骨料，其最大粒径不应大于面层厚度的 2/3，细石混凝土面层采用的石子粒径不应大于 15mm。

检验方法：观察检查和检查材质合格证明文件及检测报告。

②面层的强度等级应符合设计要求，且水泥混凝土面层强度等级不应小于 C20；水泥混凝土垫层兼面层强度等级不应小于 C15。

检验方法：检查配合比通知单及检测报告。

③面层与下一层应结合牢固，无空鼓、裂纹。

检验方法：用小锤轻击检查。

注：空鼓面积不应小于 400cm²，且每自然间（标准间）不多于 2 处可不计。

Ⅱ. 一般项目

①面层表面不应有裂纹、脱皮、麻面、起砂等缺陷。

检验方法：观察检查。

②面层表面的坡度应符合设计要求，不得有倒泛水和积水现象。

检验方法：观察和采用泼水或用坡度尺检查。

③水泥砂浆踢脚线与墙面应紧密结合，高度一致，出墙厚度均匀。

检验方法：用小锤轻击、钢尺和观察检查。

④楼梯踏步的宽度、高度应符合设计要求。楼层梯段相邻踏步高度差不应大于 10mm，每踏步两端宽度差不应大于 10mm，旋转楼梯段的每踏步两端宽度的允许偏差为 5mm。楼梯踏步的齿角应整齐，防滑条应顺直。

检验方法：观察和钢尺检查。

⑤水泥混凝土面层的允许偏差应符合表 11-5 的规定。

检验方法：应按表 11-5 中的检验方法检验。

（B）水泥砂浆面层

水泥砂浆面层的厚度应符合设计要求，且不应小于 20mm。

整体面层的允许偏差和检验方法（mm）　　　表 11-5

项次	项 目	允 许 偏 差						检验方法
		水泥混凝土面层	水泥砂浆面层	普通水磨石面层	高级水磨石面层	水泥钢（铁）屑面层	防油渗混凝土和不发火（防爆的）面层	
1	表面平整度	5	4	3	2	4	5	用 2m 靠尺和楔形塞尺检查
2	踢脚线上口平直	4	4	3	3	4	4	拉 5m 线和用钢尺检查
3	缝格平直	3	3	3	2	3	3	

Ⅰ. 主控项目

①水泥采用硅酸盐水泥，普通硅酸盐水泥，其强度等级不应小于 32.5，不同品种、不同强度等级的水泥严禁混用；砂应为中粗砂，当采用石屑时，其粒径应为 1~5mm，且含泥量不应大于 3%。

检验方法：观察检查和检查材质合格证明文件及检测报告。

②水泥砂浆面层的体积比（强度等级）必须符合设计要求；且体积比应为 1:2，强度等级不应小于 M15。

检验方法：检查配合比通知单和检测报告。

③面层与下一层应结合牢固，无空鼓、裂纹。

Ⅱ. 一般项目

一般项目的验收要求与检验方法同水泥混凝土面层相应项目。允许偏差应符合表 11-5 的规定。

2）板块面层铺设

板块面层铺设依其面层材料、规格不同分别提出标准。

（A）砖面层

砖面层采用陶瓷锦砖、缸砖、陶瓷地砖和水泥花砖时应在结合层上铺设。有防腐蚀要求的砖面层采用的耐酸瓷砖，浸渍沥青砖、缸砖的材质，铺设以及施工质量验收应符合现行国家标准的规定。

Ⅰ．主控项目

①．面层所用的板块的品种、质量必须符合设计要求。

检验方法：观察检查和检查材质合格证明文件及检测报告。

②面层与下一层的结合（粘结）应牢固，无空鼓。

检验方法：用小锤轻击检查。

注：凡单块砖边角有局部空鼓，且每自然间（标准间）不超过总数的5%可不计。

Ⅱ一般项目

①砖面层的表面应洁净、图案清晰、色泽一致，接缝平整、深浅一致，周边顺直。板块无裂纹、掉角和缺楞等缺陷。

检验方法：观察检查。

②面层邻接处的镶边用料及尺寸应符合设计要求，边角整齐、光滑。

检验方法：观察和用钢尺检查。

③踢脚线表面应洁净、高度一致、结合牢固、出墙厚度一致。

检验方法：观察和用小锤轻击及钢尺检查。

④楼梯踏步和台阶板块的缝隙宽度应一致、齿角整齐；楼层梯段相邻踏步高度差不应大于10mm；防滑条顺直。

检验方法：观察和用钢尺检查。

⑤面层表面的坡度应符合设计要求，不倒泛水，无积水；与地漏、管道结合处应严密牢固，无渗漏。

检验方法：观察、泼水或坡度尺及蓄水检查。

（B）大理石面层和花岗石面层

大理石、花岗石面层采用天然大理石、花岗石（或碎拼大理石、碎拼花岗石）板材应在结合层上铺设。天然大理石、花岗石的技术等级、光泽度、外观等质量要求应符合国家现行行业标准《天然大理石建筑板材》JC 79、《天然花岗石建筑板材》JC 205的规定。板材有裂缝、掉角、翘曲和表面有缺陷时应予剔除，品种不同的板材不得混杂使用；在铺设前，应根据石材的颜色、花纹、图案、纹理等按设计要求，试拼编号。铺设大理石、花岗石面层前，板材应浸湿、晾干；结合层与板材应分段同时铺设。

Ⅰ.主控项目

①大理石、花岗石面层所用板块的品种，质量应符合设计要求。

检验方法：观察检查和检查材质合格记录。

②面层与下一层应结合牢固，无空鼓。

检验方法：用小锤轻击检查。

注：凡单块板块边角有局部空鼓，且每自然间（标准间）不超过总数的5%可不计。

Ⅱ.一般项目

①.大理石、花岗石面层的表面应洁净、平整、无磨痕，且应图案清晰、色泽一致，接缝均匀、周边顺直、镶嵌正确、板块无裂纹、掉角、缺楞等缺陷。

检验方法：观察检查。

②踢脚板、楼梯、面层表面坡度等项目的验收要求与检验方法同砖面层相应项目。

（C）预制板块面层

预制板块面层采用水泥混凝土板块、水磨石板块应在结合层上铺设。水泥混凝土板块面层的缝隙，应采用水泥浆（或砂浆）填缝；彩色混凝土板块和水磨石板块应用同色水泥浆（或砂浆）擦缝。

Ⅰ.主控项目

①预制板块的强度等级、规格、质量应符合设计要求；水磨石板块尚应符合国家现行行业标准《建筑水磨石制品》JC507的规定。

检验方法：观察检查和检查材质合格证明文件及检测报告。

②面层与下一层应结合牢固、无空鼓。

检验方法：用小锤轻击检查。

Ⅱ. 一般项目

①预制板块表面应无裂缝、掉角、翘曲等明显缺陷。面层应平整洁净，图案清晰，色泽一致，接缝均匀，周边顺直，镶嵌正确。

检验方法：观察检查

②面层邻接处的镶边用料尺寸应符合设计要求，边角整齐、光滑。

检验方法：观察和钢尺检查。

③踢脚线、楼梯等项目的验收要求及检验方法同砖面层相应项目。

(D) 料石面层

料石面层采用天然条石和块石应在结合层上铺设。条石和块石面层所用的石材的规格、技术等级和厚度应符合设计要求。条石的质量应均匀，形状为矩形六面体，厚度为 80～120mm；块石形状为直棱柱体，顶面粗琢平整，底面面积不宜小于顶面面积的 60%，厚度为 100～150mm。不导电的料石面层的石料应采用辉绿岩石加工制成。填缝材料亦采用辉绿岩石加工的砂嵌实。耐高温的料石面层的石料，应按设计要求选用。块石面层结合层铺设厚度为：砂垫层不应小于 60mm；基土层应为均匀密实的基土或夯实的基土。

Ⅰ. 主控项目

①面层材质应符合设计要求；条石的强度等级应大于Mu60，块石的强度等级应大于 Mu30。

检验方法：观察检查和检查材质合格证明文件及检测报告。

②面层与下一层应结合牢固、无松动。

检验方法：观察检查和用锤击检查。

Ⅱ. 一般项目

条石面层应组砌合理，无十字缝，铺砌方向和坡度应符合设计要求；块石面层石料缝隙应相互错开，通缝不超过两块石料。

检验方法：观察和用坡度尺检查。

238

（E）各类板、块面层的允许偏差均应符合表 11-6 的规定。

板、块面层的允许偏差和检验方法（mm）　　表 11-6

项次	项目	允许偏差												检验方法
		陶瓷锦砖面层高级水磨石板	陶瓷地砖面层	缸砖面层	水泥花砖面层	水磨石板块面层	大理石面层花岗石面层	塑料板面层	水泥混凝土板块面层	碎拼碎拼花岗石大理石面层	活动地板面层	条石面层	块石面层	
1	表面平整度	2.0	4.0	4.0	3.0	3.0	1.0	2.0	4.0	3.0	2.0	10.0	10.0	用 2m 靠尺和楔形塞尺检查
2	缝格平直	3.0	3.0	3.0	3.0	3.0	2.0	3.0	3.0	—	2.5	8.0	8.0	拉 5m 线和用钢尺检查
3	接缝高低差	0.5	1.5	1.5	0.5	1.0	0.5	0.5	1.5	—	0.4	2.0	—	用钢尺和楔形塞尺检查
4	踢脚线上口平直	3.0	4.0	4.0	—	4.0	1.0	—	4.0	—	—	—	—	拉 5m 线和用钢尺检查
5	板块间隙宽度	2.0	2.0	2.0	2.0	2.0	1.0	—	6.0	—	0.3	5.0	—	用钢尺检查

（2）装饰装修工程质量验收

1）抹灰工程

抹灰工程验收时应对下列内容进行检查：抹灰工程的施工图、设计说明及其他设计文件；材料的产品合格证书、性能检测报告、进场验收记录和复验报告；隐蔽工程验收记录；施工记录等文件，同时要对水泥的凝结时间和安定性进行复验。

抹灰工程隐蔽项目包括：抹灰总厚度大于或等于 35mm 时的

加强措施；不同材料基体交接处的加强措施。

抹灰分项工程检验批的划分规定：相同材料、工艺和施工条件的室外抹灰工程每 500～1000m² 划分为一个检验批，不足 500m² 也应划分为一个检验批。相同材料、工艺和施工条件的室内抹灰工程每 50 个自然间（大面积房间和走廊按抹灰面积 30m² 为一间）划分为一个检验批，不足 50 间也应划分为一个检验批。

抹灰工程验收检查数量的规定：室内每个检验批应至少抽查 10%，并不得少于 3 间；不足 3 间时应全数检查。室外每个检验批每 100m² 应至少抽查一处，每处不得小于 10m²。

抹灰工程分为一般抹灰、装饰抹灰和清水砌体勾缝等不同项目分别进行质量验收。

（A）一般抹灰工程

一般抹灰工程分为普通抹灰和高级抹灰，当设计无要求时，按普通抹灰验收。

Ⅰ．主控项目

①抹灰前基层表面的尘土，污垢、油渍等应清除干净，并应洒水润湿。

检验方法：检查施工记录。

②一般抹灰所用材料的品种和性能应符合设计要求。水泥的凝结时间和安定性复验应合格。砂浆的配合比应符合设计要求。

检验方法：检查产品合格证书、进场验收记录、复验报告和施工记录。

③抹灰工程应分层进行。当抹灰总厚度大于或等于 35mm 时，应采取加强措施。不同材料基体交接处表面的抹灰，应采取防止开裂的加强措施，当采用加强网时，加强网与各基体的搭接宽度不应小于 100mm。

检查方法：检查隐蔽工程验收记录和施工记录。

④抹灰层与基层之间及各抹灰层之间必须粘结牢固，抹灰层应无脱层、空鼓，面层应无爆灰和裂缝。

检验方法：观察；用小锤轻击检查；检查施工记录。

Ⅱ．一般项目

①一般抹灰工程的表面质量应符合下列规定：

普通抹灰表面应光滑、洁净、接槎平整，分格缝应清晰。

高级抹灰表面应光滑、洁净、颜色均匀、无抹纹，分格缝和灰线应清晰美观。

检验方法：观察；手摸检查。

②护角、孔洞、槽、盒周围的抹灰表面应整齐、光滑；管道后面的抹灰表面应平整。

检验方法：观察。

③抹灰层的总厚度应符合设计要求；水泥砂浆不得抹在石灰砂浆层上；罩面石膏灰不得抹在水泥砂浆层上。

检验方法：检查施工记录。

④抹灰分格缝的设置应符合设计要求，宽度和深度应均匀，表面应光滑，棱角应整齐。

检验方法：观察；尺量检查。

⑤有排水要求的部位应做滴水线（槽）。滴水线（槽）应整齐顺直，滴水线应内高外低，滴水槽的宽度和深度均不应小于10mm。

检验方法：观察；尺量检查。

⑥一般抹灰工程质量的允许偏差和检验方法应符合表11-7的规定。

一般抹灰的允许偏差和检验方法　　　　　　表11-7

项次	项　　目	允许偏差(mm)		检验方法
		普通抹灰	高级抹灰	
1	立面垂直度	4	3	用2m垂直检测尺检查
2	表面平整度	4	3	用2m靠尺和塞尺检查
3	阴阳角方正	4	3	用直角检测尺检查
4	分格条（缝）直线度	4	3	拉5m线，不足5m拉通线，用钢直尺检查

项次	项 目	允许偏差(mm)		检验方法
		普通抹灰	高级抹灰	
5	墙裙、勒脚上口直线度	4	3	拉 5m 线，不足 5m 拉通线，用钢直尺检查

注：1. 普通抹灰，本表第 3 项阴角方正可不检查；

　　2. 顶棚抹灰，本表第 2 项表面平整度可不检查，但应平顺。

（B）装饰抹灰工程

装饰抹灰工程主要是指水刷石、斩假石、干粘石、假面砖等项目的质量验收

Ⅰ. 主控项目

①抹灰前基层表面的尘土、污垢、油渍等应清除干净，并应洒水润湿。

检验方法；检查施工记录。

②装饰抹灰工程所用材料的品种和性能应符合设计要求。水泥的凝结时间和安定性复验应合格。砂浆的配合比应符合设计要求。

检验方法：检查产品合格证书、进场验收记录、复验报告和施工记录。

③抹灰工程应分层进行。当抹灰总厚度大于或等于 35mm 时，应采取加强措施。不同材料基体交接处表面的抹灰，应采取防止开裂的加强措施，当采用加强网时，加强网与各基体的搭接宽度不应小于 100mm。

检验方法：检查隐蔽工程验收记录和施工记录。

④各抹灰层之间及抹灰层与基体之间必须粘结牢固，抹灰层应无脱层、空鼓和裂缝。

检验方法：观察；用小锤轻击检查；检查施工记录。

Ⅱ. 一般项目

①. 装饰抹灰工程的表面质量应符合下列规定：

a. 水刷石表面应石粒清晰、分布均匀、紧密平整、色泽一

致，应无掉粒和接槎痕迹。

b. 斩假石表面剁纹应均匀顺直、深浅一致，应无漏剁处；阳角处应横剁并留出宽窄一致的不剁边条，棱角应无损坏。

c. 干粘石表面应色泽一致、不露浆、不漏粘，石粒应粘结牢固、分布均匀，阳角处应无明显黑边。

d. 假面砖表面应平整、沟纹清晰、留缝整齐、色泽一致，应无掉角、脱皮、起砂等缺陷。

检验方法：观察；手摸检查。

②装饰抹灰分格条（缝）的设置应符合设计要求，宽度和深度应均匀，表面应平整光滑，棱角应整齐。

检验方法：观察。

③有排水要求的部位应做滴水线（槽）。滴水线（槽）应整齐顺直，滴水线应内高外低，滴水槽的宽度和深度均不应小于10mm。

检验方法：观察；尺量检查。

④装饰抹灰工程质量的允许偏差和检验方法应符合表 11-8 的规定。

装饰抹灰的允许偏差和检验方法   表 11-8

项次	项 目	允许偏差（mm）				检验方法
		水刷石	斩假石	干粘石	假面砖	
1	立面垂直度	5	4	5	5	用 2m 垂直检测尺检查
2	表面平整度	3	3	5	4	用 2m 靠尺和塞尺检查
3	阳角方正	3	3	4	4	用直角检测尺检查
4	分格条（缝）直线度	3	3	3	3	拉 5m 线，不足 5m 拉通线，用钢直尺检查
5	墙裙、勒脚上口直线度	3	3	—	—	拉 5m 线，不足 5m 拉通线，用钢直尺检查

（C）清水砌体勾缝工程

清水砌体勾缝工程包括砂浆勾缝和原浆勾缝工程的质量验收。

Ⅰ.主控项目

①清水砌体勾缝所用水泥的凝结时间和安定性复验应合格。砂浆的配合比应符合设计要求。

检验方法：检查复验报告和施工记录。

②清水砌体勾缝应无漏勾。勾缝材料应粘结牢固，无开裂。

检验方法：观察。

Ⅱ.一般项目

①清水砌体勾缝应横平竖直，交接处应平顺，宽度和深度应均匀，表面应压实抹平。

检验方法：观察；尺量检查。

②灰缝应颜色一致，砌体表面应洁净。

检验方法：观察。

2）饰面板（砖）工程

饰面板（砖）工程验收时应检查的资料有饰面板（砖）工程的施工图、设计说明及其他设计文件；材料的产品合格证书、性能检测报告、进场验收记录和复验报告；后置埋件的现场拉拔检测报告；外墙饰面砖样板件的粘结强度检测报告；隐蔽工程验收记录；施工记录。

饰面板（砖）工程应进行复验的内容有：室内用花岗石的放射性；粘贴用水泥的凝结时间、安定性和抗压强度；外墙陶瓷面砖的吸水率；寒冷地区外墙陶瓷面砖的抗冻性。

饰面板（砖）工程应进行验收的隐蔽工程项目有：预埋件（或后置埋件）；连接节点；防水层。

分项工程检验批的划分规定：相同材料、工艺和施工条件的室内饰面数（砖）工程每 50 间（大面积房间和走廊按施工面积 30m² 为一间）应划分为一个检验批，不足 50 间也应划分为一个检验批。相同材料、工艺和施工条件的室外饰面板（砖）工程每

$500\sim1000m^2$ 划分为一个检验批，不足 $500m^2$ 也应划分为一个检验批。

检验数量的规定：室内每个检验批至少应抽查 10%，并不得少于3间；不足3间时应全数检查。室外每个检验批每 $100m^2$ 至少抽查一处，每处不得小于 $10m^2$。

(A) 饰面板安装工程验收内容

Ⅰ. 主控项目

①饰面板的品种、规格、颜色和性能应符合设计要求，木龙骨、木饰面板和塑料饰面板的燃烧性能等级应符合设计要求。

检验方法：观察；检查产品合格证书、进场验收记录和性能检测报告。

②饰面板孔、槽的数量、位置和尺寸应符合设计要求。

检验方法：检查进场验收记录和施工记录。

③饰面板安装工程的预埋件（或后置埋件）、连接件的数量、规格、位置、连接方法和防腐处理必须符合设计要求。后置埋件的现场拉拔强度必须符合设计要求。饰面板安装必须牢固。

检验方法：手扳检查；检查进场验收记录、现场拉拔检测报告、隐蔽工程验收记录和施工记录。

Ⅱ. 一般项目

①饰面板表面应平整、洁净、色泽一致，无裂痕和缺损。石材表面应无泛碱等污染。

检验方法：观察。

②饰面板嵌缝应密实、平直，宽度和深度应符合设计要求，嵌填材料色泽应一致。

检验方法：观察；尺量检查。

③采用湿作业法施工的饰面板工程，石材应进行防碱背涂处理。饰面板与基体之间的灌注材料应饱满、密实。

检验方法：用小锤轻击检查；检查施工记录。

④饰面板上的孔洞应套割吻合，边缘应整齐。

检验方法：观察。

⑤饰面板安装的允许偏差和检验方法应符合表 11-9 的规定。

饰面板安装的允许偏差和检验方法　　　　表 11-9

项次	项　　目	允许偏差（mm）							检验方法
		石　　材			瓷板	木材	塑料	金属	
		光面	剁斧石	蘑菇石					
1	立面垂直度	2	3	3	2	1.5	2	2	用 2m 垂直检测尺检查
2	表面平整度	2	3	—	1.5	1	3	3	用 2m 靠尺和塞尺检查
3	阴阳角方正	2	4	4	2	1.5	3	3	用直角检测尺检查
4	接缝直线度	2	4	4	2	1	1	1	拉 5m 线，不足 5m 拉通线，用钢直尺检查
5	墙裙、勒脚上口直线度	2	4	3	2	2	2	2	拉 5m 线，不足 5m 拉通线，用钢直尺检查
6	接缝高低差	0.5	3	—	0.5	0.5	1	1	用钢直尺和塞尺检查
7	接缝宽度	1	2	2	1	1	1	1	用钢直尺检查

（B）饰面砖粘贴工程验收内容

Ⅰ．主控项目

①饰面砖的品种、规格、图案、颜色和性能应符合设计要求。

检验方法：观察；检查产品合格证书、进场验收记录、性能检测报告和复验报告。

②饰面砖粘贴工程的找平、防水、粘结和勾缝材料及施工方法应符合设计要求及国家现行产品标准和工程技术标准的规定。

检验方法：检查产品合格证书、复验报告和隐蔽工程验收记录。

③饰面砖粘贴必须牢固。

检验方法：检查样板件粘结强度检测报告和施工记录。

④满粘法施工的饰面砖工程应无空鼓、裂缝。

检验方法：观察；用小锤轻击检查。

Ⅱ．一般项目

①饰面砖表面应平整、洁净、色泽一致，无裂痕和缺损。

检验方法：观察。

②阴阳角处搭接方式、非整砖使用部位应符合设计要求。

检验方法：观察。

③墙面突出物周围的饰面砖应整砖套割吻合，边缘应整齐。墙裙、贴脸突出墙面的厚度应一致。

检验方法：观察；尺量检查。

④饰面砖接缝应平直、光滑，填嵌应连续、密实；宽度和深度应符合设计要求。

检验方法：观察；尺量检查。

⑤有排水要求的部位应做滴水线（槽）。滴水线（槽）应顺直，流水坡向应正确，坡度应符合设计要求。

检验方法：观察；用水平尺检查。

⑥饰面砖粘贴的允许偏差和检验方法应符合表 11-10 的规定。

饰面砖粘贴的允许偏差和检验方法　　　　表 11-10

项次	项　目	允许偏差（mm）		检验方法
		外墙面砖	内墙面砖	
1	立面垂直度	3	2	用 2m 垂直检测尺检查
2	表面平整度	4	3	用 2m 靠尺和塞尺检查
3	阴阳角方正	3	3	用直角检测尺检查
4	接缝直线度	3	2	拉 5m 线，不足 5m 拉通线，用钢直尺检查

项次	项　目	允许偏差（mm）		检验方法
		外墙面砖	内墙面砖	
5	接缝高低差	1	0.5	用钢直尺和塞尺检查
6	接缝宽度	1	1	用钢直尺检查

3）花饰制作与安装工程

对于混凝土、石材、木材、塑料、金属、玻璃、石膏等花饰制作与安装工程的质量验收，检验数量应符合下列规定：室外每个检验批应全部检查；室内每个检验批应至少抽查 3 间（处）；不足 3 间（处）的应全数检查。

Ⅰ．主控项目

①花饰制作与安装所使用材料的材质、规格应符合设计要求。

检验方法：观察；检查产品合格证书和进场验收记录。

②花饰的造型、尺寸应符合设计要求。

检验方法：观察；尺量检查。

③花饰的安装位置和固定方法必须符合设计要求，安装必须牢固。

检验方法：观察；尺量检查；手扳检查。

Ⅱ．一般项目

①花饰表面应洁净，接缝应严密吻合，不得有歪斜、裂缝、翘曲及损坏。

检验方法：观察。

②花饰安装的允许偏差和检验方法应符合表 11-11 的规定。

花饰安装的允许偏差和检验方法　　　　表 11-11

项次	项　目		允许偏差（mm）		检验方法
			室内	室外	
1	条型花饰的水平度或垂直度	每米	1	2	拉线和用 1m 垂直检测尺检查
		全长	3	6	
2	单独花饰中心位置偏移		10	15	拉线和用钢直尺检查

248

（二）安全技术管理

建筑安装工程工种繁多，流动性大，许多工种常年处于露天作业，高空地下，立体交叉作业等。因此安全技术是非常重要的。

1．施工现场安全要求

（1）施工现场应成立以工地项目经理为安全生产第一责任者的工地安全生产管理小组，坚持"安全第一，预防为主"，管生产必须管安全，并组成安全管理网络。

（2）施工人员应严格遵守各项安全生产的规章制度。施工人员进入现场必须戴安全帽，高空作业系上安全带，脚手架均由架子工按要求搭建，架好护身栏杆，挂好安全网，沿街高层建筑设防护网。脚手架上的操作工人应均衡站立，材料、工具堆放不能集中，每平方米不能超过270kg。

（3）建立文明施工现场。有详细的施工平面布置图；工地四周设置与外界隔离的围护设施，工地入口处应有工程概况介绍和注意安全的警示标志；工地排水设施应全面规划，保持畅通，工地道路应坚实平坦，交通顺畅；材料堆放按规定地点分类堆放整齐稳固。

（4）施工机械操作人员必须经过专业训练，持证上岗。

2．抹灰工程安全技术措施

（1）严禁脚手架超负荷使用，操作人员和材料不能太集中。

（2）零星抹灰、收尾、找补工程，不能用暖气管、上下水管道作为脚手架的支点，以免发生安全事故。

（3）机喷抹灰和砂浆中掺加的化学剂都应按规定，并配足劳保用品。

（4）施工现场的临时用电，按规定采用安全电压，线路出现事故，应由专职电工进行维修与检查。

（5）冬季施工中室内热作业要防止煤气中毒和火灾发生，外架子要经常打扫并注意防滑。

(6) 雨季施工注意机具设备的防护，以免造成漏电事故，作好场地排水、防水，使整个工地道路畅通无阻。

复 习 题

1. 建筑工程施工质量验收有哪些要求？

2. 建筑工程质量验收时，检验批合格质量应符合哪些规定？

3. 建筑工程质量验收时，分项工程合格质量应符合哪些规定？

4. 当建筑工程质量不符合要求时，应如何进行处理？

5. 地面工程施工质量验收标准中水泥混凝土面层的验收标准是什么？

6. 地面工程施工质量验收标准中大理石面层和花岗石面层的验收标准是什么？

7. 抹灰工程质量验收时分项工程检验批的划分有哪些规定？

8. 抹灰工程质量验收时检查数量的规定是什么？

9. 一般抹灰工程质量验收标准是什么？

10. 饰面板（砖）工程有哪些内容需要进行复验？

11. 抹灰工程安全技术措施有哪些？

十二、建筑职工职业道德

（一）道德、职业道德

1. 道德

我们每个人都生活在一定的社会环境中，必然与他人发生这样那样的关系。例如：兄弟姊妹关系、同学关系、师生关系、同事关系，此外，还有个人与组织、社会、国家间的种种关系。我们生活在这样复杂的社会关系中，必然会遇到各种矛盾，同时也就产生处理这些矛盾的各种态度和行为。为了保证社会安定，除依靠法律手段以外，还需要一定的规范和准则来约束人们的行为，协调人们之间的关系，这种规范就是道德。

道德是调整人与人、个人与集体、社会各组成方面之间相互关系的行为规范的总和。道德的这一定义包含了三层意思。首先，一个社会的道德的性质、内容，是由社会生产方式、经济关系（即物质利益关系）决定的。在资本主义社会里，资本主义的生产方式以及生产资料的资本私有制，决定其占统治地位的道德体系只能是以个人主义和利己主义为核心。而在社会主义社会里，社会主义生产方式和生产资料公有制占主体地位的生产关系，决定其占统治地位的只能是以"为人民服务"为核心的，以"集体主义"为原则的社会主义道德体系。第二，道德是以善与恶、好与坏、偏私与公正等作为标准来调整人们之间的行为的。道德作为行为准则，指导人们选择自己的行为；调整彼此之间的关系；具有什么样的人格；树立什么样的人生观等等。同时，道德也是人们对善恶判断的评价标准。第三，道德不是由专门的机构来制定和强制执行的，而是依靠社会舆论的力量，依靠人们的信念、传统、习惯和教育的力量来调节的。

2. 职业道德

职业道德是人们在从事正当职业并履行其职责的过程中应该遵循的行为规范和道德准则。它是职业或行业范围的特殊的道德要求，是社会道德在职业生活中的具体体现。

职业道德的主要内容包括：爱岗敬业、诚实守信、遵纪守法，办事公道、服务群众、奉献社会等。社会主义职业道德的核心内容是"为人民服务"。在具体的职业活动中，"为人民服务"应具体化为为用户服务，在工程建设过程中处处想着用户，精心施工，保证工程质量。

（二）社会主义职业道德

1. 社会主义道德规范

（1）社会主义道德体系的形成

自新中国建立后，中国共产党在领导全国人民建设社会主义的过程中，始终注意社会主义道德建设。党的第一代领导集体初步奠定了社会主义道德规范的基础，重点内容是共产主义理想、爱国主义、集体主义和社会主义思想。以邓小平同志为核心的党的第二代领导集体，明确了社会主义精神文明建设的根本目标是培养"有理想、有道德、有文化、有纪律"的社会主义新人，坚持"两手抓，两手都要硬"。以江泽民同志为核心的党的第三代领导集体，坚持、继承和发展了毛泽东、邓小平同志的德育思想，深化改革，建立了社会主义市场经济体制条件下，有利于社会主义现代化建设的道德规范，形成了与社会主义市场经济相适应，与社会主义法制体制相配套的社会主义道德体系。江泽民同志提出了"以德治国"的思想，强调"依法治国"与"以德治国"密切结合，重视道德在国家治理中的伟大作用和力量，坚持用马克思主义、社会主义思想道德教育人民，形成良好的社会风尚，增强民族凝聚力、向心力和综合力，推动社会的文明进步。

（2）社会主义道德基本要求

中共中央十二届六中全会《关于社会主义精神文明建设指导方针的决议》指出："社会主义道德建设的基本要求是爱祖国、爱人民、爱劳动、爱科学、爱社会主义。"这"五爱"即为社会主义道德的主要规范。

（3）社会主义职业道德

社会主义职业道德是社会主义道德原则在职业活动中的体现，是社会主义社会从事各种职业的劳动者都应遵守的职业行为规范的总和。社会主义职业道德是以公有制为主体的经济基础的反映，是在批判继承历史上优秀的职业道德传统的基础上发展起来的，遵循社会主义职业道德要依靠从业人员的自觉努力。不论从事什么职业，社会主义职业道德都有最基本的要求，其主要内容包括：主人翁的劳动态度；忠于职守、尽职尽责，建立和维护团结、互助、合作的职业人际关系；业务技术精益求精；为社会大众服务等。此外，职业人员还要有敬业精神、勤业作风和乐业品质，要向模范人物学习，从尽职尽责的基本要求向爱岗敬业的高层次职业道德境界前进。

2. 社会主义职业道德的核心和基本原则

（1）社会主义职业道德的核心

社会主义职业道德的核心是"为人民服务"。它凝结着马克思主义的世界观、人生观和价值观，是社会主义的主导价值观念。在职业道德领域，"为人民服务"成为社会主义职业道德的主旋律，是人们行为的指南。在我们的社会里，不论何种职业，都是社会主义建设的组成部分，每一个工作人员不论职务高低，都是人民的勤务员，所做的一切都是"为人民服务"。他们的从业行为的出发点就是关心人民、爱护人民、帮助人民。

在市场经济条件下，人们参与经济活动的直接目的是为了追求自身经济利益的最大化。但是，各行各业只有为社会、为人民群众提供高质量的产品，优质的服务，才能实现自身的利益。因此，发展社会主义市场经济、不仅党员、干部要坚持"为人民服务"的宗旨，从事生产经营活动的每一个职业人员，也必须坚持和贯彻社会主义市场经济"为人民服务"的内在要求，树立一种"人人为我，我为人人"的风尚，在不同行业之间，形成互助友爱，互勉共进的新型关系。

（2）社会主义职业道德的基本原则

在社会主义市场经济条件下，坚持"为人民服务"的主导价值观念，关键在于建设社会主义职业道德要以"集体主义"为基本原则。"集体主义"是国家利益、集体利益、个人利益相结合的集体主义，它是正确处理国家、集体、个人关系的最根本的准则，也是衡量个人行为和品质的基本标准。在社会主义条件下坚持社会主义职业道德的"集体主义"原则，最重要的是摆正国家利益、集体利益和个人利益的关系，在坚持个人利益服从社会整体利益的前提下，尽最大的能力关心个人幸福，帮助个人实现自我价值。

3. 社会主义职业道德的形成与作用

（1）社会主义职业道德的形成过程

社会主义职业道德的形成一般要经过三个过程，即掌握职业道德的知识、产生职业道德的情感、逐步养成职业道德的行为习惯。

1）掌握职业道德知识

这是形成职业道德的前提。它要求每一位职业人员深入理解职业道德规范内容的深刻含义，积极主动地把岗位规范要求和自己所从事的具体工作结合起来，保质保量地完成工作任务，认真自觉地履行各项规定。

2）产生职业道德情感

职业道德情感是指人们在职业活动中，对各种人或事的是与非，善与恶所产生的内心体验。职业道德情感包括职业责任感、职业正义感和职业荣誉感等。职业责任感是指从事某种职业的人们对社会、集体应承担的义务和责任。职业正义感一方面表现为平等对待服务对象上，另一方面表现为勇于维护本行业的各种规章制度，维护国家的各项政策法令，敢于同一切违反政策、法令和各项规章制度的现象做斗争。职业荣誉感是人们通过履行自己的职业责任，对社会做出贡献后得到的肯定评价，如受到表扬和尊敬等。

3）养成职业道德的行为

人们的职业道德面貌是靠道德行为来体现的。不同的职业要求有不同的道德行为。要将这种行为变成工作习惯或生活习惯，需要经过一番艰苦的磨炼。只有当人们把"必须按职业道德规范去做"变成"习惯这样做"的时候，职业道德规范才算真正地形成。

（2）社会主义职业道德的作用

社会主义职业道德对树立人的良好精神风貌乃至整个社会发展进步具有重大作用。特别是随着社会主义物质文明和精神文明建设的开展，它的作用日益明显地表现出来，归纳如下：

1）对社会主义经济建设起推动作用；

2）对形成良好的社会风尚起保证作用；

3）对提高职业人员的道德素质起促进作用。

（三）建筑工人职业道德

1. 建筑工人职业道德基本规范

职业道德的基本原则是用来指导和约束人们的职业行为的，需要通过具体、明确的规范来体现。所谓规范，有标准和准则之意。它告诉人们在职业活动中应如何去做。职业道德规范，一方面是职业劳动者处理职业活动中各种关系、矛盾的行为准则；另一方面也是评价职业劳动者的职业活动和职业行为好坏的标准。各行各业劳动者只有明确职业道德规范，才能在职业活动中把职业道德要求变成实际行动，以协调好各种职业关系，保证各项工作任务的完成。建筑工人职业道德基本规范归纳如下：

（1）忠于职守，热爱本职；

（2）质量第一、信誉至上；

（3）遵纪守法，安全生产；

（4）文明施工、勤俭节约；

（5）钻研业务、提高技能。

2．建筑工人职业道德修养

职业道德修养是指从业人员在职业活动实践中，按照职业道德基本原则和规范，在职业道德品质方面的"自我锻炼"和"自我改造"，借以形成高尚的职业道德品质和达到较高的境界。职业道德修养的根本目的在于培养人的高尚的道德品质。一个人的道德品质不是天上掉下来的，也不是先天就有的，而是在后天的长期实践中逐步形成的。要使自己成为一个道德高尚的人，就要按照职业道德原则和规范，在职业活动中自觉地进行职业道德修养，进而不断提高职业道德水平。

3．建筑工人职业道德修养的途径和方法

职业道德修养有丰富的内容，其中包括道德认识的修养、道德情感的修养、道德意志和道德行为的修养。建筑工人进行道德修养的正确途径和方法如下：

（1）坚持理论与实践相联系

理论与实践相结合是道德修养的根本方法，是马克思主义伦理学和多种旧伦理学在修养问题上的本质区别。那么，进行道德修养，为什么必须以社会实践为基础，与实践紧密结合呢？这是因为：首先，要想真正使自己的主观世界得到改造，必须投身到改造客观世界的实践中去。其次，只有坚持实践，才能贯彻道德修养的理论和实践相结合，言行一致的原则。离开了实践，当然就谈不上言行一致、理论与实践相结合，更谈不上道德品质的锻炼和提高。最后，道德修养之所以必须与实践相结合，还因为道德水平的提高、道德的完善是一个由道德认识到道德实践的不断反复和长期曲折的过程。

（2）努力学习，树立高尚的道德理想

由于道德现象是人类社会最复杂的现象之一，所以没有正确的指导思想，没有基本的知识，个人的道德修养就可能迷失方向，甚至误入歧途。因此，建筑工作者应努力学习马克思主义的伦理学知识、自然科学和社会科学知识以及建筑施工知识，并以英雄模范人物的高尚品质为榜样，不断加强道德修养，立志做一个道德高尚的人。

（3）开展积极的思想斗争，进行批评和自我批评，严于剖析自己

进行道德修养必须进行积极的思想斗争。对自己头脑中的不健康的思想感情进行毫不留情的批判斗争，也就是说需要在道德修养过程中进行认真的批评和自我批评，严于解剖自己。这是进行道德修养的基本方法。它包括既严格要求自己，勇于自我批评，又勇于开展相互批评并虚心接受批评。同时，开展批评和自我批评，必须持之以恒。要不断清除思想上的灰尘，才能保证沿着正确的道路健康成长，把自己提高到一个新的精神境界。

（4）提高精神境界，努力做到"慎独"

"慎独"是道德修养的一种重要方法，也是道德修养所达到的一种很高的境界。它是指个人在独立工作、无人监督时，能自觉严格要求自己，自觉遵守道德原则和规范而不做任何不道德的事。

"慎独"作为一种修养方法，它的基本特征就是建立在人们高度自觉的基础上。它体现为自我教育、自我监督、自我克制、自我完善的道德修养方法。同时它又作为一种道德境界，体现为内在的道德意志力，体现出内心的道德信念的坚定性。我们在进行共产主义道德的修养过程中，要努力做到"慎独"。要坚持在独立工作，无人监督、有做不道德的事的可能时，按照共产主义道德原则和规范办事，这是进行道德修养的内在要求，也是衡量一个人道德觉悟和道德品质的试金石。从这个意义上讲，没有"慎独"就没有道德修养。

对建筑工人来说，努力做到"慎独"具有特别重要的意义。

在施工中，有人无人监督，都要认真按施工规范要求完成工作，确保工程质量，自觉地不做任何违反职业道德规范的事。

"慎独"作为一种境界，需要通过长期的艰苦锻炼才能达到。但只要我们持之以恒，身体力行从身边的一点一滴做起，日积月累，就能达到这一崇高境界。

复 习 题

1. 什么是道德、职业道德？
2. 社会主义道德基本要求是什么？
3. 社会主义职业道德的核心和基本原则是什么？
4. 社会主义职业道德的形成与作用？
5. 建筑工人职业道德基本规范有哪些？
6. 建筑工人职业道德修养是什么？根本目的是什么？途径和方法有哪些？

附　　录

抹灰工技能岗位鉴定习题集

第一章　初级抹灰工

一、理论部分

（一）是非题

1．材料孔隙越大，容重越小，其密度比重也越小。（×）

2．石灰是水硬性胶凝材料，可以用于潮湿的环境中。（×）

3．贮存期超过三个月的水泥，仍可按原标号使用。（×）

4．麻刀、纸筋可提高抹灰层的抗拉强度，增加抹灰层的弹性和耐久性。（√）

5．抹灰是装修阶段中量最大，最主要的部分。（√）

6．装饰工程在基体或基层完工后，即可施工。（×）

7．室外抹灰工程施工，一般应自下而上进行。（×）

8．石灰砂浆内抹灰，可用水泥砂浆或水泥混合砂浆做标志和冲筋。（×）

9．钢木门窗缝隙，应用水泥砂浆一次嵌塞密实。（×）

10．剖面剖切符号采用细实线绘制。（×）

11．砖混结构是以砖墙或柱、钢筋混凝土楼板为主要承重结构。（√）

12．建筑施工图包括总平面图、平面图、屋顶平面图、剖面图和构造详图等。（√）

13．混合砂浆是由水泥、石灰粉、砂子按一定比例加水拌和而成。（√）

14．水泥和水拌和后，只能在水中硬化，而不能在空气中硬化。（×）

15．屋顶主要起围护作用，它一般是不承重的。（×）

16. 天然地基是指天然土层有足够的地基承载力，可以直接在上面建造房屋的地基。（√）

17. 建筑图纸上的标高是以米为单位。（√）

18. 钢筋混凝土基础、砖基础都属于刚性基础。（×）

19. 107胶具有一定腐蚀性，应储存在铁桶和塑料桶内。（×）

20. 砂浆搅拌机每天清洗、保养（指日常保养）。（√）

21. 抹灰通常有底层、中层、面层组成。（√）

22. 比例为1:20，是指图上距离为1，实际距离为20。（√）

23. 文明施工，按操作规程施工也是建筑工人职业道德具体表现。（√）

24. 使用砂浆搅拌机，要先将料倒入拌筒中，再接通搅拌机电源。（×）

25. 装饰工程所用的材料，应按设计要求选用，并应符合现行材料规范规定。（√）

26. 装饰工程常用颜料按来源可分为天然颜料和合成颜料，包括无机颜料和矿物颜料。（√）

27. 107胶要存放在铁质器皿中，这样可存放较长时间。（×）

28. 在外脚手架上操作时，靠尺板、直尺等工具必须斜靠在墙上。（×）

29. 对于墙面有抹灰的踢脚板，底层砂浆和面层砂浆可以一次抹成。（×）

30. 室外墙面抹灰分格的目的就是为了美观。（×）

31. 抹楼梯踏步时，阳角一定要跟斜线。（√）

32. 外窗台抹灰，在漏贴滴水线槽时，可用铁皮划沟的方法补救。（×）

33. 使用磨石机时，要将胶皮电线在地面上摆好，配电盘要有保险丝。（×）

34. 雨篷抹灰顺序是：先抹上口面，后抹下口面，最后抹外口正面。（×）

35. 喷涂抹灰的质量标准比一般手工抹灰的质量标准低。（×）

36. 装饰抹灰用的石粒，使用前必须冲洗干净。（√）

37. 水泥砂浆和水泥混合砂浆抹灰层，应待前一层七八成干后，方可抹后一层。（×）

38．石灰砂浆底、中层抹灰洒水润湿后，即可抹水泥砂浆面层。（×）

39．抹灰砂浆底层主要是粘结作用。（√）

40．不同品种水泥抹灰时可以混合使用。（×）

41．墙面抹灰用木制分格条，应浸泡水，晾干后使用。（√）

42．搁预制板时，宜边铺灰，边搁置，以防引起楼层地面开裂。（√）

43．拌制的砂浆要求具有良好的和易性。（√）

44．一般来说孔隙率越大的材料，强度越高。（×）

45．建筑材料发展方向应逐渐由天然材料转变为人造材料。（√）

46．聚乙烯醇缩甲醛可作为胶结剂使用。（√）

47．圈梁的作用是加强房屋的空间刚度和整体性及防止地基产生不均匀沉降。（√）

48．基础埋置深度受地基土层构造影响，应尽量埋在深的土层内。（×）

49．全面质量管理是全过程的质量管理。（√）

50．抹灰工程分为一般抹灰和装饰抹灰。（×）

51．抹灰中层主要起找平作用，根据施工质量，可以一次抹成，亦可分遍进行。（√）

52．膨胀珍珠岩具有密度小、导热系数高、承压能力较高的特点。（×）

53．抹灰前对结构工程以及其他配合工程项目进行检查是确保抹灰质量和进度的关键。（√）

54．砂浆抹灰层在硬化后，不得受冻。（×）

55．加气混凝土和粉煤灰砌块，基层抹混合砂浆时，应先刷 107 胶水溶液一道。（×）

56．假面砖操作类似于釉面砖操作，只是和釉面砖材料不同。（×）

57．瓷砖铺贴前，要先找好规矩，定出水平标准，进行预排。（√）

58．基础是建筑物的最下部位承重构件，而地基是不承重的。（×）

59．摩擦桩是桩尖达到硬层一种桩，建筑物的荷载由桩尖阻力承受。（×）

60．石灰和水玻璃都是属于气硬性胶凝材料。（√）

61．建筑石膏在运输和贮存时应防止受潮。（√）

62．普通硅酸盐水泥和硅酸盐水泥是同一品种水泥。（×）

63．水泥的初凝指水泥开始产生强度的时间。（×）

64．白垩也可作为抹灰用的材料。（√）

65．环氧树脂耐热性、柔韧性、耐化学腐蚀性好。而且具有体积缩率低、粘结力强等特点。（√）

66．砂浆的流动性即稠度与用水量、骨料粗细等有关，但与气候无关。（×）

67．一般来说砂浆的抗压强度越高，粘结力越强。（√）

68．材料的吸湿性大小决定材料本身组织构造和化学成分。（√）

69．缸砖留缝铺贴顺序，一般是从四周向中间逐块铺贴。（×）

70．抹灰的面层应在踢脚板、挂镜线等木制品安装后涂抹。（×）

71．全面质量管理的核心是加强对产品质量检查。（×）

72．白水泥和彩色水泥主要用于各种颜色的水磨石、水刷面、剁假石等。（√）

73．抹灰工程在做好标志块后，即可进行抹灰。（×）

74．剁假石操作，包括抹完素水泥浆后，应待水泥浆干后，再抹水泥石屑罩面层。（×）

75．组织管理科学化也是建筑工业化的内容之一。（√）

76．基础埋置深度，要考虑受冻影响，应埋置在冰冻线以下。（√）

77．有机胶凝材料和无机胶凝材料都是建筑上常用的胶凝材料。（√）

78．水泥体积安定性不良，指水泥在硬化过程中体积不发生变化。（×）

79．砂浆的和易性包括流动性和粘结力两个方面。（×）

80．水泥砂浆保水性比石灰砂浆保水性好一些。（×）

81．大理石、花岗石材料，他们的抗压强度和抗拉强度都很好。（×）

82．地面分格是为了防止地面出现不规则裂缝，影响使用美观。（√）

83．石灰砂浆底、中层抹灰和抹水泥砂浆面层可同时进行。（×）

84．镶贴釉面砖前应试排，如遇突出管线、灯具等，应用非整砖拼凑镶贴。（×）

85．菱苦土拌和料，不得直接在水泥砂浆地面上拌和。（√）

86．石膏罩面灰，应抹在水泥砂浆或混合砂浆基层上。（×）

87．细石混凝土或水泥砂浆地面，应隔夜浇水润湿以避免引起裂缝。（√）

88．水泥砂浆掺入适量的石灰浆，能提高砂浆和易性。（√）

89．PDCA循环是一种动态循环。（√）

262

90. 在施工中遇到安全无保证措施作业，有权拒绝施工，同时立刻报告有关部门，这是建筑工人的安全职责。（√）

91. 不同品种、标号的水泥，可以一起堆放、使用。（×）

92. 钢筋混凝土基础抗弯能力强，又称刚性基础。（×）

93. 煤沥青和石油沥青可以按比例混合使用。（×）

94. 装饰处理效果可通过质感、线条和色彩来反映。（√）

95. 墙面的脚手孔洞必须堵塞严密，管道通过的墙洞等，须用石灰砂浆堵严。（×）

96. 用冻结法砌筑的墙体，室外抹灰应在其完全解冻后施工。（√）

97. 膨胀蛭石砂浆适用于地下室和湿度较大车间内墙面和顶棚抹灰。（×）

98. 甲基硅醇钠具有疏水、防污染等优点，但不能提高饰面耐久性。（×）

99. 顶棚抹灰前，应在四周墙上弹出水平线，以墙上水平线为依据，先抹顶棚四周圈边找平。（√）

100. 喷涂时，门窗和不喷涂部位应采取措施，防止污染。（√）

101. 陶瓷锦砖在铺贴前，应在清水中浸泡，晾干后，方可使用。（×）

102. 图纸上尺寸除标高及总平面图上尺寸以米为单位外，其他尺寸一律以毫米为单位。（√）

103. 人工地基是指土层承载力较高，不必进行加固处理，就能在上面建造房屋。（×）

104. 楼板安装后，板缝应用 1:2 水泥砂浆灌缝，这样可避免缝隙漏水。（×）

105. 石灰砂浆硬化过程中，"结晶"和"碳化"两个过程是同时进行的。（√）

10. 湿纸筋使用时，清水浸泡透与石灰膏均匀搅拌后，可作为建筑装饰中的堆塑用料。（√）

107. 水泥的标号，是以水泥 28d 的强度值确定的，以后水泥的硬化就停止了。（×）

108. 装饰水泥性能同硅酸盐水泥相近，施工和养护方法也基本相同。（×）

109. 膨胀珍珠岩可拌制作为防水砂浆用。（×）

110. 保水性良好的砂浆，其分层度是较小的。（√）

111.材料的吸湿性是指材料在水中吸收水分的性质。(×)

112.水泥面层压光时,钢抹子不宜在面层上多压和用力过大,以免起壳。(√)

113.装饰抹灰面层应做在平整且光滑的中层砂浆上。(×)

114.剁假石面层应赶平压实,剁前应试剁,以石子不脱落为准。(√)

115.室内釉面砖镶贴完后,如不是潮湿房间可用白水泥浆或石膏浆嵌缝。(√)

116.每遍抹灰太厚或各层抹灰间隔时间太短,会引起抹灰层开裂。(√)

117.地面抹水泥砂浆,为增加砂浆和易性,可掺入适量粉煤灰。(×)

118.职业道德首先是人们在从事正当的一定职业工作中,要遵循的特定的职业行为规范。(√)

(二)选择题

1.施工中对材料质量发生怀疑时,应__C__,合格后方可使用。

A.全数检查 B.分部检查

C.抽样检查 D.系统检查

2.普通和中级抹灰施工环境温度应于__C__以上。

A.0℃ B.−5℃ C.5℃ D.10℃

3.抹灰时站在高凳搭的脚手板上操作时,人员不得超过__A__人。

A.2 B.3 C.4 D.5

4.水泥拌制砂浆,应控制在__A__用完。

A.初凝前 B.初凝后 C.终凝前 D.终凝后

5.室内墙面、门窗洞口护角、应用水泥砂浆,高度不应低于__C__。

A.1.5m B.1.8m C.2m D.2.5m

6.冬期施工,抹灰时砂浆温度不宜低于__C__。

A.−5℃ B.0℃ C.5℃ D.10℃

7.石灰膏熟化时间一般不少于__C__。

A.5d B.10d C.15d D.20d

8.外墙贴面砖时,均不得有__A__非整砖。

A.一行以上 B.两行以上

C.三行以上 D.一行

9.抹楼梯防滑条时,要比楼梯踏步面__A__。

A.高 3～4mm B.高 10mm

C. 低 1～2mm   D. 低 3～4mm

10. "▲"   D   。

A. 表示建筑标高   B. 表示绝对标高

C. 是剖切符号   D. 只是三角形符号

11. 开刀是用来   A   用的。

A. 陶瓷锦砖拨缝   B. 剖板

C. 切砖   D. 切石膏板

12. 采用石膏抹灰时，石膏灰中不得掺用   C   。

A. 牛皮胶   B. 硼砂

C. 氯盐   D.107 胶

13. 涂抹水泥砂浆每遍厚度为   A   。

A.5～7mm   B.7～9mm

C.9～11mm   D.11～13mm

14. 外墙窗台滴水槽的深度不应小于   C   。

A.6mm   B.8mm   C.10mm   D.12mm

15. 一般民用建筑铝合金门窗与墙之间的缝隙不得用   D   填塞。

A. 麻刀   B. 木条

C. 密封条   D. 水泥砂浆

16. 抹灰工程是属于   C   。

A. 单项工程   B. 分项工程

C. 子分部工程   D. 单位工程

17. 全面质量管理，PDCA 工作方法，P 是指   C   。

A. 检查   B. 实施

C. 计划   D. 总结

18. 砂的质量要求颗粒坚硬洁净，含泥量不超过   C   。

A.1%   B.2%   C.3%   D.4%

19. 菱苦土是   C   。

A 一种粘土   B. 一种砂粒

C. 一种胶凝材料   D. 一种石粒

20. 抹灰的阴、阳角方正用 20cm 方尺检查时，普通抹灰允许偏差
    C   。

A.2mm   B.3mm   C.4mm   D.5mm

21. 建筑石膏特点具有   B   特点。

A. 容重较大　　　　　　　　B. 导热性较低

C. 耐水性好　　　　　　　　D. 抗冻性好

22. 全面质量管理的管理范围是　A　。

A. 管因素　　　　　　　　　B. 管开始

C. 管结果　　　　　　　　　D. 管施工

23. 甲基硅醇钠是一种　D　。

A. 减水剂　　　　　　　　　B. 缓凝剂

C. 速凝剂　　　　　　　　　D. 憎水剂

24. 高处作业，当有　C　以上应停止作业。

A. 四级风　　　　　　　　　B. 五级风

C. 六级风　　　　　　　　　D. 七级风

25. 屋面板代号是　B　。

A. KD　　　B. WB　　　C. YB　　　D. ZB

26. 用1:50比例，实际尺寸是10m，图纸上尺寸是　B　。

A. 10cm　　B. 20cm　　C. 30cm　　D. 40cm

27. 砖墙砌体，构造一般设有混凝土防潮层，它一般设置在室内地面以下　C　。

A. 1~2cm　　　　　　　　　B. 3~4cm

C. 5~6cm　　　　　　　　　D. 7~8cm

28. 下面属于有机胶凝材料是　A　。

A. 石油沥青　　　　　　　　B. 石膏

C. 水玻璃　　　　　　　　　D. 水泥

29. 抹灰用的砂子为　B　混合使用。

A. 粗砂，中砂和粗砂　　　　B. 细砂、中砂和粗砂

C. 细砂，细砂和中砂　　　　D. 中砂，中砂和细砂

30. 107胶在使用时，其掺量不宜超过水泥重量的　C　。

A. 20%　　　B. 30%　　　C. 40%　　　D. 50%

31. 大八厘、中八厘、小八厘石渣的粒径分别约是　A　。

A. 8. 6. 4　　　　　　　　　B. 10. 8. 6

C. 12. 8. 6　　　　　　　　　D. 15. 10. 5

32. 当室外气温为20~30℃时，机磨一般要　C　以后才可以开磨。

A. 1~2d　　　　　　　　　　B. 2~3d

C. 3~4d　　　　　　　　　　D. 4~5d

266

33．窗台抹灰的操作工艺顺序是 B 。

A．立面、侧面、平面、底面

B．立面、平面、底面、侧面

C．侧面、立面、平面、底面

D．平面、底面、立面、侧面

34．内墙面抹灰，普通抹灰表面平整度允许偏差 C 。

A．2mm　　B．3mm　　C．4mm　　D．5mm

35．冷作法抹灰施工，砂浆稠度不宜超过 B cm。

A．2~3　　B．4~5　　C．7　　D．10

36． D 水泥的早期强度高。

A．矿渣水泥　　　　　　　B．粉煤灰水泥

C．火山灰水泥　　　　　　D．普通水泥

37．阳台、屋面的平面与立面交接处的阳角抹成 C 。

A．直角　　B．锐角　　C．圆弧形　　D．随便

38．楼梯踏步防滑条要用 A 。

A．1:1.5 水泥金刚砂砂浆　　B．1:3 水泥砂浆

C．重晶石砂浆　　　　　　　D．1:3.5 水泥金刚砂砂浆

39．国家控制水泥体积安定性，规定水泥熟料中游离氧化镁含量不得超过 A 。

A．5%　　B．7%　　C．9%　　D．11%

40．水泥的终凝指水泥 C 时间。

A．开始凝结　　　　B．开始硬化

C．开始产生强度　　D．完全硬化

41．对于密实不吸水基层，抹灰砂浆流动性应选择 B 。

A．大些　　　　　　B．小些

C．大、小都可以　　D．与基层无关

42．材料在绝对密实状态下，单位体积的质量称 C 。

A．容重　　B．密实度　　C．密度　　D．孔隙率

43．砂浆搅拌机一级保养指已经使用 D 。

A．50h　　B．80h　　C．90h　　D．100h

44．抹灰层灰饼厚度一般不应低于 B 。

A．5mm　　B．7mm　　C．9mm　　D．10mm

45．涂抹石灰砂浆每遍厚度宜为 B 。

A.5~7mm　　　　B.7~9mm

C.9~11mm　　　　D.11~13mm

46．全面质量管理，PDCA 工作方法 A．是指　C　。

A．计划　　B．实施　　C．总结　　D．检查

47．水刷石表面平整，质量允许偏差为　C　。

A．2mm　　　B．3mm　　　C．4mm　　　D．5mm

48．六偏磷酸钠是　B　。

A．缓凝剂　　　　　　B．分散剂

C．防水剂　　　　　　D．速凝剂

49．一般抹灰包括　D　。

A．水泥砂浆　　　　　B．膨胀珍珠岩水泥砂浆

C．聚合物水泥砂浆　　D．以上都是

50．抹灰层的平均总厚度，按规范要求，普能抹灰为
　B　。

A．18mm　　　　　　B．20mm

C．25mm　　　　　　D．30mm

51．木质素磺酸钙是　B　。

A．速凝剂　　　　　　B．减水剂

C．缓凝剂　　　　　　D．防水剂

52．基层为混凝土时，抹灰前应先刮　A　一道。

A．素水泥浆　　　　　B．107 胶水溶液

C．107 胶　　　　　　D．以上都可以

53．水刷石结合层素水泥浆水灰比采用　B　。

A．0.30~0.35　　　　B．0.37~0.40

C．0.42~0.45　　　　D．0.47~0.50

54．粘贴分格条一般采用　B　当格条。

A．胶布　　　　　　　B．木

C．水泥砂浆　　　　　D．混合砂浆

55．普通抹灰，立面要垂直，质量允许偏　C　。

A．2mm　　B．3mm　　C．4mm　　D．5mm

56．1kgf/cm^2 等于　A　。

A．0.0981MPa　　　　B．9.81MPa

C．10.2MPa　　　　　D．0.102×10MPa

57．槽形板的代号是　C　。

A.ZB　　B.YB　　C.CB　　D.DB

58．基础的埋置深度超过　B　时，称深基础。

A.4m　　B.5m　　C.6m　　D.7m

59．抹灰层灰饼厚度一般不应超过　B　。

A.20mm　B.25mm　C.30mm　D.35mm

60．大理石、釉面砖属于　A　材料。

A. 脆性　　B. 韧性　　C. 弹性　　D. 以上都不是

61．普通水泥保管要注意防水、防潮、堆垛高度一般不超过　B　。

A.6～8 袋　　　　B.10～12 袋

C.14～16 袋　　　D.18～20 袋

62．石英砂在抹灰工程中经常用于配制　D　用。

A. 防水砂浆　　　B. 耐热砂浆

C. 保温砂浆　　　D. 耐腐蚀砂浆

63．在干热气候中，抹灰砂浆流动性应选择　A　。

A. 大些　　　　　B. 小些

C. 大小都可以　　D. 与气候无关

64．水泥砂浆地面，砂浆稠度不应大于　A　。

A.3.5cm　　　　　B.4.5cm

C.5cm　　　　　　D.6cm

65．砂浆中放入六偏磷酸钠，一般掺入量为水泥用量的　A　。

A.1%　B.3%　C.5%　D.7%

66．外窗台滴水槽的深度不小于　C　。

A.6mm　B.8mm　C.10mm　D.12mm

67．罩面石膏灰，宜控制在　C　内凝结。

A.5～10min　　　B.10～15min

C.15～20min　　　D.20～25min

68．镶贴釉面砖，为了改善砂浆和易性，可掺入不大于水泥重量
　D　石灰膏。

A.5%　B.10%　C.12%　D.15%

69．一般民用建筑中，属于承重构件是　D　。

A. 基础　B. 砖墙　C. 楼梯　D. 以上都是

70．室内踢脚线厚度，一般要比罩面凸出　A　。

A.5mm　B.10mm　C.12mm　D.15mm

71．室内抹灰使用的高凳，必须搭设牢固。高凳跳板跨度不准超过 ___C___ 。

A.0.5m　B.1.5m　C.2m　D.2.5m

72．装饰抹灰包括 ___A和C___ 。

A．假面砖　　　　　B．喷涂、滚涂

C．斩假石　　　　　D．以上都是

73．抹灰层的平均总厚度，按规范要求，高级抹灰为 ___C___ 。

A.18mm　B.20mm　C.25mm　D.30mm

74．木质素磺酸钙掺入量为水泥重量 ___A___ 。

A.0.3%　B.1%　C.1.5%　D.2%

75．在加气混凝土或粉煤灰砌砖块基层抹石灰砂浆时，应先刷 ___B___ 。

A．素水泥浆　　　　B．乳胶水溶液

C.107胶水泥浆　　D.107胶

76．水刷石表面已结硬，可使用 ___A___ 溶液洗刷，然后用水冲洗。

A.5%稀盐酸　　　　B.10%稀盐酸

C.5%稀硫酸　　　　D.10%稀硫酸

77．刷假石，水泥石屑比例一般采用 ___B___ 。

A.1:0.5　　　　　　B.1:1.25

C.1:3　　　　　　　D.1:5

78．高级抹灰，立面要垂直，质量允许偏差 ___B___ 。

A.2mm　B.3mm　C.4mm　D.5mm

79．1MPa 等于 ___C___ 。

A.1000Pa　　　　　B.100000Pa

C.1000000Pa　　　D.1000000000Pa

80．连续梁的代号是 ___D___ 。

A．QL　B．WL　C．GL　D．LL

81．一栋 50m 长的房屋用 1:100 比例绘制的，图纸上尺寸是 ___D___ mm。

A.50　B.100　C.250　D.500

82．孔隙率大的材料，其 ___D___ 。

A．密度大　　　　　B．密度小

C．密实度大　　　　D．密实度小

83. 水磨石石渣浆采用中小八厘混合，选用配合比是　D　。

A.1:2　B.1:1.5　C.1:25　D.1:1.25

84. 水泥贮存期不宜过长，一般条件下，三个月强度约降低　B　。

A.6%～10%　　　　B.10%～20%

C.20%～25%　　　　D.25%～30%

85. 地面做水泥砂浆，水泥标号应大于　B　。

A.225 号　　　　B.325 号

C.425 号　　　　D.525 号

86. 全面质量管理，PDCA 工作方法，D 是指　A　。

A. 实施　B. 检查　C. 计划　D. 总结

87. 石灰膏用于罩面灰时，熟化时间不应少于　D　。

A.15d　B.20d　C.25d　D.30d

88. 普通抹灰，阴阳角垂直，质量允许偏差　C　。

A.2mm　B.3mm　C.4mm　D.5mm

89. 熟石灰是由生石灰消解而成，其主要成分是　C　。

A. 氧化镁　　　　B. 氧化钙

C. 氢氧化钙　　　　D. 石灰酸钙

90. 下面可作为缓凝剂的材料是　D　。

A. 硼砂　　　　B. 亚硝酸盐酒精废渣

C. 石灰浆　　　　D. 以上都可以

91. 外墙面抹灰，砖混结构全高超过 10m，垂直度允许偏差　D　。

A.5mm　B.10mm　C.15mm　D.20mm

92. 顶棚抹灰产生起泡主要原因是　B　。

A. 底子灰太干　　　　B. 灰浆没有收水

C. 石灰质量　　　　D. 以上都可能

93. 抹灰线时，接角尺用硬木制成可用来　D　。

A. 接阴角　　　　B. 接阳角

C. 整修灰线　　　　D. 以上都可以

94. 距地面　A　的作业就视为高处作业。

A.2m 以上　　　　B.3m 以上

C.4m 以上　　　　D.5m 以上

95. 室外抹灰时，脚手板要满铺，最窄不得超过　B　。

A. 两块板子　　B. 三块板子

C. 四块板子　　　　D. 五块板子

96. 抹灰层的平均总厚度，按规范要求，外墙为　B　。

A.18mm　B.20mm　C.25mm　D.30mm

97. 抹灰面层用纸筋灰、石膏灰等罩面时，经赶平、压实其厚度一般不大于　A　。

A.2mm　B.3mm　C.4mm　D.5mm

98. 水泥砂浆面层操作，其表面压光不得少于　C　遍。

A.1　B.2　C.3　D.4

99. 水刷石装饰抹灰，为了协调石子颜色和气候条件，可在水泥石渣浆中掺不超过水泥用量　C　石膏。

A.10%　B.15%　C.20%　D.25%

100. 1Pa 等于　C　。

A.1.02×10^{-3}kgf/cm^2　　　　B.1.02×10^{-4}kgf/cm^2

C.1.02×10^{-5}kgf/cm^2　　　　D.1.02×10^{-6}kgf/cm^2

101. 基础代号是　B　。

A. I　B. J　C. W　D. ZH

102. 室外抹灰分格线应用　C　勾嵌。

A. 混合砂浆　　　　B. 石灰砂浆

C. 水泥浆　　　　D. 石膏灰

103. 砂浆搅拌机使用 700h 以后，要进行　B　保养。

A. 一级　　　　B. 二级

C. 三级　　　　D. 四级

104. 地面铺设细石混凝土，宜在找平层的混凝土或水泥砂浆抗压强度达到　C　以后方可在上做间层。

A.0.5MPa　　　　B.0.8MPa

C.1.2MPa　　　　D.1.5MPa

105. 水泥砂浆地面，面层压光工作应在　C　完成。

A. 初凝前　　　　B. 初凝后

C. 终凝前　　　　D. 终凝后

106. 建筑石膏的主要成分是　D　。

A. 全水石膏　　　　B. 二水石膏

C. 无水石膏　　　　D. 半水石膏

107. 甲基硅醇钠防水剂，使用时要用清水稀释，要求稀释后　A　用完。

    A.1～2d   B.3～4d

    C.5～6d   D.7～8d

108. 室外抹灰粘贴分格条前，应___A___将分格条放在水中浸透。

    A. 提前 1d   B. 提前 2h

    C. 提前 1h   D. 不需用

109. 外墙面抹灰，砖混结构面≤10m，垂直度允许偏差___B___。

    A.5mm   B.10mm   C.15mm   D.20mm

110. 当顶棚抹灰高度超过___D___时，抹灰脚手要有架子工搭设。

    A.3.0m   B.3.2m   C.3.4m   D.3.6m

111. 用死模抹墙角灰线，在抹罩面灰时，应___A___。

    A. 将模往前推   B. 将模往后拉

    C. 将模往前往后结合进行   D. 根据情况不同选择

112. 在地面抹水泥砂浆前，应进行清理，如楼板表面有油污时，应用___D___清洗干净，然后用清水清洗。

    A. 草酸   B. 盐酸   C. 硝酸   D. 火碱溶液

113. 外墙面做水刷石，如基层是混凝土，处理方法是___D___。

    A. 表面凿毛   B. 喷或用一遍 1:1 水泥砂浆

    C. 界面剂处理   D. 以上都是

114. 水刷石表面脏，颜色不一致原因是___B___。

    A. 表面没有抹平压实   B. 原材料未一次配齐

    C. 配合比不准确   D. 以上都是

115. 出厂砖要有出厂证明，砖块的长、宽允许偏差不得超过___B___。

    A.0.5mm   B.1mm   C.1.5mm   D.2mm

116. 冷作抹灰方法有___D___。

    A. 氯盐法   B. 氯化砂浆法

    C. 亚硝酸钠法   D. 以上都是

117. 抹灰上料时，推小车运料一律推行，坡道行车前后距离不小于___C___。

    A.5m   B.8m   C.10m   D.12m

118. 在顶棚抹灰时，脚手板的板距，不大于___B___。

    A.0.2m   B.0.5m   C.0.8m   D.1m

    （三）计算题

1. 外墙墙面采用 1:1:6 混合砂浆抹灰，外墙抹灰，面积为 3000m²，门窗洞口面积为 100m²，其产量定额为 6.48m²/工日，采用一班制施工，班组出勤人数为 20 人。

试求：（1）完成该抹灰项目工日数（保留整数）

（2）完成该抹灰项目总天数

【解】（1）总工日数：$(3000-100) \div 6.48 = 449$（工日）

（2）总工数：$449 \div 20 = 22$（d）

2. 已知，某堆黄砂的实际密度为 2.6g/cm³，堆积密度为 1560kg/m³。

试求：该堆黄砂的孔隙率是多少？

【解】（1）单位换算 $2.6g/cm³ = 2600kg/m³$

（2）$P = \left(1 - \dfrac{1560}{2600}\right) \times 100\% = 40\%$

答：该堆黄砂的孔隙率为 40%。

3. 某工程内墙面抹灰采用 1:3:9 的混合砂浆，现场黄砂含水率为 3%，若每拌制一次的水泥用量两袋（一袋 50kg）。

求：此时条件下各种材料的用量是多少？

【解】（1）水泥：$50 \times 2 = 100$（kg）

（2）石灰膏用量：$100 \times 3 = 300$（kg）

（3）黄砂：$100 \times 9 (1 + 3\%) = 927$（kg）

4. 某工程外墙混合浆抹面，工程量为 1245m²，在劳动定额编号 3—154 中，每 10m² 混合砂浆抹面需综合人工 1.512，抹灰工 0.822，普工 0.692。

问：该项工程需用工的数量各是多少？

【解】 $1245 \div 10 = 124.5$

综合工：$124.5 \times 1.51 = 188$（工）

抹工：$124.5 \times 0.82 = 102$（工）

普工：$124.5 \times 0.69 = 86$（工）

5. 楼梯间的内墙面石灰砂浆工程量为 250m²，施工系数为 1.25，其时间规定为 0.105 工日/m²。抹水泥砂浆明护角线 50m，其定额规定为 0.016 工日/m，采用常日制施工，班组出勤人数为 15 人。

试求：（1）计划人工是多少？

（2）完成该分项工程需要总天数？

【解】（1）计划人工为

$1.25 \times 250 \times 0.105 + 50 \times 0.016 = 33.61$（人）

(2) $33.61 \div 15 = 2.24$（d）

6. 按配合比计算，砂浆搅拌机每拌一次需加入黄砂 148kg，若现场黄砂的含率为 3%。

试问：湿砂用量应是多少？（精确至公斤）

【解】 湿砂用量 $= 148 \times (1 + 3\%) = 152$kg

7. 水泥砂浆外墙裙（压光不嵌线）抹灰，并带有出砖线，图示尺寸长 500m、高 60cm，每工产量为 $7.19m^2$/工日，同时定额规定，外墙裙若有出砖线，每 10m 应增加抹灰 0.2 工日，现采用两班制施工，班组出勤人数为 11 人。

试求：(1) 计划人工是多少？

(2) 完成该项目的总天数？

【解】 (1) 计划人工

$500 \times 0.6 \div 7.19 + 50 \times 0.2 = 51.7$（工日）

(2) 总天数

$51.7 \div 11 \div 2 = 2.35$（d）

8. 某工程地面抹灰采用水泥砂浆加颜料，砂浆用量 $10m^3$，实验室配合比每立方米砂浆各材料用料为 425 号水泥 507kg，砂浆 1630kg，颜料 20kg，水 $0.3m^3$。

求：各种材料的用量？

【解】 水泥：$10 \times 507 = 5070$（kg）

砂：$10 \times 1630 = 16300$（kg）

颜料：$10 \times 20 = 200$（kg）

水：$10 \times 0.3 = 3$（kg）

9. 已知抹灰用水泥砂浆体积比为 1:4，求以重量计的水泥和砂子用量（砂空隙为 32%）（砂表观密度为 $1550kg/m^3$，水泥密度为 $1200kg/m^3$）。

【解】 $(1+4) - 4 \times 0.32 = 3.72$

$1 \div 3.72 = 0.27$（m^3）

则砂体积为：$0.27 \times 4 = 1.08$（m^3）

水泥体积为：0.27（m^3）

砂用量：$1.08 \times 1550 = 1674$（kg）

水泥用量：$0.27 \times 1200 = 324$（kg）

10. 用水泥砂浆铺贴规格 15×15cm 的内墙裙瓷砖其定额为 0.444 工

日/m² 铺贴面积为 800m². 班组出勤人数为 12 人，采用两班制施工。

试求：（1）计划人工多少？

（2）完成该分项工程的总天数

【解】（1）计划人工数

$800 \times 0.444 = 355.2$（工日）

（2）总天数

$355.2 \div 12 \div 2 = 14.8$（d）（约 15d）。

（四）简答题

1. 识图的基本知识包括哪些内容？

答：物体的投影原理，房屋的基本构造，轴线坐标的表示方法，水平尺寸、标高、图例和符号的表示方法，门窗型号和构件型号的写法以及图上的各种线条等都属于识图的基本知识。

2. 地面抹灰施工时应注意的事项？

答：（1）在地面抹灰施工时，要注意保护好已完成的项目，如门框要保护好，推小车运灰时不得碰撞门框和墙角。

（2）地面铺砂浆时要保护电线管和其他设备的管线位置。

（3）保护地漏、出水口等部位的临时堵口，防止砂浆灌入等造成堵塞。

3. 外窗台的清理和嵌缝有哪些要求？为什么？

答：首先将窗台上的砂浆渣等清扫干净，然后浇水湿润，用 1:3 水泥砂浆将窗台下槛的洞隙填满嵌实。

填嵌时要注意必须将砂浆嵌入窗槛下凹槽内，特别是窗框的两下角处必须要填满填实，否则会在此处造成窗台渗水。

4. 抹灰主控项目有哪些要求？

答：抹灰前基层表面的尘土、污垢、油渍等应清除干净，并应洒水润湿。

检验方法：检查施工记录。

一般抹灰所用材料的品种和性能应符合设计要求。水泥的凝结时间和安定性复验应合格。砂浆的配合比应符合设计要求。

检验方法：检查产品合格证书、进场验收记录、复验报告和施工记录。

抹灰工程应分层进行。当抹灰总厚度大于或等于 35mm 时，应采取加强措施。不同材料基体交接处表面的抹灰，应采取防止开裂的加强措施，当采用加强网时，加强网与各基体的搭接宽度不应小于 100mm。

检验方法：检查隐蔽工程验收记录和施工记录。

抹灰层与基层之间及各抹灰层之间必须粘结牢固,抹灰层应无脱层、空鼓,面层应无爆灰和裂缝。

检验方法:观察;用小锤轻击检查;检查施工记录。

5. 铺缸砖时地面不平,出现小高低如何解决?

答:首先要选好砖,不符合规格标准的不用。铺贴时,必须铺平、敲实,再用靠尺板检查平整度,对不平处进行修整,全部铺好后进行养护和成品保护,达到强度后方可上人。

6. 抹灰工程冬期施工的一般原则是什么?

答:一般抹灰工程应尽量在冬期前完成。如必须冬期施工时,应尽量设法利用建筑物的正式采暖措施。凡不影响交工和使用的室外抹灰工程,宜推迟到初春化冻以后施工。

7. 砂浆中掺107胶的作用有哪些?

答:(1)能改善和提高抹灰层的强度,不会粉酥掉面。

(2)能增强涂层的柔韧性,减少开裂现象。

(3)能加强与基层之间的粘结性能,不易产生爆皮或脱落。

(4)室内环境污染物浓度限值超标,应限制使用。

8. 内墙抹灰为什么要先做踢脚线后抹墙面?

答:先做踢脚线后进行墙面抹灰,能有效地防止踢脚线的空鼓,又能控制墙面抹灰的平整度。

9. 地面为什么要分格?

答:水泥砂浆地面或混凝土地面,由于气温影响发生热胀冷缩现象,致使地面产生不规则开裂。

为了防止地面出现不规则裂缝,影响使用和美观,所以在开间较大地面上要分格。

10. 在搅拌砂浆时有哪些安全要点?

答:(1)非操作人员严禁开动砂浆搅拌机。

(2)使用砂浆搅拌机搅拌砂浆,往拌筒内投拌时,不准用脚踩或用铁锹、木棒等工具拨、刮拌和筒口,初拌时必须使用摇手柄,不准扳转拌筒或用铁锹拌入筒里抹灰。

11. 一般民用建筑由哪些部分组成?

答:民用建筑一般由基础、墙或柱、楼地面、楼梯、屋面和门窗六大部分组成。它们处在不同部位,发挥着各自的作用。

12. 建筑工程施工图有哪些种类?

答：建筑工程施工图一般包括：（1）建筑施工图；（2）结构施工图；（3）给排水施工图；（4）采暖施工图；（5）通风施工图。各种施工图又包括基本图和详图两部分。

13．一般墙面抹灰应注意哪些质量问题？

答：（1）门窗框缝隙不严，产生空鼓、裂缝；（2）基层处理不当，如浇水不适，影响粘结力；（3）基层偏差过大，没有分层操作，产生干缩裂缝；（4）原材料和砂浆面之间位置达不到要求；（5）墙裙、踢脚等部易空鼓，操作时要特别注意。

14．水刷石弹线分格有哪些要求？

答：首先按施工图的设计要求进行弹线分格，然后按其要求的分格条宽窄，粘贴不同宽度的分格条。要求粘好的分格条要横平竖直交图对口。

15．缸砖地面出现空鼓主要原因有哪些？如何解决？

答：主要原因是基层清理不净，浇水不透，早期脱水所致；另一原因是上人过早，粘结砂浆未达到强度受到外力振动，形成空鼓。因此操作时要将基层清理干净，浇透水，控制上人操作时间，加强养护。

16．在负温下砂浆受冻后有哪些后果？

答：负温下普通砂浆遭受冻结，内部水分因结冰体积膨胀，当膨胀力大于砂浆粘结力时，灰层开始遭到破坏。当温度升高时，砂浆融化，改变状态。冻融循环的结果使砂浆失去粘结。此外操作前砂浆已冻结，必将失去塑性无法施工。

17．台阶抹灰的操作工艺要点？

答：（1）在放线找规矩时，要使踏步的向外坡 1%，台阶平台也要向外坡 1%～10.5%，以利排水。

（2）常用砖砌台阶，顶层侧砖缝隙要留深 10～15mm，以使抹面砂浆嵌入砖缝结合牢固。

18．定位轴线有什么作用？

答：建筑施工图中都标有定位轴线，凡是承重墙、柱等主要承重构件位置处，都有轴线来确定其位置，它是设计和施工时的重要依据。

19．什么是砂浆的泌水性？

答：泌水性又称析水性。即砂浆中析出部分拌和水的性能。一般是用水量超过砂浆保水能力，部分水就析出表面与骨料分离，导致砂浆分层，强度、粘结力降低。

20．一般内墙面抹灰操作工艺顺序是什么？

答：一般内墙面抹灰操作工艺顺序是：

基层表面处理→做门窗护角线→找规矩做灰饼→冲筋→装挡抹底子灰→进行罩面灰→抹踢脚线（可先抹踢脚）。

21．外墙抹灰在起分格条时应注意什么问题？

答：罩面层抹完后，要及时将分格起出来，及时进行边角修整。若分格条推起，则应待罩面砂浆干透后再起出来。注意防止起坏边棱。

22．安全生产的"五项规定"有哪些内容？

答：安全生产的"五项规定"包括：

（1）安全生产责任制；（2）安全生产措施计划；（3）安全生产教育；（4）安全生产定期检查；（5）事故的调查和处理规定。

23．建筑总平面图有哪些内容？

答：建筑总平面图是建筑物或建筑群体总平面布置图。它表明建筑物所在地理位置和与周围环境的相互关系。一般总平面图标明拟建建筑物的平面形状、绝对标高、坐标位置及与周围新旧建筑物、道路等之间相互关系，以及道路、管道等干线的走向、河流、桥梁、绿化带的位置和地形等。

24．水泥砂浆地面起砂的主要原因？

答：（1）用过期水泥或标号不够，水泥砂浆搅拌不均匀。

（2）配合比不准确，压光不适时。

25．防潮层有哪几种做法？

答：（1）油毡防潮分为干铺和粘贴两种。

（2）防水砂浆防潮层（2.5cm厚，掺入防水剂1∶2水泥砂浆）。

（3）细石混凝土防潮层。

（4）防水砂浆砖砌设砖防潮层。

26．饰面工程质量标准的主控项目是什么？用什么方法检查？

答：（1）饰面板的品种、规格、颜色和性能应符合设计要求，木龙骨、木饰面板和塑料饰面板的燃烧性能等级应符合设计要求。

检验方法：观察；检查产品合格证书，进场验收记录和性能检测报告。

饰面板孔、槽的数量、位置和尺寸应符合设计要求。

检验方法：检查进场验收记录和施工记录。

饰面板安装工程的预埋件（或后置埋件）、连接件的数量、规格、位置、连接方法和防腐处理必须符合设计要求。后置埋件的现场拉拔强度必须符合设计要求。饰面板安装必须牢固。

检验方法：手板检查；检查进场验收记录、现场拉拔检测报告、隐蔽工程验收记录和施工记录。

（2）饰面砖的品种、规格、图案、颜色和性能应符合设计要求。

检查方法：观察；检查产品合格证书、进场验收记录、性能检测报告和复验报告。

饰面砖粘贴工程的找平、防水、粘结和勾缝材料及施工方法应符合设计要求及国家现行产品标准和工程技术标准的规定。

检验方法：检查产品合格证书，复验报告和隐蔽工程验收记录。

饰面砖粘贴必须牢固。

检验方法：检查样板件粘结强度检测报告和施工记录。

满粘法施工的饰面砖工程应无空鼓、裂缝。

检查方法：观察；用小锤轻击检查。

27．踢脚线怎样抹灰？

答：（1）清理基层，洒水湿润。

（2）用1:3水泥砂浆抹在墙面下部15～20cm处。

（3）用1:2～1:2.5水泥砂浆于第二天罩面，厚度突出墙面5～7mm，按要求弹出踢脚水平线。

（4）用八字尺、铁抹子沿线切齐、清理上口，使其光洁。

28．安全事故调查处理"三不放过"内容指什么？

答：（1）事故原因分析不清不放过。

（2）事故责任者和群众没受到教育不放过。

（3）没有防范措施不放过。

二、实际操作部分

1．民用建筑外墙贴面砖

考核内容及评分标准

序号	测定项目	分项内容	评分标准	标准分	检测点					得分
					1	2	3	4	5	
1	浸砖、选砖	大小、颜色一致	颜色不一致酌情扣分，大小超过规定1mm每块扣1分	10						

序号	测定项目	分项内容	评分标准	标准分	检测点 1	2	3	4	5	得分
2	排砖正确，非整砖位置适宜		阴阳角处压向横排有两排及以上非整砖不得分，阴阳非整砖位置不对酌情扣分，角压向不正确每处扣2分	10						
3	接缝、表面	表面光滑、平整，分格缝均匀顺直	表面平整超过2mm每处扣2分，有5处以上该项无分。接缝高低差在1mm以上每处扣2分，有5处以上该项无分。分格缝在5m内若宽窄有2mm以上偏差每处扣3分，有3条以上该项不得分。若平直度超3mm每处扣2分，有5条以上则无分	20						
4	基层粘结	粘结牢固，无空鼓	两块连在一起的空鼓每块扣2分，5处以上或大面积（10块）不得分	20						
5	工具使用和维修	做好操作前工用具的准备，完工后做好工用具的维护	施工前、后进行两次检查，酌情扣分	10						
6	安全文明施工	安全生产落手清	有事故不得分，工完场未清不得分	15						
7	工效	定额时间	低于定额的90%以下不得分，在90%~100%内酌情扣分，超过定额适当加1~3分	15						

2. 墙面抹灰

考核内容及评分标准

序号	测定项目	分项内容	评分标准	标准分	检测点 1	2	3	4	5	得分
1	抹灰层粘结	粘结牢固无空鼓裂缝	空鼓裂缝每一处扣5分,大面积空鼓本项目不得分	20						
2	抹灰层表面	平整、光洁	平整允许偏差4mm,大于4mm每处扣2分,表面毛糙接搓印、抹子印每处扣2分	20						
3	阴角	垂直顺直	阴角垂直大于4mm每处扣2分,阴角顺直明显不顺直处每处扣2分	20						
4	立面	垂直	大于4mm每处扣2分	10						
5	工具使用维护	正确使用维护工具	做好操作前工、用具准备做好工、用具维护	5						
6	安全文明施工	安全生产落手清	有事故不得分,落手清未做无分	10						
7	工效	定额时间	低于定额90%以下的不得分,在90%～100%酌情扣分,超过者适当加1～3分	15						

3. 水泥梁、柱

考核内容及评分标准

序号	测定项目	分项内容	评分标准	标准分	检测点 1	2	3	4	5	得分
1	表面	平整、光洁	大于4mm每处扣4分,表面毛糙、铁板印、腻灰每处扣2分	15						
2	立面	垂直	大于4mm每处扣2分	10						

282

序号	测定项目	分项内容	评 分 标 准	标准分	检测点 1 2 3 4 5	得分
3	阴、阳角	垂直、方正	大于 4mm 每处扣 3 分	15		
4	尺寸	正确	±3mm，不符合要求本项无分	10		
5	粘结	牢固	局部起壳每处扣 2 分，大面积起壳本项目不合格	10		
6	线角	清晰	掉口、缺角、不清晰处角处扣 2 分	10		
7	工具使用维护	做好操作前工用具准备，完工后做好工用具维护	施工前后两次检查酌情扣分或不扣分	10		
8	安全文明施工	安全生产、落手清	有事故无分，工完场不清不得分	5		
9	工效	定额时间	低于定额 90% 不得分，在 90%～100% 之间酌情扣分，超过者加 1～3 分	15		

4. 水泥踢脚线

考核内容及评分标准

序号	测定项目	分项内容	评 分 标 准	标准分	检测点 1 2 3 4 5	得分
1	表面	平整、光洁	表面平整大 3mm 每处扣 2 分，表面毛糙、有接槎印每处扣 2 分	15		

序号	测定项目	分项内容	评 分 标 准	标准分	检测点 1	2	3	4	5	得分
2	出墙	厚度一致	大于 2mm 每处扣 2 分，局部起壳≤40cm 每处扣 2 分，有裂缝、起包每处扣 2 分，大面积起壳本项不合格	10						
3	粘结	牢固		5						
4	上口	顺直、清晰	大于 4mm 每处扣 5 分，缺楞掉角每处扣 2 分，大于 3mm 每处扣 2 分，大于 1m 长本项无分	20						
5	立面	无勾、抛脚		10						
6	石灰修理	平整、无接槎	粗糙、接槎不平每处扣 2 分	10						
7	工具使用维护	做好操作前工用具准备，完工后做好工用具维护	施工前后两次检查酌情扣分或不扣分	10						
8	安全文明施工	安全生产、落手清	有事故不得分，工完场不清不得分	5						
9	工效	定额时间	低于定额 90% 不得分，在 90%～100% 之间酌情扣分，超过者加 1～3 分	15						

284

第二章 中级抹灰工

一、理论部分

(一) 是非题

1. 房屋建筑图是采用正投影的方法画出的。(√)

2. 图纸上标注比例是 1:20，即图上尺寸比实际物体缩小 1/10。(×)

3. 从平面图中，可以清楚地看到房屋的长度和宽度以及门、窗等洞口位置。(√)

4. 产量定额和时间定额是劳动定额的基本形式。(√)

5. 水刷石施工阴角要分两次做，做完一面之后，再做另一面。(√)

6. 抹灰的主要作用是使内外墙面及顶棚平整光滑、清洁美观。对于一些有特殊要求的房屋还能改善它的热工、声学、光学性能。(√)

7. 生产班组的材料管理包括材料的使用和保管两部分。(×)

8. 抹灰工程冷作法就是指抹灰用的砂浆直接用冷水拌和。(×)

9. 菱苦土主要成分是氧化钙，可用来制造人造大理石和水磨石。(×)

10. 釉面砖应用广泛，不仅能用于室内装饰，还可用在外墙装饰上。(×)

11. 陶瓷锦砖控制其垂直、平整，主要关键在中层来达到高级抹灰标准。(√)

12. 石膏花饰可用于室内外装饰。(×)

13. 耐酸砂浆面层拌好后，应在 15℃ 以上的气温条件下浇水养护 20d 左右。(×)

14. 水玻璃有良好的粘结能力，并且硬化后具有防止渗透作用。(√)

15. 抹灰时，阳角处要用 1:2 水泥砂浆抹出高 2m 护角。(√)

16. 需要防水的部位要采用掺防水剂或防水粉的防水砂浆，不得用一般水泥砂浆。(×)

17. 剁假石抹平后，最后用软质扫帚顺剁纹方向清扫一遍。(√)

18. 抹灰线垫层灰用 1:2 水泥砂浆抹出。(×)

19. 全面质量管理是全过程质量管理。(√)

20. PDCA 是一种动态管理。(√)

21. 当铺贴釉面砖低于标志块时，可在砖口处塞灰使其与标志块齐平。(×)

22. 班组是企业基本单位，是企业的细胞，班组建设很重要。(√)

23. 质量标准分为合格、不合格三个等级。（×）

24. 认真做好每道工序质量，才能保证产品质量。（√）

25. 水玻璃配制的砂浆，主要用于耐酸、耐热、有防水等要求的工程上。（×）

26. 大理石饰面常用于厅堂馆所、饭店以及高级建筑的外墙装饰上。（×）

27. 重晶石砂浆是用来抹耐磨部位的。（×）

28. 面砖镶贴要挑选规格相近的砖，浸水晾干后使用。（√）

29. 图纸上标准比例是 1:15 即表示图上尺寸是实际物的 1/15。（√）

30. 从立面图中可以清楚地看到房屋的长度和宽度、高度及内外墙的装饰。（×）

31. 产量定额和时间定额，它们的关系互为倒数。（√）

32. 墙面装饰采用大理石，若块材边长大于 40cm，应采用安装方法。（√）

33. 编制施工方案的目的就是排好总的施工顺序。（×）

34. 大面积安装花岗石施工，要事先做好样板，经验收符合要求后，方能进行正式施工。（√）

35. 喷涂底层抹灰的质量与水泥砂浆抹面的质量是相同的。（√）

36. 拉毛施工所用材料要随用随进，不可一次过多。（×）

37. 热作法施工是指在冬季施工时砂浆用热水拌和的一种施工方法。（×）

38. 生产进度是施工生产的中心。（×）

39. "喂灰板"是抹制罩面灰时所用的上灰工具。（√）

40. 柱剁假石边缘剁纹应与其边棱呈垂直方向，中间墙面斩成水平纹。（×）

41. 浇制石膏花饰，应待石膏花饰完全结硬后，方可翻模。（×）

42. 铺贴地面陶瓷锦砖如有镶边时，应先将大面铺好，再铺贴镶边。（×）

43. 防水砂浆常用于地下室、水塔等需抹防水层的部位。（√）

44. 耐酸砖镶贴前也要清洗干净，充分晾干。（√）

45. 全面质量管理标准化工作包括技术标准和企业工作标准。（√）

46. 技术标准分为国家标准、行业标准、企业标准。（√）

47. 工程质量由专职质检人员负责，与操作人员无关。（×）

48．全面质量管理是以预防为主的管理。（✓）

49．花饰的预制是与房屋结构同时进行的。（✓）

50．用活模抹灰线必须两边都用靠尺，模靠在两边靠尺上抹出。（✕）

51．镶贴外墙面砖可用小皮数杆来控制水平的皮数。（✓）

52．防水砂浆在阴、阳角处要抹成直角，以防渗水。（✕）

53．重晶石砂浆抹灰，墙面如出现裂缝，应仔细地进行修补。（✕）

54．耐热砂浆搅拌，应保持细骨料干燥，这样便于搅拌。（✕）

55．国家标准、行业标准、企业标准是基本一致的。（✓）

56．计量工作是保证工程产品质量的重要手段。（✓）

57．看施工图总说明能了解到各部位抹灰做法和工艺技术要求。（✓）

58．建筑物按用途可分为民用建筑、工业建筑和商业建筑。（✕）

59．面砖在潮湿环境中不产生吸湿膨胀现象。（✕）

60．耐酸胶泥配制，应先按配合比将水玻璃和氟硅酸钠进行拌和，再加入耐酸粉。（✕）

61．涂抹耐酸砂浆，应按同一方向抹成，不允许来回涂抹。（✓）

62．方柱抹灰在找规矩时，应弹出两个方向相互垂直中心线。（✓）

63．铺设水磨石石粒浆时，必须与分格条齐平，不能高出或低于分格条。（✕）

64．班组文明施工是企业素质的一种表现。（✓）

65．施工组织设计与编制施工方案没有关系。（✕）

66．水玻璃的浓度通常用脱水和加水方法来进行调整。（✓）

67．抹耐酸砂浆，在涂刷胶泥以后，应在胶泥湿润状态下再分层抹耐酸砂浆。（✕）

68．冬季施工，搅拌砂浆时间应比平时时间短一些。（✕）

69．室内镜面饰面板接缝应干接，用同色水泥浆填抹。（✓）

70．混凝土墙板上安装锚固件，应在浇筑混凝土时埋设。（✓）

71．抹灰工程常用的水灰比，是指水与石灰和水泥的比例。（✕）

72．质量标准主控项目是保证工程安全或使用功能的重要检验项目。（✓）

73．花饰做假结构、花饰试样能观察出其艺术效果。（✓）

74．明胶软模应分次浇完，胶水稠度要求均匀一致。（✕）

75．耐酸砖镶贴完毕，达到强度后要进行酸洗处理。（✓）

76．防水砂浆操作时，第一层刷防水水泥浆，待其达到强度后，再抹

第二层防水砂浆。(×)

77.保温砂浆抹好整平后,用木抹子搓平、搓实,这样能提高保温性能。(×)

78.班组工具管理工作是班组管理基础工作之一。(√)

79.建筑学重点研究是施工技术及施工关系。(×)

80.耐酸胶泥配制,应按配合比将水玻璃和耐酸粉进行拌和后加入氟硅酸钠。(×)

81.耐热砂浆,搅拌时间应比普通砂浆短一些。(×)

82.陶瓷锦砖地面铺设完后,可撒上锯末进行养护。(√)

83.QC活动基本形式是按PDCA循环办事。(√)

84.抹耐酸砂浆在涂刷酸泥时,应沿一个方向涂刷两次,每次间隔12h以上。(×)

85.花饰的阳模制作有些可采用石膏雕刻的方式。(√)

86.室外抹灰施工,在特殊情况下可采取自下而上方式施工。(√)

87.石膏罩面灰可抹在石灰砂浆基层上。(√)

88.因果图和排列图是全面质量管理中常用的两种图。(√)

89.砂浆的和易性包括粘结力和强度两个方面。(×)

90.产量定额是指单位劳动时间完成的全部产品数量。(×)

91.镶贴面砖不得在负温度和冻结的墙面上进行。(√)

92.施工流向是编制施工方案目的之一。(√)

93.重晶石砂浆抹完后,为防止产生裂缝,应立即进行浇水养护。(×)

94.镶贴釉面砖,如遇突出管线、灯具等,应用非整砖拼凑镶贴。(×)

95.广义的质量包括工作质量和产品质量。(√)

96.洗刷水刷石阳角时,应待两层收水后,用刷子蘸水往内刷。(×)

97.当石膏花饰弯曲变形时,可用水浸湿,放在原有底板上,能逐渐恢复原来形状。(√)

98.大理石铺贴前要进行挑选,并进行试拼。(√)

99.防水砂浆养护是很重要的,应待砂浆终凝后,立即进行浇水养护。(√)

100.膨胀珍珠岩砂浆,抹灰前墙面应充分湿润。(×)

101.耐热砂浆保证质量关键是养护,养护方法与防水砂浆相同。(√)

102．建筑总平面图是说明建筑物所在地理位置和周围环境的"整体布置图"。（√）

103．建筑详图是各建筑部位具体构造的施工依据。（√）

104．建筑上常用水玻璃模数为3.1。（×）

105．防水砂浆如需留施工缝，一般应留在阴角处。（×）

106．耐酸砂浆拌制，先将氟硅酸钠和耐酸砂、耐酸粉进行拌和，再加入水玻璃。（√）

107．PDCA循环是一种静态循环。（×）

108．对于施工队下达的施工任务，班组应无条件地接受。（√）

109．底层抹灰主要起着与基层粘结和初步找平的作用。（√）

110．加防水剂的防水砂浆拌制，是先将水泥和砂搅拌均匀，然后加入防水剂。（×）

111．冬季施工采用冷作法施工，主要是提高操作环境温度，防止砂浆未达到强度之前受冻。（×）

112．美术水磨石地面，颜料配色时，应分批配料，并干拌均匀。（×）

113．甲基硅醇钠，可喷刷在喷涂、滚涂表面起到防水作用。（√）

114．大理石饰面板吸水率小，在铺设时可以不浸水，直接铺设。（×）

115．花饰的安装方法有粘贴法、木螺丝固定法、螺栓固定法三种。（√）

116．全面质量管理是企业全体人员参加的管理。（√）

117．防水砂浆最后一道抹完后，应待其凝固后，立即刷防水水泥浆。（√）

118．材料的经济核算就是讲求材料经济效益，指投入与产出、费用与效用的比较。（√）

119．重晶石砂浆在阴、阳角处要抹成圆弧形，以免该处出现裂缝。（√）

（二）选择题

1．单面磨光大理石饰面板同块产品的厚度公差不得超过＿＿C＿＿。

A．0.5mm　B．1.0mm　C．2.0mm　D．3.0mm。

2．水玻璃用于拌制砂浆时，常用密度为＿＿A＿＿。

A．1.40～1.42g/cm³　　　　　B．1.40～1.45g/cm³

C．1.42～1.45g/cm³　　　　　D．1.45～1.50g/cm³

3．建筑物按使用性质和耐久年限分为＿＿D＿＿级。

A．二　B．三　C．四　D．五

4．水刷石表面坠裂式裂缝的原因主要是　A　。

A．面层厚薄不一　　　　　　B．面层太厚

C．面层太薄　　　　　　　　D．基层洒水不均

5．QC 小组基本活动程序是　A　。

A．按 PDCA 循环办事　　　　B．按多数成员的意见办事

C．按领导意图办事　　　　　D．没有固定程序

6．安装大理石灌浆时第一次不得超过板块高度的　B　。

A．1/2　　B．1/3　　C．3/4　　D．1/5

7．膨胀珍珠岩砂浆在抹完底层灰后，须　C　抹中层。

A．立即　　　　　　　　　　B．待 6h 后

C．待 12h 后　　　　　　　　D．待 24h 后

8．白水泥的白度分为　D　。

A．一级　　B．二级　　C．三级　　D．四级

9．建筑平面图就是将建筑物用于一个假想的水平面，沿　B　的地方切开来，将上面移走，再从上往下看的图。

A．顶棚以下　　　　　　　　B．窗口以上

C．窗口以下　　　　　　　　D．地面以上

10．大理石镶贴高度超过　A　m 时，应采用安装的方法。

A．1.0　　B．1.5　　C．2.0　　D．2.5

11．陶瓷锦砖揭纸时间一般应控制在　B　左右

A．5～10min　　　　　　　　B．20～30min

C．40～60min　　　　　　　　D．60～90min

12．　C　是企业全面质量管理中群众性质量管理活动的基本组织形式。

A．工会小组　　　　　　　　B．施工班组

C．QC 小组　　　　　　　　D．施工队

13．镶贴墙面面砖时，面砖要先放入净水中浸泡　C　以上再取出晾干使用。

A．20min　　　　　　　　　　B．40min

C．60min　　　　　　　　　　D．90min

14．软模适用于　B　花饰。

A．水泥砂浆　　　　　　　　B．石膏

290

C. 斩假石　　　　　　　　　D. 水磨石

15. 建筑物按耐水程度分为 ＿C＿ 级。

A.5　　B.4　　C.3　　D.2

16. 斩假石表面平整质量允许偏差 ＿B＿ 。

A.2mm　　B.3mm　　C.4mm　　D.5mm

17. 外墙面砖质量标准接缝高低允许偏差 ＿A＿ 。

A.0.5mm　　B.1mm　　C.1.5mm　　D.2mm

18. 釉面砖和外墙面砖宜采用1:2水泥砂浆镶贴，砂浆厚度为 ＿C＿ 。

A.1～2mm　　　　　　　　B.3～5mm

C.6～10mm　　　　　　　　D.11～13mm

19. 镶贴釉面砖，为改善砂浆和易性，可掺入不大于水泥重量 ＿D＿ 的石灰膏。

A.5%　　B.7%　　C.12%　　D.15%

20. 水泥砂浆地面，砂浆稠度不应大于 ＿A＿ 。

A.3.5cm　　B.5cm　　C.6cm　　D.7cm

21. 单位工程施工组织设计的核心问题是确定 ＿C＿ 。

A. 施工平面图　　　　　　　B. 施工计划

C. 施工方案　　　　　　　　D. 劳动力安排

22. 装饰工程是属于 ＿C＿ 。

A. 分项工程　　　　　　　　B. 单项工程

C. 分部工程　　　　　　　　D. 单位工程

23. 施工企业经营管理的核心是 ＿B＿ 。

A. 施工进度　　　　　　　　B. 工程质量

C. 生产管理　　　　　　　　D. 材料管理

24. 图上标注比例1:100，实际尺寸是25m的物体，图纸上尺寸是 ＿B＿ mm。

A.25　　B.250　　C.2500　　D.500

25. 同模数的液体水玻璃，其浓度愈稠，则密度和粘结力 ＿A＿ 。

A. 越大 越强　　　　　　　　B. 越大 越弱

C. 越小 越强　　　　　　　　D. 越小 越弱

26. 硼砂是一种 ＿C＿ 。

A. 防水剂　　　　　　　　　B. 分散剂

C. 缓凝剂　　　　　　　　　D. 抗冻剂

27. 规范规定，陶瓷锦砖的脱纸时间不得 __C__ 。

A. 小于 30min　　　　　　　　B. 大于 30min

C. 小于 40min　　　　　　　　D. 大于 40min

28. 剁假石施工用的石渣一般采用 __B__ 。

A. 大八厘　　　　　　　　　　B. 小八厘

C. 中八厘　　　　　　　　　　D. 以上都可以

29. 室内面砖表面平整度的允许偏差为 __C__ 。

A. 0.5mm　B. 1mm　C. 2mm　D. 3mm

30. 高级抹灰表面平整度的允许偏差为 __B__ 。

A. 1mm　B. 2mm　C. 3mm　D. 4mm

31. 陶瓷锦砖可用在 __D__ 。

A. 室内墙面　　　　　　　　　B. 室外墙面

C. 地面　　　　　　　　　　　D. 都可

32. 卫生间铺设陶瓷锦砖应 __B__ 。

A. 每隔 1m 冲筋　　　　　　　B. 按设计坡度要求，朝地漏方向冲筋

C. 每隔 0.5m 冲筋　　　　　　D. 将基层整平

33. 预制水磨石楼梯，防滑条要高出踏步板面 __C__ 。

A. 2mm　B. 5mm　C. 10mm　D. 15mm

34. 装饰工程中，颜料掺量不得大于水泥重量 __B__ 。

A. 5%　B. 10%　C. 15%　D. 20%

35. 花饰要做假结构，其比例为 __B__ 。

A. 1:0.5　　　　　　　　　　B. 1:1

C. 1:1.5　　　　　　　　　　D. 1:2

36. 石灰砂浆砌筑墙体，抹防水砂浆，须将砖缝剔进 __D__ 深。

A. 2mm　B. 5mm　C. 7mm　D. 10mm

37. 重晶石砂浆中的重晶石，主要成分是 __B__ 。

A. 氧化镁　　　　　　　　　　B. 硫酸钡

C. 氧化钙　　　　　　　　　　D. 氧化硫

38. 陶瓷锦砖擦缝材料是 __C__ 。

A. 石灰砂浆　　　　　　　　　B. 混合砂浆

C. 素水泥浆　　　　　　　　　D. 石灰浆

39. 耐热砂浆水泥采用 __A__ 。

A. 普通水泥   B. 矿渣水泥

C. 火山灰水泥   D. 粉煤灰水泥

40. 达到技术标准的工程（产品），其__D__都应达到标准。

A. 可靠性   B. 安全性

C. 经济性   D. 三方面

41. 贯彻执行党和国家的"__C__、预防为主"的安全生产方针是企业管理的一项基本原则。

A. 质量第一   B. 生产第一

C. 安全第一   D. 以上都是

42. 陶瓷锦砖铺贴，接缝宽度调整应在水泥浆__A__操作。

A. 初凝前   B. 初凝后

C. 终凝前   D. 终凝后

43. 制作花饰时__A__是最关键的环节。

A. 阳模   B. 阴模

C. 材料   D. 安装

44. 地面防潮层计算时，地面与墙面连接处超过__B__按立面定额以平方米计算。

A.30cm   B.50cm

C.80cm   D.100cm

45. 楼梯井的宽度在__C__以内，不扣除面积。

A.10cm   B.15cm

C.20cm   D.25cm

46. 建筑学是综合地介绍房屋__A__的一门学科。

A. 设计基本知识   B. 施工基本知识

C. 工艺基本知识   D. 房屋构造基本知识

47. 白水泥标号分为__B__两种。

A.275 号和 325 号   B.325 号和 425 号

C.425 号和 525 号   D.525 号和 625 号

48.1MPa 相等于__C__。

A.1 万 Pa   B.10 万 Pa

C.100 万 Pa   D.1000 万 Pa

49. 耐酸砂浆中的氟硅酸钠是__D__。

A. 塑化剂   B.107 胶粘剂

C. 缓凝剂 D. 固化剂

50. 耐酸砂浆应分层涂抹，每层厚度控制在 C 。

A.1mm 左右 B.3mm 左右

C.5mm 左右 D.7mm 左右

51. 镶贴陶瓷锦砖如要搭设脚手架，脚手架离墙距离不得小于 C 。

A.5～10cm B.10～15cm

C.15～20cm D.20～25cm

52. 陶瓷锦砖地面质量标准表面平整允许偏差 A 。

A.2mm B.3mm C.4mm D.5mm

53. 为防止抹灰层受冻，使其有较好和易性，可掺入 D 。

A. 石灰膏 B. 水玻璃

C. 石膏 D. 粉煤灰

54. 抹灰施工方案编制与 D 有关。

A. 工期计划 B. 工艺流程

C. 施工方法 D. 以上都是

55. 从 D 上能看到明沟或散水坡具体构造做法。

A. 立面图 B. 平面图

C. 剖面图 D. 外墙大样图

56. 耐酸砂浆的酸洗，每一次刷洗时间间隔 C ，直到表面析出白晶为止。

A.6h B.12h C.24h D.48h

57. 图上标注比例是 1∶50，实际尺寸是 2m 的物体，图纸上尺寸是 C 。

A.20mm B.30mm C.40mm D.50mm

58. 制作阳模，如是大型花饰一般采用 A 。

A. 泥塑 B. 刻花

C. 垛花 D. 堆塑

59. 镶贴有脸盆、镜箱墙面瓷砖，一般应从 D 进行。

A. 从左到右 B. 从上到下

C. 从下到上 D. 从中间向两边

60. 地面缸砖留缝铺贴，做完后竖（横）缝用 A 勾缝。

A.1∶1 水泥砂浆 B.1∶3 水泥砂浆

C. 聚合物水泥砂浆 D.1∶1∶4 混合砂浆

61. 墙面耐酸砖，可用___D___镶贴。

A. 耐酸胶泥   B. 沥青

C. 耐酸砂浆   D. 以上都可以

62. 水泥初凝是指水泥___B___时间。

A. 开始硬化   B. 开始失去可塑性

C. 开始产生硬度   D. 完全硬化

63. 下面属于无机胶凝材料是___D___。

A. 石膏   B. 水玻璃

C. 水泥   D. 以上都是

64. 细石混凝土地面面层，水泥标号应不低于___B___。

A.225 号   B.325 号

C.425 号   D.525 号

65. 瓷砖接缝宽度一般为___B___。

A.0.5～1mm   B.1～1.5mm

C.1.5～2mm   D.2～2.5mm

66. 热作法施工，室内温度一般控制在___B___左右。

A.5℃   B.10℃   C.15℃   D.20℃

67. 防水层施工顺序是___D___。

A. 顶板→地面→立面   B. 立机→顶板→地面

C. 立面→地面→顶板   D. 顶板→立面→地面

68. 耐酸砂浆中的耐酸砂湿度不应大于___A___。

A.1%   B.2%   C.3%   D.5%

69. 釉面砖质量标准表面平整允许偏差___B___。

A.1mm   B.2mm   C.3mm   D.4mm

70. 外墙面砖质量标准立面垂直允许偏差___C___。

A.1mm   B.2mm   C.3mm   D.4mm

71. 建筑总平面图内容有___D___。

A. 建筑物绝对标高   B. 室外地坪标高

C. 新建区总体布局   D. 以上都是

72.1Pa 相等于___A___。

A.$1.02 \times 10^{-5} kgf/cm^2$ B.$1.02 \times 10^{-4} kgf/cm^2$

C.$1.02 \times 10^{-2} kgf/cm^2$ D.$1.02 \times 10^{-3} kgf/cm^2$

73. 防水砂浆如采用矿渣水泥，养护时间一般情况下是___C___左右。

A.3d B.7d C.14d D.21d

74.涂抹耐酸胶泥和耐酸砂浆，环境温度应在 C 。

A.0℃   B.5℃以上

C.10℃以上   D.15℃以上

75.下面保水性最好的材料是 D 。

A.混合砂浆   B.水泥砂浆

C.防水砂浆   D.保温砂浆

76.大理石灌浆，砂浆稠度一般选用 C 。

A.3~5mm   B.5~7mm

C.8~10mm   D.10~12mm

77.陶瓷锦砖地面，常温下一般需养护 A 方可上人。

A.3d   B.4~5d

C.5~6d   D.7~8d

78.建筑安装工程技术标准是 A 依据。

A.施工   B.检验

C.评定工程质量   D.以上都是

79.在建筑平面图上不能看到 D 。

A.地坪标高   B.内墙位置

C.窗间墙宽度   D.抹灰做法

80.水玻璃浓度通常用 A 来表示。

A.密度   B.密实度

C.粘结力   D.稠度

81.一级品大理石饰面板长度小于400mm，平整度允许偏差是 C 。

A.0.1mm   B.0.2mm

C.0.3mm   D.0.4mm

82.抹防水砂浆，如遇管道露出基层时，必须在其周围剔成宽、深为 C 的沟槽。

A.10~20mm，50~60mm   B.20~30mm，30~40mm

C.20~30mm，50~60mm   D.10~20mm，30~40mm

83.重晶石砂浆，每次配量必须在 A 内用完。

A.1h B.2h C.3h D.4h

84.一般建筑平面图常用比例是 D 。

A.1:1   B.1:10   C.1:50   D.1:100

85. 剁假石用料比例，水泥与石屑比为 __B__ 。

A.1:1　　B.1:1.25　　C.1:2.5　　D.1:4

86. 镶贴外墙面砖，米厘条宽度一般为 __D__ 。

A.8mm　　B.9mm　　C.10mm　　D. 以上都可以

87. 室外块材的安装应比室外地坪低 __C__ 以免露底。

A.1cm　B.2cm　C.5cm　D.8cm

88. 重晶石砂浆，养护温度在 __D__ 以上。

A.5℃　B.10℃　C.12℃　D.15℃

89. 水泥终凝是指水泥 __C__ 时间。

A. 开始凝结　　　　　　　B. 开始硬化

C. 开始产生强度　　　　　D. 完全硬化

90. 釉面砖和外墙面砖可采用1:2水泥砂浆镶贴，砂浆厚度为 __C__ 。

A.1:2mm　　　　　　　B.3～5mm

C.6～10mm　　　　　　D.10～20mm

91. 钢屑水泥面层的配合比应通过试验确定，其强度等级不应低于 __C__ 。

A.M20　B.M30　C.M40　D.M50

92. 冬季施工，喷涂在聚合物水泥砂浆中可掺入水泥重量 __B__ 氯化钙。

A.1%　B.2%　C.4%　D.6%

93. 硬模适应干浇筑 __D__ 。

A. 水泥砂浆花饰　　　　　B. 水刷石花饰

C. 斩假石花饰　　　　　　D. 以上都可以

94. 耐酸砂浆中的耐酸砂和耐酸粉，耐酸率不小于 __B__ 。

A.90%　B.94%　C.98%　D.100%

95. 瓷砖质量标准接缝高低允许偏差是 __B__ 。

A.0.5mm　　B.1mm　　C.1.5mm　　D.2mm

96. 建筑详图常用比例是 __D__ 。

A.1:5　　B.1:10　　C.1:20　　D. 以上都是

97. 当水玻璃模数不适当，可加 __B__ 进行调整。

A. 清水　　　　　　　　　B. 高低模数水玻璃

C. 酒精　　　　　　　　　D. 胶水

98. 1kgf/cm^2 相等于 __B__ 。

A.9.81MPa   B.9.81×10MPa

C.9.81×100MPa   D.9.81×1000MPa

99.防水砂浆要随拌随用，拌和后使用砂浆不得超过　C　。

A.10~20min   B.25~40min

C.45~60min   D.90min

100.涂抹耐酸胶泥和耐酸砂浆时，基层湿度不应大于　B　。

A.2%　B.5%　C.8%　D.10%

101.水刷石质量标准上口平直允许偏差　B　。

A.2mm　B.3mm　C.4mm　D.5mm

102.施工企业经营管理核心是　B　。

A.安全生产   B.产品质量

C.施工速度   D.经济效益

103.从某一图纸上看到二层地面标高为2.98m这个标高是　B　。

A.建筑标高   B.结构标高

C.绝对标高   D.以上都是

104.大理石饰面板外观要求，整个磨光面不允许有直径超过　B　明显砂眼和明显划痕。

A.0.5mm   B.1mm

C.1.5mm   D.2mm

105.白色釉面砖标定尺寸长度和宽度的允许偏差为　A　。

A.±0.5mm   B.±1mm

C.±1.2mm   D.±1.5mm

106.涂抹耐酸砂浆，应分层涂抹，每层厚度控制在　B　左右，一直抹到符合设计要求位置。

A.1mm　B.3mm　C.5mm　D.7mm

107.氯化砂浆，如使用混合砂浆时，石灰用量不得超过水泥重量的　C　。

A.1/4　B.1/3　C.1/2　D.3/4

108.花饰制作和安装工艺流程是　A　。

A.阳模→阴模→浇制花饰→安装

B.阴模→阳模→浇制花饰→安装

C.阳模→浇制花饰→阴模→安装

D.阴模→浇制花饰→阳模→安装

109. 抹顶棚复杂灰线粘结层用　B　。

A.1:1:6 混合砂浆　　　　　　B.1:1:1 混合砂浆

C.1:2 石灰砂浆　　　　　　　D.1:3 水泥砂浆

110. 外墙面砖如表面污染严重时，可用浓度　A　刷洗。

A.10% 盐酸　　　　　　　　B.2% 硫酸

C.10% 草酸　　　　　　　　D. 以上都可以

111. 对"X"射线房间，采用　D　抹灰。

A. 防腐砂浆　　　　　　　　B. 保温砂浆

C. 耐热砂浆　　　　　　　　D. 重晶石砂浆

112. 冬季施工，在涂抹灰砂浆时，温度一般不低于　B　。

A. $-5℃$　　B.0℃　　C.5℃　　D.10℃

113. 石膏花饰钉孔，表面应用　B　填饰。

A. 白水泥浆　　　　　　　　B. 石膏灰

C. 油膏　　　　　　　　　　D. 石灰浆

（三）计算题

1. 已知抹灰用水泥砂浆体积比为 1:4，砂的空隙率为 32%（砂 1550kg/m³，水泥 1200kg/m³），试求重量比。

【解】（1）扣除砂子空隙以后体积

$(1+4) - 4 \times 0.32 = 3.72 m^3$

（2）一个比例分数体积 $1 \div 3.72 = 0.26 m^3$（水泥体积）

（3）砂子体积：$0.26 \times 4 = 1.04 m^3$

（4）砂子用量：$1.04 \times 1550 = 1612 kg$

水泥用量：$0.26 \times 1200 = 312 kg$

（5）重量比：312:1612

重量比即 1:5.17

2. 某建筑物外墙面铺贴陶瓷锦砖，外墙总面积为 3000m²，门窗面积为 1000m²，定额为 0.5562 工日/m²。因工期紧采用两班制连续施工，每班出勤人数共计 46 人。

试求：（1）计划人工数；（2）完成该项工程总天数。

【解】（1）计划人工数：$(3000 - 1000) \times 0.556 = 1112$ 工日

（2）总天数：$1112 \div 46 \div 2 = 12 d$

3. 某工程内墙面抹灰，采用 1:1:4 混合砂浆。实验室配合比，每立方米所用材料分别为 425 号水泥 281kg，石灰膏 0.23m³，中砂 1403kg，水

$0.60m^3$，如果搅拌机容量为 $0.2m^3$，砂的含水率为 2%，求：拌和一次各种材料的用量各为多少？

【解】 （1）425 号水泥：$0.2 \times 281 = 56kg$

（2）石灰膏：$0.2 \times 0.23 = 0.05kg$

（3）中砂：$0.2 \times 1403 \times (1 + 2\%) = 286kg$

（4）水：$0.2 \times 0.6 - 0.286 \times 2\% = 0.12m^3$

4．水泥砂浆抹雨篷 3 只，共计 $15m^2$，抹灰的时间定额为 0.436 工日 /m^2，雨篷带有 6 只牛腿，脚手架可利用原来的外脚手架。

定额规定：（1）雨篷带脚手者，每 10 支牛腿增加抹灰工 0.7 工日。

（2）若不搭挂简单脚手架时，其时间定额，应乘以 0.87 系数，一班制施工，班长指定由 3 人来完成此项任务。

试求：（1）计划人工数。

（2）完成该项任务天数。

【解】 （1）计划人工

$0.87 \times 5 \times 0.436 + 0.7 \times 0.6 = 6.09$ 工日

（2）总天数

$6.09 \div 3 = 2d$

5．某建筑工地有一堆黄砂，堆放体积为 $10m^3$，现测得其堆积密度为 $1560kg/m^3$，含水率为 2%。

试问：此堆砂实际有多少公斤干黄砂？

【解】

设：干黄砂为 x 公斤。

$$2\% = \frac{1560 \times 10 - x}{x} \times 100\%$$

$$0.002x = 15600 - x$$

$$x = 15294kg$$

答：实际有 15294kg 干黄砂。

6．某教室做现浇水泥砂浆地面，纵墙中到中为 8100mm，横墙中到中为 6000mm，墙厚均为 240mm 纵墙内侧各有 2 只附墙砖垛尺寸为 120mm×240mm。

试根据以上条件求水泥砂浆地面层的工程量。

【解】 $s = (8.1 - 0.24) \times (6 - 0.24) - 0.12 \times 0.24 \times 4 = 45.27 - 0.12 = 45.15m^2$

答：水磨石工程量是 45.15m²。

7. 某工程做防水砂浆抹灰，防水砂浆配合比为 1:2.5（重量比），再掺水泥重量 3% 的防水粉，经计算此防水砂浆总用量为 2550kg。

试计算：各材料用量。

【解】（1）水泥用量 $= 2550 \times \dfrac{1}{1+2.5} = 728.6\text{kg}$

（2）砂用量 $= 2550 \times \dfrac{2.5}{1+2.5} = 1821.4\text{kg}$

（3）防水粉用量 $= 728.6 \times 3\% = 21.9\text{kg}$

（四）简答题

1. 简述看建筑施工图的方法和步骤？

答：（1）看图一般方法是：由外向里看，由大看到小，由粗到细，图与说明互相看，建施图和结施图对着看，这样效果较好。

（2）看图步骤

1）看目录了解基本概况。

2）各类图纸是否具全。

3）看总说明了解建筑概况，技术要求。

4）平、立、剖面图。

5）建筑施工图与结构施工图结合看。

6）各细部、构造、详图。

7）根据工种需要掌握重点情况。

2. 试述圆柱带线角的水刷石的操作工艺顺序？

答：（1）找规矩，弹出纵横中心线。

（2）根据中心线做灰饼、冲筋。

（3）抹底、中层水泥砂浆（套板校正）。

（4）抹水刷石线角（用模扯线角或贴条做法）。

（5）冲刷水刷石（同一般水刷石）。

3. 影响建筑物使用的因素有哪些？

答：（1）各种荷载影响（自重、使用荷载、风雪荷载等）。

（2）气候影响。

（3）虫害和自然火灾影响。

（4）工业厂房的振动及化学侵蚀影响。

4. 贴面砖时应注意哪些安全问题？

答：（1）操作地点必须清理干净，面砖碎片等不要抛向窗外，以免落地伤人。

（2）剔凿面砖时应戴防护镜，使用手持电动机时，必须有漏电保护装置，操作时戴绝缘手套。

（3）在夜间或阴暗处作业，应用36V以下低压设备。

（4）施工前应检查脚手架和作业环境，特别是孔洞口等保护措施是否可靠。

5．装饰施工雨季施工时要注意些什么？

答：（1）适当提高砂浆稠度，降低水灰比。

（2）防雨覆盖材料。

（3）搭临时棚操作，以免雨水冲刷。

（4）合理安排施工顺序（晴天在外，雨天在内）。

6．分项、分部工程是如何划分的？

答：分项工程一般按主要工程划分，例如：砌砖工程、抹灰工程、油漆工程、钢筋工程等。

分部工程应按建筑的主要部位划分，例如：地基与基础工程、主体工程、门窗工程、装饰工程、屋面工程等。

7．水刷石阴角不清晰的主要原因是什么？

答：喷刷阴角时没有掌握好喷头的角度和喷水时间，如喷水的角度不对，喷出的水顺阴角流量比较大，产生相互折射作用，容易把石子冲洗掉；如喷刷的时间短，喷洗不干净，使阴角不清晰。

8．石膏为什么可做石膏花饰？

答：石膏凝结后不收缩，表面不会出现裂缝，可用排笔或毛笔轻刷，取得光洁的表面，有不合适地方易修整。

9．怎样控制釉面砖面的平整度和垂直度？

答：首先要做好底子灰，底子灰质量要达到标准然后控制砖面；按规矩做好标志块，镶贴过程随时校正平整度、垂直度，发现问题及时修整。

10．班组的文明施工有哪些主要措施？

答：（1）健全和制订生产岗位的文明生产责任制。

（2）实行班组成员分工责任制。

（3）实行班组文明生产评比考核制。

（4）搞好环境卫生和建立定期检查制度。

11．保温砂浆的操作方法怎样？

答：其操作方法与石灰砂浆相同，但须注意以下几点：

（1）砂浆质轻、润滑、稠度较大，有良好保水性。基层应酌量洒水。

（2）抹灰厚度要满足要求，根据要求分层操作。

（3）底层抹灰后，隔夜抹中层。

（4）稍干时搓平，搓时用力不宜过大，否则会影响保温作用。

12．全面质量管理的基础工作有哪些？

答：包括标准化、质量情报、质量教育、计量测试、质量责任制等项工作。

13．对墙体内抹灰有哪些要求？

答：抹灰施工时，应先清理基层、湿润，以保证底层砂浆与基层粘结。然后找规矩做灰饼、冲筋，这是保证墙面平整度的措施。由于抹灰砂浆强度低，阳角处容易碰坏，因此抹灰前，应在阴角、转角等处做水泥护角然后抹底、面层砂浆。

14．防水层渗漏的主要原因是什么？

答：各层抹灰的时间掌握不当，使砂浆粘结不牢。此外，在接槎处、穿墙管、楼板管洞处理不好，也容易造成局部渗漏。

15．灰线接阴角操作工艺要点有哪些？

答：（1）房间四周灰线抹完后，拆除靠尺切齐用力搓，再进行灰线之间的接头。

（2）先用抹子抹阴角处各层灰，当抹上出线灰和罩面灰后分别用接角尺接灰线。

（3）接时，一边轻挽成活灰线规矩，一边接阴角部位灰使之成形，接完后再接另一边。

（4）接时，两手端平接角尺，用力均匀，待灰线基本成型后，用小铁皮或接角器，修整光洁，不能有明显接槎。

16．材料验收主要工作有哪些？

答：（1）核对入场（库）材料凭证，材料领（拨）单，质量检验合格证，化学成分分析等。

（2）分数量、品种、规格检验；对按重量供应材料应过秤，按数量供应的材料应计点件数。

（3）对凭证不齐材料，应作待验材料处理，待凭证到齐后验收使用。

（4）规格、质量不符要求的材料不准使用。

17．操作工人的"三检制"工程质量检验主要包括哪些内容？

答：（1）自检：操作者自我把关，按分项工程质量检验评定标准，随时自我操作检查，整改。

（2）互检：同班组工人，按标准随时对他人操作质量检查并整改。

（3）交接检：上道工序的施工班组完成后，向下道工序的班组进行交接检查验收。

18.抹耐酸砂浆常见质量问题有哪些？怎样防止？

答：（1）空鼓、开裂和不耐酸。主要是基层湿度太大，涂抹方向不正确，养护期间表面水、酸洗方法不当。

（2）抹灰前，处理好基层，控制好湿度，严格按操作工艺进行操作、养护、保持干燥。

19.水刷石墙面脏、颜色不一致的主要原因是什么？

答：（1）墙面没有抹平压实，在凹纹内水泥浆没有冲洗干净，或者是最后没有用水壶冲洗干净。

（2）对于原材料一次备料不够，追加材料与原使用材料颜色不一样，或配合比前后不一样。

20.饰面板大理石墙面碰损、污染由哪些因素造成的？

答：（1）由于块材安装未能及时清洗墙面残留的砂浆。

（2）安装后成品保护不好。

（3）与酸碱类化学物品和有色液体接触。

（4）搬运安装过程中碰坏。

21.陶瓷锦砖分格缝不均，墙面不平整主要原因是什么？

答：（1）施工前没有认真按照图纸尺寸核实结构实际情况，施工时对基层处理不认真，贴灰饼控制点少，造成墙面不平整。

（2）弹线排砖不仔细，施工时选砖不细，每张陶瓷锦砖规格尺寸不一致，操作不当等造成分格缝不均。

22.班组经济核算有哪几项指标？

答：（1）劳动效率：确定人工费及效率。

（2）物质消耗确定，工程用料、施工用料用值高低。

（3）工程进度保证率。

（4）质量优良率：确定是否质量第一，达到要求。

（5）安全事故，安全生产情况。

（6）机械费和机械使用情况。

23.编制抹灰施工方案考虑哪些因素？

答：（1）工程量的大小，建筑物结构形式，对抹灰工程有哪些要求。

（2）对抹灰工程工期长短有哪些要求以及材料和劳动力供需情况。

（3）现场施工条件和配合工种情况等。

24．建筑施工图包括哪些内容？

答：建筑施工图是表示房屋建筑的规模、尺寸、细部构造的图纸。建筑施工图包括建筑平面图、立面图、剖面图以及施工详图、材料做法说明等。

25．水泥砂浆防水层质量标准保证项目有哪些要求？

答：（1）防水砂浆的原材料、外加剂、配合比及其分层做法必须符合设计要求和施工规范规定。

（2）水泥砂浆防水层各层之间必须粘结牢固、无空鼓。

26．抹重晶石砂浆常见质量问题及主要原因是什么？

答：常见质量问题是：抹灰层发生空鼓、开裂或下坠，这些问题主要原因是：

（1）由于重晶石砂浆的密度大，在未凝结之前，粘结力小于砂浆重量，不能使砂浆与墙面粘结，导致砂浆下坠。

（2）由于砂浆配比不当或未能很好养护，使砂浆开裂。

27．室内面砖镶贴，拼缝不直或不均匀的主要原因是什么？

答：（1）在施工前没有认真按施工图纸要求，核对结构施工的实际情况。

（2）分格线弹线和排砖不仔细。

（3）面砖规格尺寸偏差较大，挑砖不仔细或操作方法不当，都会产生拼缝不直或不匀。

28．为什么水磨石土地面会发生倒泛水的质量问题？怎样防止？

答：（1）没有找好冲筋坡度。

（2）没有按设计要求做坡度

防止措施：（1）在底层抹灰冲筋时要拉线检查泛水坡度。

（2）必须按设计要求和施工规范做。

29．班组 QC 小组是什么性质的小组？

答：班组 QC 小组，是以提高与改进工程质量及降低消耗为重点，以班组自我控制和自我提高为宗旨，以对质量影响因素的控制为主要特征，以班组为中心，以工人为主体的现场型的质量管理小组。

二、实际操作部分

1. 某钢筋混凝土结构抹砂浆防水层

考核项目及评分标准

序号	测定项目	分项内容	评 分 标 准	标准分	检测点 1	2	3	4	5	得分
1	基层处理	蜂窝，松散混凝土，油污的处理	不符合要求酌情扣分或不得分	15						
2	每层防水砂浆	每层作法正确，无空裂	每层作法厚度不符合要求扣1~3分，接槎位置不对、有空裂不得分	15						
3	面层	表面光洁	平整度超过 2mm 每处扣 1分，表面毛糙有抹印每处扣 1分，超过 5 处不得分，不顺直每条扣 2 分	15						
4	阴阳角	圆滑捋光压实，顺直	阴阳角没做成圆角不得分，阳角半径小于 50mm、阴角半径小于 10mm 每处扣 2 分，不顺直每条扣 2 分，没抹光压实每处扣 2 分	15						
5	工具使用和维护	做好操作前工、用具的准备，完工后做好用具的维护	施工前、后进行两次检查，酌情扣分或不扣分	10						
6	安全文明施工	安全生产落手清	工完场不清不得分，有事故不得分	15						
7	工效	定额时间	低于额定的 90% 不得分，在 90%~100% 酌情扣分或不扣分，超过者适当加 1~3 分	15						

306

2．水泥外窗台抹灰

考核内容及评分标准

序号	测定项目	分项内容	评 分 标 准	标准分	检测点 1	2	3	4	5	得分
1	抹灰层粘结	抹灰层粘结无空鼓裂缝	不符合标准每处扣 1 分，大面积空鼓不得分	15						
2	抹灰层表面	平整、光洁	大于 2mm 每处扣 0.5 分，表面毛糙接槎印、抹子印每处扣 0.5 分	15						
3	高度出墙	尺寸一致正确	大于 2mm 每处扣 2 分	15						
4	滴水槽	平直、尺寸正确（深宽度 10mm）	不平直大于 2mm 扣 3 分，深度、宽度误差扣 2 分	10						
5	流水坡度	凹挡正确	倒泛水，不坐进窗挡每处扣 1 分，凹挡不顺扣 2 分	15						
6	立面阳角	垂直	大于 1mm 每处扣 1 分	10						
7	工具使用维护	正确使用维护工具	做好操作前工用具准备和维护	10						
8	安全文明施工	安全生产落手清	有事故不得分，工完场不清不得分	10						
9	工效	定额时间	低于定额 90% 不得分，在 90%～100% 之间酌情扣分，超过者适当加 1～3 分	15						

3. 马赛克墙、地面

考核内容及评分标准

序号	测定项目	分项内容	评 分 标 准	标准分	检测点 1	2	3	4	5	得分
1	表面	平整、洁净	大于 2mm 每处扣 4 分，表面污染每处扣 2 分	15						
2	接缝	平直、宽窄一致	瞎缝每处扣 1 分，不密实每处扣 1 分，宽窄不一致每处扣 1 分	15						
3	马赛克	完整、无缺楞掉角	缺楞掉角每处扣 1 分	10						
4	粘结	牢固	脱落、起壳每处扣 1 分	10						
5	阴、阳角立面	垂直（墙面）	大于 4mm 每处扣 4 分	15						
6	标高、泛水	正确（地面）	泛水、标高不正确本项无分，较严重的倒泛水等本项目不合格	15						
7	工具使用维护	做好操作前工用具准备、完成后工用具维护	施工前后两次检查酌情扣分或不扣分	15						
8	安全文明施工	安全生产落手清	有事故不得分，工完场不清不得分	5						
9	工效	定额时间	低于定额 90% 不得分，在 90%~100% 之间酌情扣分，超过者适当加 1~3 分	10						

308

4. 水泥楼梯

考核内容及评分标准

序号	测定项目	分项内容	评 分 标 准	标准分	检测点 1	2	3	4	5	得分
1	踏步口	平直	大于2mm每处扣2分	10						
2	踏步	宽窄一致 高低一致	相邻踏步超过4mm每处扣4分	10						
3	表面	平整、光洁	大于3mm每处扣2分,表面毛糙、接槎印,铁板印每处扣1分	20						
4	立面	抛、勾脚(勾脚按设计要求)	大于2mm每处扣2分	10						
5	粘结	牢固	局部起壳每处扣2分,大面积起壳本项不合格	10						
6	线角	清晰 尺寸正确	不清晰、缺棱、掉角每处扣2分	10						
7	防滑条		大于3mm本项无分,1~2mm酌情扣分	5						
8	工具使用维护	做好操作前工用具准备、完成后工用具维护	施工前后两次检查酌情扣分或不扣分	10						
9	安全文明施工	安全生产 落手清	有事故不得分,工完场不清不得分	5						
10	工效	定额时间	低于定额90%不得分,在90%~100%之间酌情扣分,超过者适当加1~3分	10						

5. 大理石墙、柱面或地面

考核内容及评分标准

序号	测定项目	分项内容	评 分 标 准	标准分	检测点 1	2	3	4	5	得分
1	选料	正确	选料排列色泽不符合设计要求本项无分	10						
2	粘结	牢固 高低一致	起壳每块扣 2 分	10						
3	表面	平整、光洁	大于 1mm 每处扣 2 分，表面不洁净本项无分	10						
4	接缝	平直、宽窄一致	大于 1mm 每处扣 2 分，宽窄不一致大于 1mm 每处扣 1 分	10						
5	相邻高低	符合要求	大于 0.5mm 每处扣 4 分	15						
6	阴、阳角立面	方正、垂直（墙柱前）	大于 2mm 每处扣 4 分	15						
7	标高泛水	正确（地面）	泛水、标高不正确本项无分，较严重倒泛水本项无分	15						
8	工具使用维护	做好操作前工用具准备、完成后工用具维护	施工前后两次检查酌情扣分或不扣分	5						
9	安全文明施工	安全生产落手清	有事故不得分，工完场不清不得分	5						
10	工效	定额时间	低于定额 90% 不得分，在 90%～100% 之间酌情扣分，超过者适当加 1～3 分	5						

第三章　高 级 抹 灰 工

一、理论部分

（一）是非题

1. 剖面图的剖切位置，应是房屋内部构造比较简单的部位。（×）

2. 只要有结构施工图，就能进行结构施工。（×）

3. 石灰浆在熟化池中进行沉浮，其表面应有一层水，其目的是不让石灰浆碳化和结晶。（√）

4. 细骨料的粗细程度是根据细度模数决定的。（√）

5. 建筑石膏与水泥的性质相近，在水中和空气中均能提高强度。（×）

6. 内墙抹灰工程量计算时要扣除所有的孔洞面积。（×）

7. 古建筑装饰施工前，必须把构思的人物造型以及衬托背景绘于图纸上，然后对照着进行施工。（√）

8. 单层工业厂房结构平面图，主要表示各种构件的布置情形。（√）

9. 粒状喷涂时应连续操作，不到分格缝处不得停歇。（√）

10. 抹灰的施工方案就是确定施工方法和技术安全措施。（×）

11. 体积安定性是指水泥在硬化过程中体积变化是否均匀的性质。（√）

12. 建筑施工图是指平面图、立面图、剖面图、基础详图和构造详图等。（×）

13. 水泥主要技术性能包括密度、细度、凝结时间、安定性、粘结力和强度等指标。（√）

14. 彩色抹灰施工时，同一墙面所用色调的砂浆要做到统一配料，颜料和水泥要一次干抹均匀。（√）

15. 饰面板安装，在校正石膏临时固定后，进行灌浆，分三次灌至板平。（×）

16. 浇制石膏花饰，适用于水泥硬模进行。（×）

17. 水泥的细度越细，则其早期强度越高。（√）

18. 大理石板材允许有不贯穿的裂纹。（×）

19. 施工组织设计是指导整个施工过程的技术性文件。（√）

20. 网络要素中，把不消耗时间和资源的工序，称为虚工序。（√）

21. 陶瓷壁画应在其工程作业完成后，在封闭环境条件下进行。（√）

22. 釉面砖分格设计施工法，是按照面砖模数铺贴的一种方法。（√）

23. 彩砂涂料施工时，如涂料太稠可加水稀释。(×)

24. 一般抹灰按质量要求分为中级和高级二级。(×)

25. 磨光大理石表面不允许有砂眼和划痕。(√)

26. 建筑物墙身的轴线，就是墙身的中心线。(×)

27. 普通水泥的表观密度，通常采用3.1。(×)

28. 若石膏需缓慢凝固时，可掺入少量磨细的、未经煅烧的石膏。(×)

29. 质量"三检制"指自检、互检、交接检。(√)

30. 计算工程量时，楼梯各种面层按水平投影面以平方米计，楼梯井宽在50cm以内者不予扣除。(√)

31. 白水泥的初凝时间不早于45min，终凝不迟于12h。(√)

32. 水刷石花饰适用于水泥硬模浇制。(√)

33. 砖雕应在砖干燥时进行雕制。(√)

34. 建筑石膏的耐水性和抗冻性差，但耐火性较好。(√)

35. 施工准备就是在施工之前所做的准备工作，只要工程开工，就表示施工准备工作的结束。(×)

36. 网络计划的关键线路只有一条，在该线路上的工作称作关键工作。(×)

37. 对于抹灰砂浆，它比砌筑砂浆应具有更好的和易性及与基底材料的粘结性。(√)

38. 建筑石膏的主要成分是半水石膏，在硬化过程中，体积具有微膨胀性的特性。(√)

39. 人工彩色砂，彩色石粒的防酸、耐碱性能较差。(×)

40. 隔热层工程量按图示尺寸以立方米计算。(√)

41. 顶棚抹灰要在抹完灰线后进行，这样能较好地控制顶棚抹灰层的厚度和平整度，保证在线与顶棚抹灰交圈。(√)

42. 斩假石斩剁时，面层要干燥，但斩剁完后要洒水湿润。(×)

43. 釉面瓷砖镶贴施工，瓷砖要存放在水中1~2h，并随取随用。(×)

44. 地下室防潮，主要是结构本身防潮和做防潮层防潮，周围回填土密实性与其无关。(×)

45. 有机胶凝材料和无机胶凝材料都是建筑上常用的胶凝材料。(×)

46. 砂浆和易性包括流动性和粘结力两个方面。(×)

47. 饰面板干法工艺是根据施工条件确定的。(×)

312

48. 看施工图，首先看施工图首页，了解施工总说明，图纸目录等内容。（√）

49. 釉面砖分格设计施工法，门窗周围允许有大于 1/2 割砖。（×）

50. 釉面砖错缝铺贴比直缝铺贴美观效果好。（×）

51. 装饰混凝土具有简化施工工序，并具有良好耐久性和装饰效果。（√）

52. 堆塑的纸筋灰要有良好粘性和可塑性。（√）

53. 单层工业厂房的结构剖面图，往往与建筑剖面图是一致的，在施工中可互相套用。（√）

54. 白色硅酸盐水泥和彩色水泥的凝结时间和技术标准是相同的。（×）

55. 人造大理石成本比天然大理石要低，是理想的装饰材料。（√）

56. 在抹灰工程施工前必须对结构工程进行验收。（√）

57. 工料计算中，砂浆配合比计算，一般砂浆均按重量比来计算。（×）

58. 抹顶棚复杂灰线，在粘贴靠尺时，应先将模板放在靠尺间，然后将靠尺从头到尾粘结牢固。（×）

59. 剁假石抹灰，在两层混合砂浆搓平后，应待其干燥后用扫帚扫出条纹。（×）

60. 室外安装的镜面和宽面饰面板板缝，干接时应用水泥浆或石膏浆一次填抹。（×）

61. 新工艺大理石灌浆，采用灌水泥胶泥方法，提高了墙面与饰面砖的粘结力。（√）

62. 用于雕刻砖，如有砂眼、缺角时，可用同类砖粉和水泥拌和修补。（×）

63. 根据砂的细度模数不同，砂可分粗砂、中砂、细砂、特细砂。（√）

64. 色粉与石粒间的比例大小，主要取决于石粒级配的好坏。（√）

65. 玻璃锦砖表面光滑、不吸水、外露面大、粘结面小，与铺贴陶瓷砖所不同。（√）

66. 随捣随抹混凝土面层，表面缺浆时，可撒干水泥浆抹光。（×）

67. 冬季施工，现场供水管应埋设在冰冻线以上，立管露出地面要采取措施防冻、保温措施。（×）

68. 从事屋角和有斜坡部位高处作业时，必须穿软底鞋和硬底塑料鞋。（×）

69. 班组经济核算，要求做好原始记录。（√）

70. 看施工图，一定要把平面图、立面图、剖面图结合起来，搞清三者关系。（√）

71. 小尺寸块材铺贴，分格线应设在门框截口处。（×）

72. 彩砂涂料，施工基层表面要求坚实干净，保持湿润。（×）

73. 装饰混凝土正打工艺，是在模板底放置衬膜，脱膜后，经过处理得到各种装饰效果。（×）

74. 一般基础施工图分为基础平面图和基础大样图两种。（√）

75. 一般说，室外地坪以下的构造部分均属基础工程。（×）

76. 大理石饰面板抗压强度和抗折强度都比较好。（×）

77. 天沟、压顶、遮阳板按投影面积，以平方米计。（×）

78. 抹灰施工前，对于光滑基层表面应凿毛或者采取毛化处理措施。（√）

79. 饰面工程所有锚固体以及联接件，一般要作防腐处理。（√）

80. 镶贴瓷砖，在水泥砂浆中掺入一定量的 107 胶，便于粘结，并起到一定的缓凝作用。（√）

81. 斩假石花饰，如花饰造型细致，可采取先斩剁，后安装的方法。（√）

82. 常用天然饰面板有大理石板、花岗石板和预制水磨石板等。（×）

83. 雕刻好的砖，铺贴前应浸水，晾干后再铺贴。（√）

84. 一般情况下，冲筋抹完后，待冲筋有强度时再装挡刮平。（×）

85. 梁抹灰找规矩，是顺梁的方向弹出梁的中心线，来控制梁两侧面的抹灰厚度。（√）

86. 玻璃锦砖和陶瓷锦砖一样，若底灰颜色不一致，会影响铺贴后墙面颜色深浅不一致。（×）

87. 雨季施工，砂浆要适当提高水灰比。（×）

88. 施工企业质量管理体系基本组成包括施工准备和施工过程两部分。（×）

89. 全面质量管理是以人为中心的管理。（√）

90. 饰面板湿法施工和干法施工工艺是一样的，都要在饰面板与结构层之间浇筑水泥砂浆。（×）

91. 大理石安装前，颜色和纹理都要预先排列。（√）

92. 陶瓷壁画一幅画的勾缝应分次完成。（×）

93. 砖雕时，应选用湿砖来雕刻。（×）

94. 人工彩色砂、彩色石粒的耐碱性能较好，防酸性能较差。（×）

95. 花岗石饰面板适用内、外装饰和楼地面等装饰。（√）

96. 阳台、雨篷按各层展开面积，以平方米计。（×）

97. 抹灰线的施工工艺过程通常是先抹顶棚，后抹墙面，再抹灰线。（×）

98. 仿石抹灰的基层处理以及底、中层抹灰要求与一般装饰抹灰相同。（√）

99. 花岗石复合板干法工艺适应于：混凝土墙、砖墙和加气混凝土墙。（×）

100. 大理石饰面板出现开裂脱落时，可采用环氧树脂，钢螺栓锚固法进行修补。（√）

101. 古建筑中凡用抹灰方法制作花饰叫"软活"。（√）

102. 网络图中主要关键线路每道工序时差等于零。（√）

103. 做楼地面时，要控制好地面的厚度，面层的厚度应与门框锯口线吻合。（√）

104. 白水泥水刷石的操作方法与普通水刷石相同，但冲洗石子时水流应比普通水刷石快些。（×）

105. 玻璃锦砖如表面污染较严重，可使用酸碱溶液洗涤。（×）

106. 沥青玛琋脂铺贴地砖，先将基层清扫干净，涂刷一层冷底子油，用沥青玛琋脂随涂随铺贴。（√）

107. 分项工程质量评定，一般按建筑主要部位来划分。（×）

108. 工作质量是建筑工程产品质量的基础和保证。（√）

109. 在网络图中，对关键线路要十分重视，否则会影响整个施工进度。（√）

110. 工程质量评定要严格按国家有关部颁的标准进行，评定程序是分部工程，再分项工程最后是单位工程。（×）

111. 建筑工程质量事故分为一般事故和重大事故两类。（√）

（二）选择题

1. 主要表示出内部的结构形式、分隔情况与各部位联系是＿C＿。

A. 平面图　　　　　　　　　　B. 立面图

C. 剖面图   D. 标准图

2．详图的比例是 1:25，实际物体是 200cm，图纸上尺寸是 __B__ 。

A. 50mm   B.80mm

C.100mm   D.120mm

3．为减少基层吸水性，基层表面可涂刷 __C__ 。

A. 水玻璃   B. 木质素磺钙

C. 107 胶水溶液   D. 石膏浆

4．净砂含水率膨胀系数，综合按 15% 考虑。计算砂用量时，按此规定增加，若实际不符 __C__ 。

A. 按实际调整   B. 按材料定额调整

C. 不作调整   D. 没有规定

5．水泥正常情况下，能达到标号的 __C__ 。

A. 70%   B. 75%   C. 95%   D. 100%

6．瓷砖的吸水率不得大于 __C__ 。

A. 10%   B. 15%   C. 18%   D. 20%

7．为了确定弹涂面层质量，要用甲基硅树脂罩面，外罩甲基硅树脂要根据施工时的温度，加入 __D__ 的乙醇胺固化剂。

A.5%～7%   B. 3%～5%

C. 2%～5%   D. 1%～3%

8．地面施工分格缝，不同标高分界线，应设在门框 __C__ 。

A. 外边缘   B. 内边缘

C. 截口处   D. 中央

9．大理石或花岗岩铺地面用干法施工时，结合层采用 __A__ 。

A. 干铺 1:2.5 水泥砂

B. 干铺 1:2 石灰砂

C. 干铺 1:3:9 混合砂

D. 干铺 1:3 水泥砂加 107 胶水

10．彩色斩假石面层抹完后，要防止烈日曝晒或遭冰冻，在常温下一般需要养护 2～3d，其强度应控制在 __A__ 左右。

A. 5MPa   B.10MPa

C.15MPa   D.20MPa

11．施工现场的临时道路要形成循环圈，双行道宽度不得小于 __C__ 。

A. 4m   B.5m   C.6m   D.7m

12. 古建筑装饰可分为 C 类。

A. 一   B. 二   C. 三   D. 四

13. 每栋工棚的防火间距，城区不得小于 B 。

A. 3m   B. 5m   C. 7m   D. 10m

14. 瓷砖在粘贴前没有用水浸泡，会造成 A 。

A. 空鼓   B. 表面起碱

C. 不平整   D. 强度低

15. 室内单独花饰中心线的允许偏差为 A 。

A. 10mm   B. 15mm   C. 20mm   D. 25mm

16. 按建筑尺寸试排大理石后，如有不足整规格板块，安装时高度方向一般安装在 B 。

A. 最下行   B. 最上行

C. 中间   D. 任何部位

17. 陶瓷壁画的环境施工温度一般不得低于 C 。

A. -5℃   B. 5℃   C. 15℃   D. 20℃

18. 275 号普通水泥 28d 达到抗压强度 A 。

A. 27.0MPa   B. 15.7MPa

C. 41.0MPa   D. 51.0MPa

19. 按国家规定，水泥初凝时间不得早于 A 。

A. 45min   B. 1h

C. 3h   D. 5h

20. 抹灰线一般用四道灰抹成，出线灰一般用 C 。

A. 1:2 水泥砂浆   B. 纸筋灰

C. 1:2 石灰砂浆   D. 石膏灰

21. 石膏花饰钉孔，表面应用 B 塞。

A. 白水泥浆   B. 石膏灰

C. 油膏   D. 石灰浆

22. 水泥砂浆地面，砂浆稠度不应大于 A 。

A. 3.5cm   B. 4.5cm

C. 5.5cm   D. 7cm

23. 网络图诸线路中需要时间最长的线路，叫做 A 。

A. 关键线路   B. 重要线路

C. 次关键线路   D. 不重要线路

24. 425 号普通水泥 28d 达到抗压强度__C__。

A. 27MPa   B. 15.7MPa

C. 41MPa   D. 51.5MPa

25. 建筑石膏在硬化时，体积__A__。

A. 膨胀 1%左右   B. 收缩 1%左右

C. 不变   D. 以上都不是

26. 抹灰线一般用四道灰抹制而成，罩面灰一般用__D__。

A.1∶1∶1 混合砂浆   B.1∶2 水泥砂浆

C.1∶2 石灰砂浆   D. 纸筋灰

27. 用纸筋灰堆塑时，要参照图样或实样按__A__堆塑。

A.2%比例放大   B.2%比例缩小

C. 实样大小   D. 以上都可以

28. 抹石膏灰线，用配好的 4∶6 石膏灰罩面，要求在__D__内，抹完罩面灰。

A.1～3min   B.5～7min

C.10～15min   D.30min

29. 多立杆式外脚手架，在上面运料时，每平方米荷载不得超过__C__。

A.1kN   B.2kN

C.3kN   D.4kN

30. 墙柱安装大理石饰面时，应待结构沉降稳定后再进行安装，并且__A__。

A. 在顶部和底部都留有一定的空隙

B. 在顶部和底部都塞紧

C. 在顶部塞紧，底部留有空隙

D. 底部塞紧，顶部留有空隙

31. 湿法安装大理石时，基层面到大理石表面距离不小于__B__。

A. 2cm   B.5cm   C.10cm   D. 无要求

32. 大理石饰面板接缝高低的允许偏差为__D__。

A.2mm   B.1mm   C.0.5mm   D.0.3mm

33. 瓷砖材料质地疏松有隐伤，施工前瓷砖浸泡不透，粘贴砂浆保水性差，会造成瓷砖的__D__。

A. 裂缝   B. 变色

C. 空鼓　　　　　　　　　　　　　D. 以上都可能

34. 采用环氧树脂钢螺栓锚固法修补大理石饰面，灌浆锚固时，树脂枪的最大压力为　B　。

A.0.1MPa　　　　　　　　　　　B.0.4MPa

C.1MPa　　　　　　　　　　　　D.4MPa

35. 石膏花饰制作时石膏浆灌后翻模的时间，一般应控制在　B　。

A. 5min 以内　　　　　　　　　　B.5～15min

C.15～30min　　　　　　　　　　D.30min 以上

36. 铁梳子是　D　抹灰的专用工具。

A. 仿石　　B. 拉条灰　　C. 假面砖　　D. 拉假石

37. 　B　抹灰，适宜做吸声墙面，吸声效果好

A. 仿石　　B. 拉条灰　　C. 拉假石　　D. 假面砖

38. 喷涂层的总厚度应控制在　C　左右。

A. 0.5mm　B.1.5mm　C.3mm　D.5mm

39. 建筑地基承载力一般表示在　C　中。

A. 结构详图　　　　　　　　　　B. 建筑详图

C. 施工总说明　　　　　　　　　D. 基础施工图

40. 在全面质量管理工作中常用的两图是指　B　。

A. 因果图、散布图　　　　　　　B. 排列图、因果图

C. 排列图、直方图　　　　　　　D. 直方图、因果图

41. 室外抹灰时，脚手架上的跳板应满铺，最少不得少于　B　。

A. 二块　　B. 三块　　C. 四块　　D. 五块

42. 施工作业计划是　C　。

A. 年度计划　　　　　　　　　　B. 季度计划

C. 月、旬计划　　　　　　　　　D. 以上都是

43. 常用材料消耗定额，作为签发施工任务书和限额预料使用是　C　。

A. 概算定额　　　　　　　　　　B. 预算定额

C. 施工定额　　　　　　　　　　D. 劳动定额

44. 釉面砖分格设计施工法，异型砖（割砖）要用于阴角处，且不得小于　B　。

A.1/3 砖　　　　　　　　　　　B.1/2 砖

C.1/4 砖　　　　　　　　　　　D.3/4 砖

45. 砖雕的装贴材料是 __A__ 。

A. 油灰   B. 水泥浆

C. 石膏浆   D. 纸筋灰

46. 花岗石吸水率为 __A__ 。

A.0.5%~0.7%   B.5%~7%

C.10%左右   D.15%左右

47. 熟石灰是生石灰加水消解而成，主要成分是 __C__ 。

A. 氧化镁   B. 氧化钙

C. 氢氧化钙   D. 碳酸钙

48. 结构图上 $3\phi22$ 表示 __B__ 。

A.3 根直径 22mm Ⅱ 级钢筋

B.3 根直径 22mm Ⅰ 级钢筋

C.3 根半径 22mm 圆钢

D.3 根直径 22mm 钢筋

49. 建筑施工图与结构施工图不同之处是 __B__ 。

A. 轴线   B. 标高

C. 梁的位置   D. 门窗位置

50. 矿渣水泥 7d 达到抗压强度值是 __C__ 。

A.26.5MPa   B.24.6MPa

C.20.6MPa   D. 以上都可能

51. 石膏加水后凝结硬化较快，一般初凝不得早于 __A__ 。

A.4min   B.8min

C.10min   D.15min

52. 大理石饰面板，轻放时应光面相对，要求垛高不超过 __B__ 为宜。

A.0.5m   B.1m   C.1.6m   D.2m

53. 外墙面砖质地坚固，吸水率不大于 __A__ 。

A.8%   B.12%   C.14%   D.18%

54. 一般抹灰工程的施工方案是根据 __A__ 的施工顺序制订的。

A. 单位工程   B. 分部工程

C. 分项工程   D. 工艺流程

55. 坡屋顶高跨比是 1:2，那么坡度系数是 __B__ 。

A.1   B.1.41

C.1.73   D.1.20

56．彩色斩假石质量标准，立面垂直允许偏差 C 。

A．2mm B．3mm C．4mm D．5mm

57．彩色斩假石，如底面层总厚度超过 A 时，在底层应加 φ4 的钢筋网。

A．4mm B．5mm C．5.5mm D．6mm

58．饰面板接缝宽度，天然板为 D 。

A．3mm B．5mm C．8mm D．10mm

59．水泥石粒浆堆塑，材料中最关键是 A 。

A．水泥 B．石粒 C．加水量 D．砂

60．施工现场临时道路，一般单行道宽度不少于 B 。

A．2m B．4m C．5m D．6m

61．在高压线或其他架空线两侧从事起重吊装作业时，要确定安全距离，距 1kV 以下线路，距离至少保持 A 。

A．1.5m B．2m C．3m D．4m

62．工棚内灯具，电线有绝缘装置，灯具与易燃物一般应保持 B 间距。

A．20cm B．30cm C．40cm D．50cm

63．套间采用相同材料，颜色不同时，分色线应设在门框 D 。

A．外边缘   B．内边缘

C．中央   D．截口处

64．瓷砖镶贴边条的铺贴顺序是 B 。

A．墙面→墙面→阴、阳角条

B．墙面→阴、阳角条→墙面

C．阴、阳角条→墙面→墙面

D．以上都不是

65．组织流水施工能保持施工过程 D 。

A．连续性   B．均衡

C．节奏性   D．以上都是

66． A 是班组核算主要依据。

A．施工任务书   B．施工作业计划

C．排列图   D．施工方案

67．喷塑涂料施工，风速大于 C 时，应暂停施工。

A．2m/s   B．3m/s

C.5m/s   D.8m/s

68. 结构图中，φ6（a）200 表示___D___。

A. 直径 6mmⅠ级钢筋间隔 200mm 长

B. 直径 6mmⅠ级钢筋 200mm 高

C. 直径 6mmⅠ级钢筋 200mm

D. 直径 6mmⅠ级钢筋每间隔 200mm 一道

69. 水泥初凝时间是指___B___。

A. 逐步失去塑性时间   B. 开始降低塑性时间

C. 完全失去塑性时间   D. 开始产生强度时间

70. 425 号普通水泥 7d 达到抗压强度最低值是___B___。

A.26.5MPa   B.24.6MPa

C.20.6MPa   D. 以上都可能

71. 石膏加水后凝结硬化较快，一般终凝不超过___C___。

A.20min   B.25min

C.30min   D.45min

72. 大理石饰面板，堆放时应立放，其垛高不应超过___D___。

A.1m   B.1.2m

C.1.4m   D.1.6m

73. 陶瓷锦砖耐酸度指标___D___。

A.>80%   B.>84%

C.>90%   D.>95%

74. 内墙面抹灰，如吊顶不抹灰的，其高度按室内楼（地）面算至吊
顶底面___C___。

A. 另加 5cm   B. 另加 10cm

C. 另加 20cm   D. 不加

75. 坡屋顶高跨比是 1:10，那么它的坡度是___D___。

A.5%   B.10%   C.15%   D.20%

76. 铺设细石混凝土地面面层，应从里面向门口方向铺设，应比门框
锯口线略低___C___。

A.0.5～1mm   B.1～2mm

C.3～4mm   D.5～6mm

77. 随捣随抹混凝土面层，在施工间歇后的施工缝，应该在混凝土抗
压强度达到___C___后再继续浇筑或随捣随抹。

A.0.8MPa   B.1.0MPa

C.1.2MPa   D.1.5MPa

78. 拉假石，应待水泥石屑浆__A__用抓耙依着靠尺按同一方向拉。

A. 初凝后   B. 终凝后

C. 达到强度后   D. 开始硬化时

79. 彩色斩假石质量标准阴阳角垂直允许偏差__B__。

A.2mm   B.3mm   C.4mm   D.5mm

80. 喷涂砂浆使用的甲基硅醇钠应用__A__溶液中和，降低 pH 值。

A. 硫酸铝   B. 硅酸钠

C. 氧化铝   D. 氧化镁

81. 饰面砖接缝宽度，如砖边长大 20cm 饰面砖一般为__B__。

A.1.5mm   B.3mm   C.4mm   D.5mm

82. 中砂的细度模数为__C__。

A.1.5～0.7   B.2.2～1.6

C.3.0～2.3   D.3.7～3.1

83. 全面质量管理核心是__A__。

A. 提高人的素质   B. 计划

C. 经济效益   D. 管理

84. 在高压线或其他架空线两侧从事起重吊装作业时，要确定安全距离，距1～20kV 线的距离至少保持__B__。

A.1.5m   B.2m   C.3m   D.4m

85. 水泥楼是一种常用的坡道形式，一般要求坡度小于__C__。

A.1:2   B.1:3   C.1:4   D.1:5

86. 一般颜料着色力与__A__的平方成正比。

A. 其粒径   B. 颜色择量

C. 颜料种类   D. 加水量

87. 耐酸砖，铺贴时灰缝宽度一般为__C__。

A.1～2mm   B.2～3mm

C.3～5mm   D.5～7mm

88. 细石混凝土地面，要求坍落度不得大于__A__。

A.3cm   B.4cm   C.5cm   D.6cm

89. 普通粘土砖，铺砌在砂结合层上，砂结合层厚度__C__。

A.5～10mm   B.10～15mm

C.15～20mm   D.20～25mm

90.喷塑涂料饰面，最佳施工条件__A__。

A.气温 27℃，湿度 50%无风

B.气温 15℃，湿度 50%无风

C.气温 27℃，湿度 85%无风

D.气温 15℃，湿度 85%无风

91.细石混凝土屋面工程，混凝土配合比应由试验确定，要求每立方米水泥用量不少于__D__。

A.250kg   B.270kg   C.300kg   D.330kg

92.结构图上，2φ12 表示__C__。

A.2 根直径 12mm 钢筋

B.2 根半径 12mmⅠ级钢筋

C.2 根直径 12mmⅠ级钢筋

D.2 根半径 12mm 钢筋

93.ZC 代号表示__B__。

A. 柱   B. 柱间支撑

C. 抗风柱   D. 屋架支撑

94.水泥体积安定性是指标准稠度水泥浆，在硬化过程中体积变化__C__的性质。

A. 过大   B. 过快

C. 是否均匀   D. 过慢

95.一般水泥主要物理性质要求，熟料中氧化镁含量不得超过__B__。

A. 2%   B. 5%   C. 7%   D. 10%

96.大理石饰面板堆放时，应立放，其倾斜度不应大于__A__。

A. 15°   B. 20°   C. 25°   D. 30°

97.人造大理石具有__D__优点。

A. 耐酸   B. 耐碱

C. 抗污染   D. 以上都是

98.陶瓷锦砖耐碱度指标__B__。

A. 大于 80%   B. 大于 84%

C. 大于 90%   D. 大于 95%

99.坡屋顶高垮比是 1:8，那么其坡度是__C__。

A. 15%   B. 20%   C.25%   D. 30%

100．密肋梁，井字梁顶棚抹灰，肋内或井内面积超过 __C__ 梁和顶棚应分别执行相应定额。

A．3m² B．4m² C．5m² D．6m²

101．水磨石地面开磨，头遍采用粒度为 __C__ 砂轮。

A.200K240 号   B.120K180 号

C.60K80 号   D．以上都可以

102．美术水磨石地面质量标准缝格平直允许偏差 __B__ 。

A．1mm B．2mm C．3mm D．4mm

103．彩色斩假石面层强度应控制在 __A__ 。

A.5MPa   B.12MPa

C.15MPa   D.20MPa

104．彩色斩假石质量标准表面平整允许偏差 __B__ 。

A.2mm B.3mm C.4mm D.5mm

105．饰面板接缝宽度，麻面板、条纹板为 __C__ 。

A．1mm B．3mm C．5mm D．10mm

106．大理石饰面板，安装门窗旋脸时，应按 __B__ 起拱。

A.0.5% B．1% C．2% D．3%

107．细砂的细度模数为 __B__ 。

A．$M_x1.5\sim0.7$ B.$M_x2.2\sim1.6$

C.$M_x3.0\sim2.3$ D.$M_x3.7\sim3.1$

108．质量"三检制"是指 __C__ 。

A．专检、自检、互检   B．专检、自检、预检

C．自检、互检、交接检   D．自检、专检、隐检

109．在高压线或其他架空线两侧从事起重吊装作业时要确定安全距离，距 35kV 以上线路距离至少保持 __D__ 。

A　1.5m　B　2m　C　3m　D　4m

110．水刷石抹灰，要求石粒露出表面 __C__ ，达到清晰，均匀分布。

A．1/4 粒径   B．1/3 粒径

C．1/2 粒径   D．3/4 粒径

111．用细纸筋堆塑细坯，应用较稠纸筋灰分层堆起，每层厚度是 __B__ ，超厚容易开裂。

A.0.2～0.5cm   B.0.5～1cm

C.1～1.2cm   D.1.2～1.5cm

112. 混凝土随捣随抹面层，混凝土坍落度不应大于　A　。

A. 3cm　　B. 3.5cm　　C. 4cm　　D. 5cm

113. 普通粘土砖铺砌在水泥砂浆结合层上，水泥砂浆结合层厚度应为
　B　。

A.5～10mm　　　　　　　　　B.10～15mm

C.15～20mm　　　　　　　　D.20～25mm

114. 　D　是指保证建筑工程的使用功能。

A. 可靠性　　　　　　　　　B. 经济性

C. 安全性　　　　　　　　　D. 适用性

115. 彩砂涂料施工一般　A　成活。

A. 一遍　　B. 二遍　　C. 三遍　　D. 四遍

116. 工作质量优劣主要反映企业　C　。

A. 工人操作水平　　　　　　B. 产品质量

C. 管理水平　　　　　　　　D. 领导水平

（三）计算题

1. 试计算 1.3:2.6:7.4（沥青:石英粉:石英砂）耐酸沥青砂浆每立方米各种材料的净用量（已知：沥青的密度为 1.1g/cm³，石英粉和石英砂的密度均为 2.7g/cm³）。

【解】　单位用量 $= \dfrac{1}{1.3 + 2.6 + 7.4}$

$= 0.0885\text{m}^3$

沥青用量 $= 1.3 \times 0.0885 = 0.115\text{m}^3$

石英粉用量 $= 2.6 \times 0.0885 = 0.230\text{m}^3$

石英砂用量 $= 7.4 \times 0.0885 = 0.655\text{m}^3$

每立方米耐酸砂浆重量 $= \dfrac{1 \times 1000}{\dfrac{0.115}{1.1} + \dfrac{0.23}{2.7} + \dfrac{0.655}{2.7}}$

$= 2308\text{kg}$

沥青 $= 2308 \times 0.115 = 265\text{kg}$

石英粉 $= 2308 \times 0.23 = 531\text{kg}$

石英砂 $= 2308 \times 0.665 = 1512\text{kg}$

2. 某建筑物平屋面，有挑檐天沟，外墙轴线中到中为 32400mm，墙厚度 240mm，室外设计地坪标高为 −0.45m，外墙裙高度为 600mm，挑檐天沟底标高为 +10.5m，外墙面上有钢窗 SC1 1800mm×2100mm 共 17 樘，大

门 2800mm×3000mm2 樘，雨篷 2 只，其水平投影尺寸为 1000mm×3800mm。

试根据以上条件，计算外墙裙水泥抹灰及外墙面 1∶1∶6 混合砂浆抹灰的工程量（不考虑洞口的侧壁面积）。

【解】（1）外墙裙抹灰工程量

$S=（32.4+0.24）×0.6=19.584m^2$

（2）外墙面抹灰工程量

$l=32.4+0.24=32.64m$

$h=10.5+0.45-0.60=10.35m$

须扣除面积$=1.8×2.1×17+2.8×3×2=81.04m^2$

则：$S=32.64×10.35-81.04=256.784m^2$

3. 根据已提供的数据，计算频率和累计频率，并作排列图。一共检查 500 间房间，发现起砂 10 处，开裂 20 处，空鼓 15 处，不平整 50 处，其他质量问题 5 处。

【解】

项　目	不合格数	频率（%）	累计频率（%）
不平整	50	50	50
开　裂	20	20	70
空　鼓	15	15	85
起　砂	10	10	95
其　他	5	5	100
合　计	100		

4. 工料分析

定额编号			1-44	1-1	合　计
项　　目			普通水磨石地地（带嵌条）	铺贴大理石地面	
计算单位			$10m^2$	$10m^2$	
工程量			$302m^2$	$105m^2$	
人工、工日	抹灰工	定额	8.8	4.5	
		合计			
	辅助工	定额	1.8	0.79	
		合计			

定额编号		1-44	1-1	合计
项目		普通水磨石地地（带嵌条）	铺贴大理石地面	
计算单位		10m²	10m²	
工程量		302m²	105m²	
材料	425号水泥（kg）	定额	29.8	167	
		合计			
	黄砂（kg）	定额	340	332	
		合计			
	白云石（kg）	定额	310		
		合计			
	3mm玻璃条（m²）	定额	0.4		
		合计	12.08		
	草酸（kg）	定额	0.12	0.1	
		合计			
	软白蜡（kg）	定额	0.3	0.4	
		合计			
	20mm厚大理石板块	定额	10.2		
		合计			

【解】

定额编号			1-44	1-1	合计
项目			普通水磨石地地（带嵌条）	铺贴大理石地面	
计算单位			10m²	10m²	
工程量			302m²	105m²	
人工、工日	抹灰工	定额	8.8	4.5	
		合计	265.766	47.25	313.01
	辅助工	定额	1.8	0.79	
		合计	54.3	68.30	62.66

328

定额编号		1-44	1-1	合 计
项 目		普通水磨石地地（带嵌条）	铺贴大理石地面	
计算单位		10m²	10m²	
工程量		302m²	105m²	
材 料	425号水泥（kg）	定额	29.8	167	
		合计	8999.6	1753.5	10753
	黄砂（kg）	定额	340	332	
		合计	10268	3486	13754
	白云石（kg）	定额	310		
		合计	6342		6342
	3mm玻璃条（m²）	定额	0.4		
		合计	12.08		12.08
	草酸（kg）	定额	0.12	0.1	
		合计	3.62	1.05	4.67
	软白蜡（kg）	定额	0.3	0.4	
		合计	9.06	4.2	13.26
	20mm厚大理石板块	定额	10.2		
		合计	308.4		308.40

5. 某建筑物纵墙中—中为 32400mm，横墙中—中 13200mm，墙厚均为 240mm，纵墙方向都有挑檐天沟，离外墙面 400mm，混凝土屋面板上首先做水泥膨胀珍珠岩保温层 60mm 厚，其上面做 20mm 厚水泥砂浆找平层，再在其上做二毡三油一砂防水层。

试根据以上条件计算屋面上保温层及找平层工程量。

【解】 （1）保温层工程量

$S = (32.4 + 0.24) \times (13.2 + 0.24) = 438.68m^2$

（2）找平层工程量

$S = (32.4 + 0.24) \times (13.2 + 0.24 + 0.4 \times 2) = 464.8m^2$

6. 计算每立方米 1:1:4 混合砂浆的材料净用量，砂的空隙率为 30%

（水泥堆积密度 1200kg/m³，每立方米石灰膏用生石灰 600kg）。

计算：砂、水泥、生石灰用量。

【解】 砂用量 $= \dfrac{4}{(1+1+4)-4\times30\%} = 0.83\text{m}^3$

水泥用量 $= \dfrac{1}{4}\times0.83\times1200 = 249\text{kg}$

生石灰用量 $= \dfrac{1}{4}\times0.83\times600 = 124.5\text{kg}$

7. 某教室纵墙中—中为 8100mm，横墙中—中为 6000mm，墙厚均为 240mm，纵墙内侧每边有 2 只附墙砖垛（搁置大梁用），尺寸为 120mm× 240mm，混凝土楼板下面有 L201 大梁两根，截面尺寸为 240mm×500mm，试根据以上条件计算顶棚抹灰工程量和顶棚四周装饰线工程量。

【解】 (1) 顶棚抹灰工程量

$S_1 = (8.1-0.24)\times(6-0.24) = 45.07\text{m}^2$

S_2（梁两侧）$= (6-0.24)\times0.5\times2$（面）$\times2$（根）$= 11.52\text{m}^2$

S（顶棚）$= 45.27+11.52 = 56.79\text{m}^2$

(2) 装饰灰线工程量

$L = [(8.1-0.24)+(6-0.24)]\times2+(0.12+0.12)\times4$（砖垛两侧）

$= (7.86+5.76)\times2+0.24\times4$

$= 28.2\text{m}$

8. 工料分析

定额编号		2—37	2—83	合　计
项　　目		铺贴外墙面无釉面砖	柱面斩假石装饰	
计算单位		10m²	10m²	
工程量		408	12.6	
人工、工日	抹灰工	定额	7.35	8.6	
		合计			
	辅助工	定额	1.04	1.14	
		合计			

定额编号			2—37	2—83	合　计
项　目			铺贴外墙面无釉面砖	柱面斩假石装饰	
计算单位			10m²	10m²	
工程量			408	12.6	
材料	425 号水泥（kg）	定额	158.7	166.4	
		合计			
	黄砂（kg）	定额	325.8	230.3	
		合计			
	45×45 无釉面砖（块）	定额	2050		
		合计			
	107 胶水（kg）	定额	0.15		
		合计			
	白石屑（kg）	定额		157.5	
		合计	3.62	1.05	4.67
	木材（m³）	定额		0.0023	
		合计			

【解】

定额编号			2—37	2—83	合　计
项　目			铺贴外墙面无釉面砖	柱面斩假石装饰	
计算单位			10m²	10m²	
工程量			408	12.6	
人工、工日	抹灰工	定额	7.35	8.6	
		合计	299.88	10.84	310.72
	辅助工	定额	1.04	1.14	
		合计	42.43	1.44	43.87

定额编号			2—37	2—83	合 计
项 目			铺贴外墙面无釉面砖	柱面斩假石装饰	
计算单位			10m²	10m²	
工程量			408	12.6	
材料	425号水泥（kg）	定额	158.7	166.4	
		合计	6474.96	209.66	6684.62
	黄砂（kg）	定额	325.8	230.3	
		合计	13292.64	290.18	13582.8
	45×45无釉面砖（块）	定额	2050		
		合计	83640		83640
	107胶水（kg）	定额	0.15		
		合计	6.12		6.12
	白石屑（kg）	定额		157.5	
		合计		198.45	198.45
	木材（m³）	定额		0.0023	
		合计		0.003	0.003

（四）简答题

1. 综合看图要注意些什么问题？

答：（1）查看建筑尺寸和结构尺寸有无矛盾之处。

（2）建筑标高和结构标高之差，是否符合应增加的装饰厚度。

（3）建筑图上的一些构造，在做结构时是否有要求。

（4）在结构施工时，应考虑建筑安装时尺寸上的放大或缩小。这些图上是没有具体标志的，要预先考虑好。

（5）砌砖结构，尤其清水砖墙，在结构施工图上的标高应尽量能结合砖的皮数尺寸，施工中把两者结合起来。

2. 一般抹灰工程施工顺序有哪些？

答：抹灰工程分为室内和室外。

室外抹灰工程一般是由上而下进行。室内抹灰工程是由上而下或由下而上。室内抹灰由上而下，指主体结构已完成，屋面防水层已完成，便于保证抹灰工程质量，有利组织施工，保证安全。

室内抹灰由下而上，有利于工期，但要组织协调好。室内同一层施工一般先做地面，再做顶棚，后做墙面。

室内、外施工顺序根据施工条件确定，一般先室外、后室内。

3．古建筑墙面修缮有哪些施工要点？

答：（1）修缮一定要注意保持原有建筑风格。

（2）古建筑檐墙、院墙糙砌时，表面多抹灰保护。宫庭、庙宇多抹红灰，住宅多抹石灰或青灰。灰皮常受风吹雨淋，易裂缝、脱落，经常需补抹或全部铲除重抹。

（3）补抹、重抹时，应先将旧灰皮铲除干净。墙面用水淋湿然后按原做法分层抹刷，赶压坚实。

4．如何进行大理石地面干法施工？

答：（1）施工准备：地面清理、湿润。

（2）按设计要求弹出标高线，同时弹出边线和十字控制线。

（3）块材规格、品种挑选。

（4）材料选用 325 号以上普通水泥，砂用中、粗砂。

（5）试排符合要求以后，开始铺设板块。

（6）灌缝：先用水泥浆灌至 1/3 高度，然后用同色水泥石膏浆。

（7）养护：用胶合布或帆布覆盖，并在到达强度要求后才可上人。

5．控制材料质量的措施有哪几方面？

答：（1）必须按设计要求选用材料。

（2）所用材料的质量必须符合现行有关材料标准规定。

（3）对进场材料加强验收，发现情况，查明原因，对材料质量、性能怀疑时，应抽样检验。

（4）做好材料管理工作，合理堆放，限额发放，避免损失，在运输和保管、施工过程中防止损坏。

6．看民用建筑基础图时应记住哪些内容？

答：看民用建筑基础图时，除应弄清基础图的说明中有关砖、砂浆、混凝土的强度等级要求和施工要求外，还须记住以下内容：

（1）基础的类型、编号及长宽尺寸。

（2）基础底面标高，上放脚宽台及退台情况，基础墙的厚度等。

（3）基础垫层的宽度和厚度、使用的材料及要求。

（4）基础梁的标高、宽度、配筋及材料要求。

（5）防潮层的标高、宽度、配筋及材料要求。

（6）对于钢筋混凝土柱基，除弄清其构件尺寸、垫层厚度及材料要求外，还须弄清柱的配筋规格、数量及预留搭接长度。

7．铺贴预制水磨石、大理石块材地面前应做好哪些准备工作？

答：（1）一般应在顶棚、立墙抹灰后进行，先铺地面后贴踢脚线等。

（2）铺砌前，应先对色、拼花并编号，以便对号入坐，并用水浸湿，阴干后备用。

（3）块材质量必须满足设计要求。

（4）按设计要求在基层上放线分格，分格时以相连房间的分格线接连，所有分格线应在墙面上做好标志。

8．抹灰工程技术交底有哪些内容？

答：（1）交生产计划：施工任务工程量，进度要求。

（2）交定额。

（3）交措施和操作要点：质量关键，要按国家施工规范和工艺标准。

（4）交安全生产：针对项目特点，提出采取安全措施，防止发生安全事故。

（5）交制度：现场管理制度，质量验收制度，样板制度等。

9．美术水磨石采用铜分格条时应如何操作？

答：使用铜分格条时，应预先在铜条的两端头下部1/3处打眼，穿22号铅丝或铜丝（也可穿2～3号的图钉），用素水泥浆压牢，其他要求同水磨石地坪。

10．影响抹灰质量有哪五大因素？它们之间是什么关系？

答：五大因素是：人、环境、机具、材料、操作方法。

这五大因素之间是互相联系互相制约的，是一个不可分割的有机整体。抹灰工程质量的关键是抓住这五个因素，将"事后把关"转到"事前预防"，将容易出现的事故因素控制起来，把管理工作放到生产中去。

11．建筑工程全面质量管理的基本观点有哪五个？

答：为用户服务的观点，广义工程质量的观点，"三全管理"的观点，预防为主的观点，用数据说话的观点。

12．瓷砖出现变色、裂缝和表面污染的主要原因是什么？

答：（1）使用釉面瓷砖的质量差，材质松脆，吸水率大，抗拉、抗压、抗折性能差，由于瓷砖的吸水率和湿膨胀大，产生内应力使瓷砖开裂。

（2）在运输和操作过程中造成隐伤，由于湿膨胀力作用出现裂缝。

（3）施工前浸泡不透，粘贴时，粘结砂浆中浆水或不洁水从瓷砖背面渗进砖坯内，造成瓷砖变色。

13. 大理石饰面板开裂主要原因是什么？

答：（1）大理石色纹、暗缝或其他隐伤，等缺陷以及凿洞开槽不当损伤。另外在结构沉降变形压力，使局部板面开裂。

（2）厕所、浴室、潮气较大房间，安装粗糙，板缝灌浆不多使预埋件锈蚀，产生膨胀，产生向外推力。

（3）墙、柱面，上下板缝较小，结构变形时，受到垂直压应力。

14. 花饰安装螺栓固定法施工要点？

答：（1）安装花饰时，要将预留孔对准基层预埋螺栓，对于花饰基层表面的缝隙尺寸用螺母及垫块来固定，并用临时支撑撑牢。当遇到螺栓与预留孔位置对不上时，要采取另绑钢筋或焊接的措施来补救。

（2）将花饰临时固定后，把花饰与墙面之间的缝隙两侧和底面，用石膏堵牢，然后用 1:2 水泥砂浆分层灌注。

（3）待水泥砂浆有足够强度时，拆除临时支撑，清理四周石膏，用 1:1 水泥砂浆修补整齐。

15. 冬期施工作业时，应注意哪些安全问题？

答：（1）应做好"五防"（即防火、防寒、防煤气中毒、防滑和防爆）

（2）施工现场应设有采暖休息室，冬期施工搭设脚手架应加设扫地杆。

（3）大雪后必须将架子上的积雪清扫干净，并检查马道平台，如发现有松动下沉变形等，必须及时处理。

（4）施工时，接触汽源、热水要防止灼伤，如使用抗冻剂要按操作规程办事，防止腐蚀皮肤。

（5）现场有火源，加强防火工作。

16. 施工任务书有哪些主要内容？

答：（1）工程项目、数量、劳动定额，计算工数，开竣工日期，质量及安全要求。

（2）小组记工单（考勤记录）。

（3）限额领料卡（领料凭证，核算记录）。

17. 什么叫建筑施工图？

答：建筑施工图纸是在建造房屋时使用的蓝色图纸，俗称蓝图。它是在建筑工程上用的一种能够十分准确地表达出建筑物的外形轮廓、大小尺寸、结构构造和材料做法的图样。

18. 门、窗的主要功能是什么?

答:门和窗是建筑物的重要组成部分,一方面有分隔、保温、隔声、防水及防火要求;另一方面,窗主要功能是采光通风以及眺望,门的主要功能是用作交通,有时也兼作通风采光之用。

19. 什么叫投影线? 投影图?

答:光线照射物体,在墙面或地面上产生影子,在制图中,把表示光线的线称为投影线,把所产生的影子称投影图。

20. 成品保护中"护"的作用是什么? 举例说明。

答:成品保护中"护"就是提前保护。如为了防止清水墙面污染,在脚手架、安全网横杆、进料口四周以及临近水刷石的墙面上,提前钉上塑料布或贴上纸;清水楼梯踏步采用护棱角铁上下连通固定;门口在推车易碰部位钉上防条或槽形盖铁等。

21. 对喷塑涂料材料有哪些要求?

答:(1) 底油:乙烯—丙烯酸酯是聚乳液,要求即能耐碱耐水,又能增加骨料与基层的粘结力。

(2) 骨料应存放在干燥通风库房,贮存温度0℃以上,若发现有冻结,可放在屋内较暖和处解冻,经检查合格后方可使用。涂料应达到在常温下浸水六个月或在常温下浸泡和氢氧化钙溶液 15d 反复涂层不脱落的要求。

(3) 面油:用 0.5% 皂液刷洗 4000 次不露底,常温下浸水 24h 粘结强度仍达 0.7MPa 左右。

22. 安装石膏花饰有哪些注意事项?

答:(1) 花饰弯曲变形时,用水浸湿后,放在原来的底板上,使其逐渐恢复形状。

(2) 在花饰上钻眼时方向应垂直,不可歪斜,不要用力过大、过急。

(3) 花饰安装后,螺栓孔用白水泥样油填嵌,高度比花饰稍底,再用石膏补平。

23. 什么叫因果分析图?

答:因果分析图又叫特性要因图。由于其形状像树枝和鱼刺,所以称为鱼刺图或树枝图。因果分析图是根据存在的质量问题和主要影响因素,进一步寻找产生质量问题的原因的图示方法。

24. 镶贴碎拼大理石墙面的施工要点是什么?

答:(1) 碎拼大理石安装前应试拼,统一编号。

（2）墙面要拉线找方抹直，分遍扩底找平，在门窗口转角处留出镶贴块材厚度。块材应将背面和侧面刷洗干净备用。

（3）设计有图案要求时，应先镶贴图案部分，然后再镶贴其他部位。

（4）粘结层用 1:2 水泥砂浆，厚度一般应在 10～15mm，每天镶贴高度不宜超过 1.2m。

（5）镶贴后，要按设计要求采用不同颜色的水泥砂浆勾缝，随时将表面清理干净。光面和镜面碎拼大理石，经清洗晾干后，要用蜡上光。

25．建筑施工安全管理的工作内容主要有哪些？

答：（1）思想重视。

（2）建立安全生产管理制度。包括安全生产教育制度、安全生产责任制度，安全技术措施计划，定期检查制度伤亡事故的调查和处理制度。

（3）建立安全专职机构和配备专职的安全技术干部。

（4）切实保证职工在安全条件下施工，各种临时施工设施都要符合国家规定标准，各种安全防护装置要可靠、有效。

（5）采取有针对性安全技术措施和做好安全技术交底工作。

26．看施工图步骤有哪些？

答：看图是一项细致的工作，看图的过程就是熟悉和研究图纸的过程。搞清楚建筑物的形状、尺寸和材料，以便按图施工。

不论看任何图，首先要弄清施工图项目，它包括有施工总说明、图纸目录及标准图目录、门窗类做法等。

其次掌握定位轴线，因为定位轴线给柱或墙编了号。

27．如何进行陶瓷壁画施工？

答：（1）组织专门作业组，学习熟读画稿，领会艺术内涵，在此基础上制定施工技术方案。

（2）在其他组，湿作业完成后，在环境封闭条件下进行作业。作业环境温度应满足要求。

（3）基层打底坚实、平整、平而不光，不允许有空壳起鼓裂缝等缺陷。

（4）弹分格线，检查无误后按编号铺贴。胶结材料按设计要求配制，铺设过程中随时清除沾染在砖之间灰浆。

（5）勾缝，一幅画面的勾缝应一次完成，带色的勾缝料应试画，经认可方可使用，以保证壁画整体效果。

（6）养护与成品保护、适时养护，以防受损。

28．堆塑时要把住哪些施工关键？

答：进行堆塑施工，要把住三关。

（1）纸灰筋配制，一定要捣到本身具有粘性和可塑性才可使用。

（2）要精心细塑，切勿操之过急。

（3）压实磨光至关紧要，花饰愈压实，愈磨光、愈不会渗水，经历时间越久。

29. 缺棱掉角的大理石怎样修补?

答：在运输或现场作业中大理石容易破损，缺棱掉角，现场可以修补，其方法是用胶带纸贴膜，将相同石材碎料磨细，加大理石胶拌和，在 3min 填入抹平。10min 后撕去胶带，依次用 100 目、300 目、600 目、800 目砂纸打磨。砂纸可用胶带粘结在圆角磨光机打磨。

30. 怎样组织结构工程验收? 检查哪些内容?

答：在抹灰、装饰工程施工前，对结构工程以及其他有关项目进行检查是确保工程质量和顺利施工的关键。

主要内容有：（1）门窗框及其他木制品是否安装齐全，门口高底是否符合室内水平线标高。

（2）顶棚，墙间预留木砖或预埋件是否遗漏，其位置是否正确，吊顶是否安装牢固，其标高是否正确。

（3）水、电管，配电箱等是否安装完毕，是否遗漏。

（4）对于已安装好的门窗框等，保护措施是否做好。

31. 大理石（花岗石）墙面干法施工与湿法施工有哪些区别?

答：主要区别在于板块与结构体间的结合方法不同，干法施工取消了湿法施工中的砂浆灌浆工序，采用板材左右或上下行间用钢筋连接，板材与结构体间用不锈钢或镀锌角铁筋拉紧省掉了湿法施工中卡箍夹具，也避免了因灌浆而导致的板材错位变形和间歇周期。同时拆改、翻修方便，更避免了湿法施工石材面层泛花的质量问题。

二、实际操作部分

1. 抹水泥柱帽

考核内容及评分标准

序号	测定项目	分项内容	评 分 标 准	标准分	检测点					得分
					1	2	3	4	5	
1	抹灰粘结层	粘结牢固无空鼓裂缝	空鼓裂缝每处扣 5 分	20						

序号	测定项目	分项内容	评分标准	标准分	检测点 1	2	3	4	5	得分
2	表面	光洁	接槎印、抹子印每处扣3分，表面毛糙无分	15						
3	尺寸	正确	偏差大于2mm每处扣5分，大于4mm无分	20						
4	弧度	一致	不正确处每处2分，5处以上不正确无分	15						
5	工具使用维护	做好操作前工具准备，完成后工用具维护	施工前后两次检查酌情扣分或不扣分	10						
6	安全文明施工	安全生产、落手清	有事故不得分，工完场不清不得分	5						
7	工效	定额时间	低于定额90%不得分，在90%～100%之间酌情扣分，超过定额以上加1～3分	15						

2. 做石膏装饰

考核项目及评分标准

序号	测定项目	分项内容	评分标准	标准分	检测点 1	2	3	4	5	得分
1	花饰粘结	粘结牢固无裂缝翘曲和掉角	粘结不牢固、裂缝翘曲等缺陷本项无分接缝不严密、不吻合每处扣1分	15						
2	接缝	严密吻合		15						
3	装饰	位置正确	位置不正确本项无分	10						
4	表面	光洁图案清晰	粗糙，不清晰每处扣1分	15						

序号	测定项目	分项内容	评 分 标 准	标准分	检测点					得分
					1	2	3	4	5	
5	线条	流畅	大于 1mm 每处扣 1 分	15						
6	工具使用维护	工具设备、使用和维护工具	做好操作前工用具准备，做好工、用具维护	5						
7	安全文明施工	安全生产落手清	有事故不得分，落手清未做无分	10						
8	工效	定额时间	低于国家劳动定额 10% 本项无分，在 10% 范围内酌情扣分，超过定额加 1~3 分	15						

3.制作阴阳模

考核内容及评分标准

序号	测定项目	分项内容	评 分 标 准	标准分	检测点					得分
					1	2	3	4	5	
1	图案放样	符合设计要求	图案不正确，局部变形每处扣 5 分，3 处以上本项目不合格	15						
2	选材料	正确	材料不正确本项无分	10						
3	图案	清晰正确	局部不清晰每处扣 5 分，达不到要求本项目不合格	10						
4	模内	光滑	裂缝、粗糙每处扣 2 分	10						
5	层次	分明	层次不分明每处扣 2 分	10						
6	模尺寸	正确	大于 1mm 每处扣 4 分	20						
7	工具使用维护	做好操作前，工用具准备，完工后做好工用具维护	施工前后，进行两次检查酌情扣分	10						

序号	测定项目	分项内容	评 分 标 准	标准分	检测点 1 2 3 4 5	得分
8	安全文明施工	安全生产，落手清	有事故不得分，工完场未清不得分	5		
9	工效	规定时间	低于规定时间90%不得分，在90%~100%之间的酌情扣分，超过定额加1~3分	10		

4.墙面喷涂石灰浆涂料
考核内容及评分标准

序号	测定项目	评 分 标 准	标准分	检测点 1 2 3 4 5	得分
1.	掉粉、起皮漏刷、透底	发现掉粉、起皮、漏刷、透底本项目无分	15		
2.	反碱、咬色流坠疙瘩	允许少量出现，大量出现扣10分	15		
3.	喷点、刷纹	2m正视喷点均匀，刷纹通顺	10		
4.	装饰线、分色线平直	偏差不大于3mm，大于3mm适当扣分	15		
5.	门窗、灯具	不洁净适当扣分	15		
6.	工完场清文明施工	工、用具准备、维护工完场清	5		
7.	安全	无安全事故	10		
8.	工效	低于定额90%者无分，在90%~100%酌情扣分，超过定额者适当加1~3分	15		

5. 按图组织一般工程抹灰施工

考核项目及评分标准

序号	测定内容	评 分 标 准	标准分	得分
1	计算工程量	允许偏差±5%，超5%每超1%扣2分	10	
2	材料预算	允许偏差±5%，超5%每超1%扣2分	10	
3	人工预算	允许偏差±5%，超5%每超1%扣2分	10	
4	施工组织（方案）	人、机、物安排不合理本项无分	15	
5	用料正确	不正确本项无分	5	
6	质量验收评定	漏项每处扣2分，错误本项无分	10	
7	安全措施	漏项每处扣2分	10	
8	施工计划	不合理本项无分	10	
9	工艺流程	编制工艺卡，优15分，良10分，一般5分，差无分	10	
10	工效	按劳动定额执行，在90%以下不得分，在90%~100%酌情扣分，超过定额者适当加1~3分	10	

参 考 文 献

1. 建设部人事教育劳动司组织编写. 抹灰工（初、中、高级）. 北京：中国建筑工业出版社，1999

2. 孙日月，左秀福，杨国华主编. 抹灰工工艺与实习（初、中、高级）. 北京：中国建筑工业出版社，2000

3. 郝学魁主编. 建筑装饰工程施工工艺. 上海：同济大学出版社，1999

4. 徐化玉编. 抹灰工手册. 北京：中国建筑工业出版社，1989

5. 朱维益主编. 抹灰工手册（二版）. 北京：中国建筑工业出版社，1999

6. 饶勃主编. 实用瓦抹工手册. 上海：上海交通大学出版社，1998

7. 房智勇主编. 装饰装修抹灰工基本技术. 北京：金盾出版社，2000